编委会

主 编
俞汉青

编 委
（以姓氏拼音排序）

陈洁洁	刘 畅	刘武军
刘贤伟	卢 姝	吕振婷
裴丹妮	盛国平	孙 敏
汪雯岚	王楚亚	王龙飞
王维康	王允坤	徐 娟
俞汉青	虞盛松	院士杰
翟林峰	张爱勇	张 锋

"十四五"国家重点出版物出版规划重大工程

新型膜法污水资源化处理理论与应用

Theory and Application of Novel Membrane
Separation Technologies in Wastewater Treatment

王允坤
盛国平 著

中国科学技术大学出版社

内 容 简 介

膜法污水资源化处理是利用化学、生物与材料的原理、方法和手段,来解决水环境难题的前沿技术。在废水处理、资源回收和水回用中有着重要的理论价值和广阔的应用前景。本书全面介绍了膜法污水资源化技术的相关理论研究与应用进展,内容涵盖了生物电化学、膜分离技术与污水资源化处理的基础知识,也包括动态膜生物反应器、电化学膜生物反应器、电渗析技术、疏松纳滤膜等新技术体系的原理及在污水能源/资源回收方面的研究进展,对推动废水资源化技术的发展和应用具有重要意义。

图书在版编目(CIP)数据

新型膜法污水资源化处理理论与应用/王允坤,盛国平著. —合肥:中国科学技术大学出版社,2022.3

(污染控制理论与应用前沿丛书/俞汉青主编)

国家出版基金项目

"十四五"国家重点出版物出版规划重大工程

ISBN 978-7-312-05397-9

Ⅰ. 新… Ⅱ. ① 王… ② 盛… Ⅲ. 膜法—污水处理—研究 Ⅳ. X703.1

中国版本图书馆 CIP 数据核字(2022)第 029820 号

新型膜法污水资源化处理理论与应用

XINXING MOFA WUSHUI ZIYUANHUA CHULI LILUN YU YINGYONG

出版	中国科学技术大学出版社
	安徽省合肥市金寨路 96 号,230026
	http://www.press.ustc.edu.cn
	https://zgkxjsdxcbs.tmall.com
印刷	安徽联众印刷有限公司
发行	中国科学技术大学出版社
开本	787 mm×1092 mm 1/16
印张	20
字数	381 千
版次	2022 年 3 月第 1 版
印次	2022 年 3 月第 1 次印刷
定价	120.00 元

总　序

建设生态文明是关系人民福祉、关乎民族未来的长远大计，在党的十八大以来被提升到突出的战略地位。2017年10月，党的十九大报告明确提出"污染防治"是生态文明建设的重要战略部署，是我国决胜全面建成小康社会的三大攻坚战之一。2018年，国务院政府工作报告进一步强调要打好"污染防治攻坚战"，确保生态环境质量总体改善。这都显示出党和国家推动我国生态环境保护水平同全面建成小康社会目标相适应的决心。

当前，我国环境污染状况有所缓解，但总体形势仍然严峻，已严重制约了我国经济社会的持续健康发展。发展以资源回收利用为导向的污染控制新理论与新技术，是进一步推动污染物高效、低成本、稳定去除的发展方向，已成为国家重大战略需求和国际重要学术前沿。

为了配合国家对生态文明建设、"污染防治攻坚战"的一系列重大布局，抢占污染控制领域国际学术前沿制高点，加快传播与普及生态环境污染控制的前沿科学研究成果，促进相关领域人才培养，推动科技进步及成果转化，我们组织一批来自多个"双一流"大学、活跃在我国环境科学与工程前沿领域、有影响力的科学家共同撰写"污染控制理论与应用前沿丛书"。

本丛书是作者团队承担的国家重大重点科研项目（国家重大科技专项、国家863计划、国家自然科学基金）和获得的重大科技成果奖励（2014年国家自然科学奖二等奖、2020年国家科学技术进步奖二等奖）的系统总结，是作者团队攻读博士学位期间取得的重要的前沿学术成果（全国百篇优秀博士论文、中科院优秀博士论文等）的系统凝练，是一套系统反映污染控制基础科学理论与前沿高新技术研究成果的系列图书。本丛书围绕我国环境领域的污染物生化控制、转化机理、无害化处置、资源回收利用等亟须解决的一些重大科学问题与技术问题，将物理学、化学、生物学、材料学等学科的最新理论成果以及前沿高新技术应用到污染控制过程中，总结了我国目前在污染控制领域(特别是废水和固废领域)的重要研究进展,探索、建立并发展了常温空气阴极燃料电池、纳米材料、新兴生物电化学系统、新型膜生物反应器、水体污染物的化学及生物转化,以及固体废弃物污染控制与清洁转化等方面的前沿理论与技术,形成了具有广阔应用前景的新理论和新方法,为污染控制与治理提供了理论基础和科学依据。

"污染控制理论与应用前沿丛书"是服务国家重大战略需求、推动生态文明建设、打赢"污染防治攻坚战"的一套丛书。其出版将有利于促进最前沿的科研成果得到及时的传播和应用,有利于促进污染治理人才和高水平创新团队的培养,有利于推动我国环境污染控制和治理相关领域的发展和国际竞争力的提升;同时为环境污染控制与治理实践提供新思路、新技术、新材料,也可以为政府环境决策、强化环境管理、履行国际环境公约等提供科学依据和技术支撑,在保障生态环境安全、实施生态文明建设、打赢"污染防治攻坚战"中起到不可替代的作用。

编委会

2021 年 10 月

前　言

环境污染及能源与资源短缺是人类当前所面临的全球性问题。随着水资源的过度开采和水体污染问题的日益严峻，安全可靠的水资源愈发成为制约人类健康与社会可持续发展的关键因素。世界水理事会（WWC）评估，到2030年世界将会有39亿人面临缺水危机，12亿人将无法保证饮用水安全。

为缓解水资源危机，应当从开源与节流两方面入手采取措施：一方面要提高居民节约用水意识，减少水资源浪费；另一方面应不断发展污水处理技术，控制水污染问题，提高水资源回收利用。城市污水中蕴含大量的资源，如氮、磷等，其排入环境中会造成水体富营养化等问题。污水的"零排放"工艺可使污水经适当处理后实现回用，不再向周边环境排放任何液态废弃物，而且可在对污水中的污染物去除的同时实现资源回收。为应对日益增长的生产和生活用水需求，我们可通过对城市污水进行处理和再生，使其达标排放，避免造成水体污染，实现水的可持续使用。在城市污水的处理过程中，仅有水供应总量的1.7%达到了处理回用的标准，广大发展中国家在城市污水深度处理和再生循环利用方面还有很长的路要走。

经过一个世纪的发展，基于活性污泥法的废水生物处理技术已成为应用最为广泛的废水处理方法。当前的废水生物处理工艺具有运行稳定、有机物去除率高等优点，但是亦存在一些缺点，例如废水处理能耗高，新污染物去除难度大，氮、磷的去除无法兼顾，而且废水中蕴含的能量和资源也未得到有效回收等问题。

因此，在开发新能源的同时，回收废弃物中的能源和资源具有重要的意义。而对于废水处理来说，在去除水中污染物、获取清洁回用水的同时，回收废水中所蕴含的能量及其他资源（如氮、磷等），是顺应当前形势、实现可持续发展的必然要求。随着科学技术的发展，具有更高处理效率和成本优势的新型水处理工艺与技术不断出现。污水的治理由排放型和处理型工艺向资源型工艺转变,这是今后污水处理的必然趋势,污水资源化利用的前景十分广阔。

针对水资源危机和污水资源化处理需求,城市污水的处理回用成为近年来水资源管理领域的研究热点,在对污染物去除的同时实现污水中资源的回收(如氮、磷等)是可持续发展的必然要求,这有助于缓解氮、磷等资源的匮乏。由于现行生化工艺的局限性,城市二级出水中仍含有一定量的氮、磷营养元素和其他类无机盐,直接排放易造成水体的富营养化,并带来较高的盐度,影响水体的净化功能且难以实现水的回用。现有的深度处理工艺,如化学沉淀法、反渗透等,存在二次污染和能耗高的缺点。因此,研发更加有效、节能环保的污水深度处理和回用技术可以更好地实现水体的良性循环。

膜技术的快速发展以及在废水处理中的应用,使得从废水中获取优质回用水和有用资源成为可能。国际理论与应用化学联合会(IUPAC)将膜定义为:"一种三维结构,三维中的一度尺寸要比其余两度小得多,并可通过多种推动力进行质量传递"。与传统的混凝、沉淀和消毒等水处理工艺相比,膜分离技术以其高效、低能耗、设备集成化程度高及环境友好等特点,逐步成为当前水处理领域的研究热点。膜分离技术通过膜材料以及工艺的优化以提高污水处理能力。针对污染物类型及特点,通过研发选择性膜分离技术,可以实现污水中各类新污染物的高效去除;而新型膜材料和膜工艺的研发,也为污水资源化处理提供了新的选择。

本书回顾了近年来膜分离技术在污水处理中的应用发展,通过基础知识介绍、前沿技术展示、具体应用举例的方式,探究水处理膜技术的发展现状。其中,第1章主要介绍膜分离技术的基本理论与知识,概述膜分离技术的应用;第2章讲述动态膜生物反应器,包含间歇曝气动态膜生物反应器以及厌氧动态膜生物反应器的构造、原理及应用;第3章介绍电化学膜生物反应器,包含生物阴极、空气阴极等电化学膜生物反应器的性能特征;第4章讲述生物电化学膜分离系统的主要知识;第5章概述电渗析技术及其在能源资源回收方面的应用;第6章展示最新的疏松纳滤膜技术发展;第7章对膜技术最主要的膜污染问题进行探讨。

全书尽可能详细地展示膜分离技术在水体新污染物处理、能源资源回收、膜污染问题应对等方面的基础知识和研究案例，旨在建立读者对水处理膜技术的基本认识，为膜技术的发展增砖添瓦。

在本书编写过程中，课题组研究生郭宁、刘汝东、任少杰、马小芳提供了部分素材，李佳欢、邱潇、赵赫、王冰洁和郑富馨也做了一些文字翻译和格式校正工作，在此一并致谢！

限于学识和文字水平，错误在所难免，请读者批评指正。

编　者

2021 年 7 月

目 录

总序 —— i

前言 —— iii

第 1 章
新型膜分离技术概论 —— 001

1.1 膜分离技术 —— 003
1.2 膜分离材料 —— 009
1.3 膜生物反应器 —— 012
1.4 电化学膜分离系统 —— 016

第 2 章
动态膜生物反应器实现废水脱氮除磷 —— 039

2.1 动态膜反应器概述 —— 041
2.2 间歇曝气动态膜生物反应器 —— 043
2.3 厌氧固定床膜生物反应器 —— 056

第 3 章
电化学膜生物反应器在水处理中的应用 —— 071

3.1 电化学膜生物反应器概述 —— 073
3.2 生物阴极电化学膜生物反应器 —— 074
3.3 空气阴极电化学膜生物反应器 —— 082

第 4 章
生物电化学膜分离技术应对新污染物 —— 097

4.1 生物电化学系统 —— 099
4.2 生物电化学强化抗生素去除及 ARGs 的归趋 —— 102
4.3 生物化学复合膜系统去除新污染物 —— 136

第 5 章
新型电渗析技术回收水体中的资源 —— **165**

5.1 电渗析技术概述 —— 167

5.2 电渗析技术的应用 —— 171

5.3 新型电渗析技术的应用 —— 172

第 6 章
疏松纳滤膜制备及污染物去除 —— **225**

6.1 纳滤膜概述 —— 227

6.2 纳滤膜去除新污染物 —— 230

第 7 章
膜污染的形成与控制 —— **249**

7.1 膜污染的形成 —— 251

7.2 膜污染的分类 —— 254

7.3 膜污染的控制措施 —— 257

第 1 章

新型膜分离技术概论

1.1 膜分离技术

膜分离技术最早始于1748年，Abble Nollet 对于水自发扩散到猪膀胱内的发现，叩开了膜技术发展的大门。[1]在随后漫长的技术发展中，1864年，Truable 首次制备出第一张人造亚铁氰化铜膜。19世纪50年代，Jude 制备出适用于电渗析领域的具有高选择透过性的离子交换膜，打开了膜工业应用的开端。19世纪60年代，Leob 和 Sourirajan 成功制备出具有高实用价值的醋酸纤维素反渗透膜，为膜技术在水处理领域的应用翻开了新的篇章。[2]

近几十年，随着化学、材料等学科的不断发展，对于膜分离的机理研究愈发深入，现代膜分离技术的应用领域也得到了极大拓展。膜分离技术操作简单、分离效率高并且无二次污染，现已成为环保、生物制药、水处理等领域重要的技术手段。[3-4]

1.1.1 膜分离技术分类

随着人们对膜分离机制研究的不断深入，膜技术在当前水处理领域得到了广泛的应用。根据膜孔及膜表面化学特性、驱动力等，膜技术可分为微滤（Microfiltration，MF）、超滤（Ultrafiltration，UF）、纳滤（Nanofiltration，NF）、反渗透（Reverse Osmosis，RO）、电渗析（Electro-Dialysis，ED）、膜蒸馏（Membrane Distillation，MD）等多种类型。[5]

1.1.1.1 微滤

微滤主要利用膜孔分离直径在 $0.1 \sim 10\ \mu m$ 的悬浮颗粒物，操作压力一般在 $0.01 \sim 0.2\ MPa$ 范围。微滤膜通常具有较高的过滤通量，广泛应用于水体中细菌、悬浮固体颗粒等的去除。1926年，GmbH 发现并开始生产商业化硝化纤维微滤膜，经过漫长发展，在实验室饮用水的微生物含量测定中微滤膜得到首次大规模的应用。直到19世纪60年代,微滤膜才开始逐步应用于小型工业生产中,当时使用最广泛的微滤工艺是死端(Dead-end)过滤,在压力作用下污染物在膜表面得到分离,同时也造成了污染物在膜表面或内部积累,影响膜使用寿命。

19世纪70年代,相对复杂的错流(Cross-flow)过滤开始得到应用。进水在膜表面循环流动,通过膜将其分为浓缩液、渗透液两部分,避免了污染物在膜表面的直接积累。因此,错流过滤条件下膜的使用寿命得到大幅度延长。

1.1.1.2 超滤

超滤膜主要用于水体中胶体及大分子溶质的分离去除,19世纪90年代,Bechhold首次合成了硝酸纤维素超滤膜,通过对其起泡点等性能的测定,将其命名为"超滤"。1963年,Loeb和Sourirajan对各向异性醋酸纤维膜的制备使得膜通量有了极大的提高,成为超滤膜向工业化应用的关键一步。Michaels等对于具有各向异性的醋酸纤维素以及各种聚合物,包含聚丙烯腈及其共聚物、芳香聚酰胺、聚砜和聚偏氟乙烯等聚合物的研究,初步奠定了现代超滤膜发展的基础。

超滤膜大部分为非对称膜,由表皮层及支撑层构成。在定义上对不同超滤膜的区分较为简单,根据膜的分子截留性能,当能够对球状分子实现95%截留时,即可认为该球状分子大小是对应膜的相对分子截留量。超滤与微滤最大的区别在于膜孔径不同,超滤膜一般孔径在1~50 nm范围,截留分子量在500~500000道尔顿(Da)范围,操作压力为0.1~0.5 MPa。

1.1.1.3 纳滤

纳滤是介于超滤与反渗透之间的一种过滤过程。一般其截留分子量在200~2000 Da范围,典型的纳滤膜对于NaCl的截留在20%~80%范围,操作压力在0.3~2 MPa范围。大部分纳滤膜通过界面聚合制得,在制备过程中膜表面会形成酸性基团,但其截留主要依赖溶质的大小,像糖类等中性分子的截留均不受这些电荷基团的影响,对于这一类分子截留在150~1500 Da范围。纳滤膜对于盐类的截留较为复杂,不仅仅依靠分子大小截留,溶质携带电荷也会对其造成明显的影响,相同分子大小时,异性离子较易通过膜。

随着纳滤技术的不断发展,各类新型纳滤膜也不断涌现。为了缓解纳滤过程中膜表面的无机盐结垢,在满足纳滤膜功能需求基础上提高水通量与膜的使用寿命,疏松纳滤膜受到越来越多人的关注。作为一种新型的纳滤膜,疏松纳滤膜具有操作压力低、水通量高、选择性截留的特点,能够满足纳滤在典型污染物分离、物质纯化等方面的应用需求,弥补了传统纳滤膜在污染物截留和对无机结垢抵抗上的不足。其制备方法包含相转化法、界面聚合法、层层自组装等,目前主要处于实验室研究阶段,商业化工程应用还需进一步研究拓展。

1.1.1.4 反渗透

反渗透经常应用于脱盐过程,主要应用于小分子溶质分离,而且往往需要较长的时间。1931 年,反渗透现象得到关注;1959 年,Reid 和 Breton 用醋酸纤维膜实现了反渗透这一分离过程,他们用的膜厚度在 5～20 μm 范围,所以通量非常低而且操作压力为 65 bar,其最终脱盐效率在 98% 以上。后来,Loeb 和 Sourirajan 改进了醋酸纤维膜,实现了通量的 10 倍提升;非均质醋酸纤维膜作为反渗透应用主要集中于 20 世纪六七十年代,后来 Cadotte 发明了界面聚合法并将其应用于膜制备方面,获得了更高膜通量以及截盐率。在当前的工业应用中,具有致密的活性层以及较为疏松的多孔支撑层的界面复合膜已基本取代了各向异性的纤维素膜。

反渗透法一般需要 2～10 MPa 的过滤压力,能够有效地去除水体中的氨基酸、盐离子等,出水纯度较高。目前,每天大约有 1000 万 m^3 通过反渗透制备的水资源用于饮用水供给,约占世界饮用水供给总量的 1%。

1.1.1.5 电渗析

电渗析技术是利用电场作用驱动离子的定向移动,其主要通过离子交换膜的选择透过性实现溶质的浓缩与分离。离子交换膜(Ion Exchange Membrane,IEM)是一种荷电膜,因其特有的离子迁移和选择特性而被广泛地用于溶液的分离过程。从其自身特性而言,IEMs 是一种以膜形态存在的离子交换树脂[6],主要以高分子材料做骨架,在主链或侧链上引入富含活性的交换基团,该基团在溶液中可解离出带电的离子。按照所带电荷的不同,IEMs 主要可以分为阳离子交换膜(Cation Exchange Membrane,CEM)和阴离子交换膜(Anion Exchange Membrane,AEM),CEM 高分子骨架固定带负电荷的基团,如磺酸基(—SO_3^-)、羧酸基(—COO^-)等,而 AEM 上固定带正电荷的基团,如—NH_3^+,—$R_2NH_2^+$ 等。电渗析依赖离子交换膜的功能作用,通过阴阳电场之间的电场驱动力实现溶质的选择性分离，IEMs 所具有的异种电荷的离子之间的选择性是 IEMs 膜处理过程最基本也是最重要的应用价值所在。

1.1.1.6　膜蒸馏

膜蒸馏是膜技术与蒸发过程相结合的膜分离技术，以膜两侧蒸气压为传质驱动力，疏水高分子膜将温度不同的滤料隔开，挥发组分在进料侧蒸发，其产生的蒸气在膜两侧蒸气压差的驱动下透过膜孔，在冷侧实现冷凝。其操作温度要远低于传统蒸馏过程，具有较低的操作压力。膜蒸馏过程所采用的膜往往具有超疏水性、良好的化学稳定性及热稳定性，以防止蒸气在透过膜孔过程中对膜孔润湿，进而破坏膜功能。聚四氟乙烯、聚偏氟乙烯、聚丙烯等经常作为膜蒸馏的基底膜，现主要应用于海水淡化、高浓度含水制品的浓缩等过程，在水资源回收利用方面具有一定的应用前景。

1.1.2
分离原理与过程

膜最主要的特性是具有控制传质的能力，孔隙流模型与溶解扩散模型是压力驱动的膜分离技术最主要的两种膜传质机制理论。两种膜传质理论均出现在 19 世纪，在 1940 年之前，孔隙流模型更接近于人们所认知的物理经验，因此被广为接受。此后，随着气体分离等一系列膜技术的发展，溶解扩散模型也越来越多地进入人们的视野中。两者最主要的区别在于膜孔大小与膜孔所起到的作用，以 0.5~10 nm 为界，当膜孔足够小时，其一般适用于溶解扩散模型；当孔隙较大时，一般为孔隙流模型。

1.1.2.1　孔隙流模型

在压力驱动的膜过滤中，溶质与溶剂在膜表面通过膜本身的小孔发生分离，直径大于膜孔的溶质及颗粒被截留。超滤、微滤等微孔滤膜的膜孔往往小于 1.5 μm，因此其过滤过程一般属于孔隙流模型（图 1.1(a)）。膜孔隙率能够直观地表示膜内部孔隙占总的膜体积比例。典型的微滤膜的平均孔隙率为 0.3~0.7，而且孔隙率可通过简单便捷的干重、湿重法或电子显微镜等手段对膜孔直

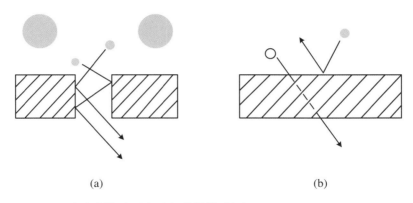

图 1.1　孔隙流模型(a)与溶解扩散模型(b)

径进行直接测定。对于由支撑层及皮层两部分构成的膜,尽管其平均孔隙率能够达到 0.7~0.8,但是在过滤过程中起到主要作用的皮层部分的孔隙率甚至低于 0.05,这对于污染物质截留分离十分有利。

绝大部分微滤膜为均一膜,通过内部膜间隙对物质进行截留,而超滤膜大部分为各项异性膜,其表面皮层往往比支撑层致密,在膜表面即可将大部分直径大于皮层膜孔的物质截留。当物质颗粒直径小于皮层膜孔时,一旦透过皮层在膜内部将不能再进行拦截。

1.1.2.2　溶解扩散模型

溶解扩散模型是指透过物分子溶解进入膜内部,依靠扩散或压力驱动,到达膜的下游表面,并被蒸发溶解进入相邻的流体相中(图 1.1(b))。该理论适用于大部分反渗透、膜蒸馏及气体分离等膜分离过程。反渗透过程通过大的压力驱动达到分离效果,而膜蒸馏过程则依赖于渗透的蒸气,气体分离则通过气体沿浓度梯度的物质传输进行。它们本身的膜结构都具有致密的活性层,只允许直径为 0.2~0.5 nm 的分子透过,而且其水通量通常要远远小于微孔滤膜。

其他膜分离技术如电渗析等,主要为电场或离子浓度差驱动,在溶液中,IEMs 在电场、离子浓度差等作用力下可以选择性地通过反离子(Counter-ion)截留同离子(Co-ion),从而实现离子的分离,即 AEM 吸引带负电荷的离子,排斥带正电的离子;相反,CEM 表面带负电,可以吸引带正电的离子,而排斥带负电的离子。

1.1.3
膜分离技术瓶颈问题

随着技术的不断进步,不断有新的膜分离技术形式涌现,然而膜分离技术仍然面临两大瓶颈问题:膜的选择性与膜污染。通量和截留率是评价膜分离性能的两个重要参数。一般来说,增大孔径可以提高分离通量,同时导致截留率降低;相反,更小的孔径对应更高截留率和更低通量。这就是膜分离领域众所周知的"Trade-off"效应。在不断挑战与逼近"Trade-off"的过程中,实现对目标物质的选择性分离尤为重要。

由膜的定义可知,在一定的外力驱动下,溶液中的溶质或者溶剂选择性地通过分离膜。当进料体系由多组分组成时,选择性截留其中特定溶质的功能在蛋白质分离纯化、药物纯化、特定资源回收等方面作用重大。在分离膜的孔径筛分、溶质扩散等传质过程中,若能够有效设计具有特定膜孔或电荷性质的分离膜,就能够实现物质的选择性分离。但高选择性膜在当前还处于摸索研究阶段。

此外,膜污染一直是限制膜技术发展的关键问题。在膜过滤过程中,水中的微粒、胶体粒子等通过物理与化学作用吸附在膜表面或内部,堵塞孔径,使膜通量降低。膜污染从化学上可分为有机污染与无机污染,其中,有机污染包含微生物、蛋白质、糖类等大分子有机物所引起的污染;无机污染主要是钙、镁等盐离子在膜表面的沉积。从污染类型上,膜污染又可划分为膜孔堵塞、浓差极化、凝胶层形成等可逆与不可逆污染。由于膜的传质特性,随着膜的使用,膜污染不可避免。为应对膜污染问题,诸如纳米材料修饰、抗菌材料修饰、特殊表面结构等一系列抗污染技术手段已应用到当前的膜技术中。

1.2 膜分离材料

1.2.1 膜材料分类

根据膜结构及材质的不同,可将膜分为均质膜、非均质膜、陶瓷膜、金属膜等,其中均质膜又包含微孔滤膜、无孔滤膜及荷电膜。膜材料的特性,如孔径、孔隙率、表面电荷、粗糙度和亲/疏水性等影响着膜的过滤性能及对废水的处理效果,尤其对膜污染有着重要影响。

膜的类型和材料影响污水的处理效果。在膜生物反应器(Membrane Bio-Reactor,MBR)处理城市污水中,聚四氟乙烯(PTFE)、聚碳酸酯(PC)和聚酯(PETE)三种不同的聚合物微滤膜渗透液的总有机碳(Total Organic Carbon,TOC)值均低于悬浮液,这应归结于膜表面的生物膜(泥饼层)的生物降解以及泥饼层与较窄的膜孔的进一步过滤作用。在过滤过程中,PC和PTFE膜具有类似渗透性,而PETE膜的膜通量下降得最快,但PETE膜也获得了较高的TOC去除率。

不同的膜材料由于其膜孔径、表面形貌和亲/疏水性不同,表现出不同的膜污染特征。一些实验结果表明聚偏氟乙烯(PVDF)膜在MBR处理城市污水时防止不可逆污染方面的性能优于聚乙烯(PE)膜。[7]近些年,一些研究表明,在膜表面形成特定的图案可以有效地控制膜污染。[8]图1.2所示的是金字塔形和菱形PVDF膜在形貌、渗透性和生物污染特征方面与普通平板膜的比较。[9]实验结果表明,这些印有图案的膜材料在MBR中应用时可以有效减少微生物细胞的黏附,进而增加膜通量。

一些无机膜材料,如铝、锆和二氧化钛等在水力学、热力学和化学稳定性方面显示出较优越的特性。而不锈钢膜已在MBR中有应用,并且获得了较高的出水通量[10],其在高温废水处理方面也显示出潜在的应用价值[11]。当然,成本高制约着这些无机膜材料在大规模MBR中的应用。另外,无机膜材料也易引发比较严重的无机膜污染,如矿物在膜表面的沉淀。因此,无机膜材料可能适用于一些特殊的场合,如高温废水处理。

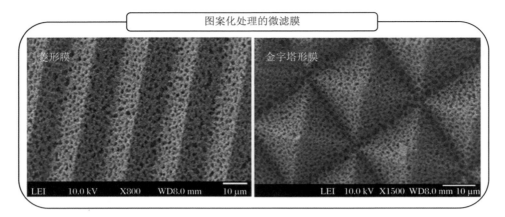

图 1.2　表面图案化处理的微滤膜[9]

1.2.2
膜材料功能化

通过引入一些功能化的材料,改变膜本身结构的方法能够有效提高膜本身的性质,增强膜的抗污染能力。[12]很多研究表明有机与无机复合膜的制备能够使膜材料具备多组分特点,从而增强膜自身的性能。TiO_2[13-14]、SiO_2[15-16]、碳纳米管[17]、石墨烯[18-19]、Al_2O_3[20-21]等复合材料已逐步应用到膜材料制备中。Yuqing Lin 等人研究发现,通过相转化法在聚醚砜(PES)中掺杂 Al_2O_3 能够有效降低膜水接触角,提高膜的抗污染能力,并且膜的通量恢复性能也有了极大的提高。[22]同样,Elif Demirel 等人发现在膜制备过程中掺杂如 Fe_2O_3 材料,也能够增强膜的亲水性能,使得膜性能得到大幅提高,有利于膜的有效利用。[23]纳米 TiO_2 具有极强的亲水性,本身性质稳定,而且具备光催化能力,成为复合膜制备中研究较广泛的无机纳米材料之一。Babak Rajaeian 在 PES 聚合成膜的过程中加入 TiO_2,制备出具有高水通量及高抗污染能力的亲水性三硝基芴酮(TNF)薄膜。[24]Sung Kyu Maeng 等人制备出含 TiO_2 的膜材料,并利用其在 UV 光下降解不同污染物质,证实了修饰后的 TiO_2 仍然保留着较强的光催化性能,能够降解并去除污染物,有效缓解膜污染。[25-26]Huiqing Wu 等人利用多巴胺(PDA)先对 TiO_2 进行修饰,然后进一步与聚砜(PSF)超滤膜制备过程结合,制备出具有自我保护及自我清洁能力的功能化 TiO_2-PDA/PSF 膜,其水通量及亲水性相对于原始 PSF 膜都有了明显的提升。

除了在铸膜液中加入其他功能性材料,改变铸膜液成分使膜本身在材料上发生变化外,在基底膜上通过表面修饰方法改变膜的性质也是常用的提升膜性能的方法之一。Zhiwei Wang 等人分别在膜表面修饰不同的功能基团并验证其对后续的 TiO_2 修饰所起到的作用,明确了—NH_2 化的表面所结合的 TiO_2 有着最低的释放率。[27]

膜表面结构的控制对其过滤性能有着十分重要的影响,Qian Yang 等人制备的具有高精度的分子筛石墨烯膜,实现了对石墨烯间层的精确控制,甚至石墨烯层间宽度仅为 1 nm,能够精确调控膜对小分子物质的截留。[28]

通过等离子处理、表面接枝聚合、自组装等膜修饰技术开发新的膜材料,可以有效降低膜组件的成本、改善膜的抗污染性能,进而提高膜通量。为了提高聚丙烯中空纤维微孔膜的抗污染性能,用 NH_3 和 CO_2 等离子体技术对膜表面进行处理,改性后的膜材料具有更小的水接触角,并显示出更好的抗污染性能。虽然等离子体处理技术与其他表面修饰技术相比具有膜损伤小的优点,但膜表面发生的化学反应复杂,这也限制了其大规模应用。[29]

而表面接枝聚合技术相对简单,亦被用于膜材料表面修饰,以提高膜通量。采用 UV 照射的方法,在聚丙烯膜上接枝聚合聚丙烯胺基团,使膜的亲水性得到很大的提高。但其采用高能耗的 UV 激发、等离子体处理、γ 辐射等方法,会导致膜的生产成本增加,亦会制约其应用。[30]

近年来,自组装技术作为一种简单高效的方法,被用于抗污染膜的制备。如图 1.3 所示,在 PVDF 超滤膜表面组装亲水性甲基丙烯酸聚氧乙烯酯(POEM)涂层,能够极大地提高 PVDF 膜的抗污染性能。同时,SiO_2/TiO_2 负载聚合膜已通过自组装技术制备出来,并应用于 MBR 膜过滤过程中。由于负载的金属氧化物具有较强的亲水性,增强了复合膜的抗污染能力。[31-33]

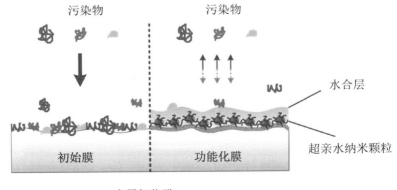

图 1.3　金属氧化物纳米粒子抗污染膜示意图[30]

除了膜修饰之外，开发新的经济、高通量、无污染膜仍对膜技术的广泛应用具有重要意义。而无污染或者低污染膜应具有较小的孔径分布、强亲水性和大的孔隙率。从这个意义上讲，微筛膜因具有非常统一的孔径（图1.4），也许会给窄孔径分布膜的开发提供一个选择。[34-35]另外，纳米技术的发展也使得超强亲水性膜的开发成为可能。

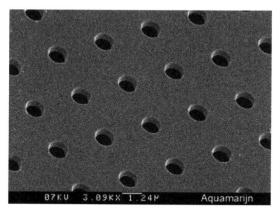

图1.4　微筛膜SEM照片[34]

1.3 膜生物反应器

1.3.1 膜生物反应器概述

人类对资源的过度开采和不合理使用造成当前的能源和资源危机，同时也对环境造成不良影响。而水污染以及由此引起的水资源短缺也严重威胁着人类的健康和发展。因此，在开发新能源的同时，回收废弃物中的能源和资源具有重要的意义。而对于废水处理来说，在去除水中污染物、获取清洁回用水的同时，回收废水中所蕴含的能量及其他资源（如氮、磷等），则是顺应当前形势、实现可持续发展的必然要求。[36]

经过一个世纪的发展,基于活性污泥法的废水生物处理技术已成为应用最广泛的废水处理方法。当前的废水生物处理工艺具有运行稳定、有机物去除率高等优点,但是亦存在着一些缺点,例如废水处理能耗高、氮磷的去除无法兼顾,而且废水中蕴含的能量和资源也未得到有效回收。[37]因此,从可持续发展的角度考虑,有必要对当前的废水生物处理工艺进行改进,使其在处理废水的同时,回收其中的能源和资源。膜技术的快速发展及其在废水处理中的应用,使得从废水中获取优质回用水和有用资源成为可能。[38-39]MBR是集膜过滤与活性污泥净化过程于一体的废水处理装置,因其具有显著的优点,如结构紧凑、处理效率高、出水水质好等,而被广泛应用于城市污水和工业废水的处理中。[40]但是,MBR存在的膜成本高、膜污染严重、运行能耗高等问题也制约着其进一步发展和应用。[41]在过去的几年里,针对膜污染和膜成本高的问题,探究膜污染机理及控制措施,开发低成本、高通量膜组件的研究大量出现。同时,通过对MBR构型及运行方式的优化,MBR的运行费用大大降低[42],这无疑推动了MBR在水处理领域的进一步广泛应用。

1.3.1.1 膜生物反应器的构成及分类

MBR主要由膜组件和生物处理单元两部分构成。膜组件进行泥水分离,是核心部分;而污染物降解主要发生在反应器的生物处理单元中。[43-44]

目前广泛使用的MBR可根据其膜组件、膜材料及特性以及氧气供给情况等分为不同的类型。按照膜组件中过滤膜孔径的不同,MBR可分为微滤MBR、超滤MBR和纳滤MBR;按照膜组件形状的不同,MBR可分为平板膜、管式膜和中空纤维膜;依据膜材料的不同,MBR可分为有机膜和无机膜;根据膜组件和生物反应器的相对位置的不同,MBR可分为外置式MBR和浸没式MBR;根据生物反应器中氧气的供给情况的不同,MBR可分为好氧MBR和厌氧MBR两大类。[45]

1.3.1.2 膜生物反应器运行模式

通过近几十年的发展,MBR的应用范围越来越广泛,其构造和运行方式也逐渐多样化。从膜组件与生物反应器的相对位置来分,MBR可以分为外置式和浸没式两大类。[46]如图1.5所示,外置式MBR是将膜组件放置在生物反应器外部,膜组件为竖直或水平放置的膜丝,进水在生物反应器内部,系统在一定的过膜压力下运行,按侧向流模式进行过滤[47-49];浸没式 MBR 是将膜组件放置在生物反应器内部,膜组件为竖直或水平放置的膜丝,亦可是竖直放置的平板膜。一般在膜组件底部设置曝气装置,通过泵的抽吸作用渗滤出水[50-54]。

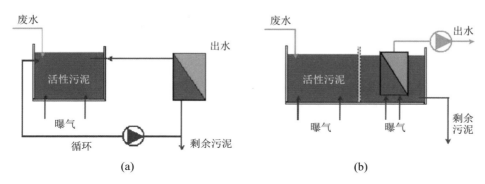

图 1.5　MBR 构造模式:外置式(a);浸没式(b)[46]

在 MBR 的发展进程中,也出现了与其他废水处理工艺耦合的现象。据此,MBR 又可分为单体式和组合式。单体式是 MBR 最常见的模式,但有时出于特定的目的,MBR 亦可与其他工艺进行耦合。最常见的模式是 MBR 与生物膜工艺进行复合,通过在 MBR 中投加填料、载体等固定微生物,同时减少悬浮固体浓度、降低胞外聚合物(EPS)含量,进而提高有机物或污染物的去除率、降低膜污染程度。[54-60]

在 MBR 的运行过程中,通过改变进出水及曝气充氧方式,可以调控微生物的生存环境,提高营养物质(如碳、氮、磷)和污染物的去除效率。其中按进、出水方式的不同,MBR 可分为连续流和间歇流[61];按充氧方式的不同,MBR 可分为连续曝气 MBR、间歇曝气 MBR[54,62-67]和厌氧 MBR[68-72]。

1.3.2
膜生物反应器类型及应用

MBR 是集生物处理与膜分离技术于一体的废水处理工艺。用膜分离取代常规的污泥沉淀池来完成泥水分离,可以实现污泥龄(或平均细胞停留时间,SRT)与水力停留时间(HRT)的完全分离。这使得 MBR 具有一些显著的特点,如完全的污泥截留、极高的污泥浓度、无限长的 SRT 等。因此,MBR 具备了常规废水生物处理所无法比拟的一些优点[40,73],使其在生活污水、工业废水的好氧和厌氧处理中得到了广泛使用[42]。但目前 MBR 亦存在一些不足，如一体式 MBR 由于无厌氧区和缺氧区的设计，所以其对营养物质中的总氮、总磷的去除率不高。[74]膜生物反应器中的动态膜也被称为次生膜或原位形成膜，形成于多孔支撑材料之上，包含了胶体粒子或者悬浮固体粒子。[75]目前对于动态膜的认知仍然存在一定的误区。尽管该层在一定程度上削弱了水通量、减少了膜的使用寿命，但动态膜在膜生物反应器中往往起到降解污染物、提高污染物的截留去除率等效果。另外在厌氧处理难降解废水时，膜过滤具有良好的膜分离截留性能，可以提高污染物的去除率，这也使得厌氧 MBR 在难降解废水处理中应用得越来越广泛，但是厌氧 MBR 也存在着严重的膜污染问题[76]，这些问题都有待进一步解决。

1.3.2.1 MBR 中营养物的去除

生物脱氮涉及好氧硝化过程和缺氧反硝化过程，分别由自养菌和异养菌来完成。MBR 较长的 SRT 使得生长周期较长的自养硝化细菌得到富集。因此，MBR 对氨氮的去除效果较好。但 MBR 对总氮的去除依赖于反硝化的效果，因此，要实现 MBR 对总氮较好的去除，必须创造合适的缺氧环境，提高反硝化效果。而强化生物除磷(Enhanced Biological Phosphorus Removal，EBPR)是通过聚磷菌(Phosphorus Accumulating Organisms，PAOs)过量的磷摄取和排泥来实现的。[77]磷的去除主要依赖聚羟基丁酸酯(Poly-Hydroxybutyrate，PHB)和其他有机物的合成和储存，但同时亦有一部分 PAOs 可以利用硝酸盐作为电子受体[78]，这也为废水生物处理中氮、磷的同步去除提供了可能。

膜过滤与生物同步脱氮除磷处理系统相结合的研究已有大量报道。[79-80]这些系统把膜过滤置于序批式反应器(Sequencing Batch Reactors，SBR)[81]、University of Cape Town(UCT)[79]或者 Anaerobic-Anoxic-Oxic (A/A/O)[82-83]工艺中，但是，这些过程仅仅把 MBR 置于好氧池内，然后把单独的反应器串联起来运行，这提高了系统运行的复杂性，同时也限制了 MBR 作用的发挥。因此，有必要再进行更深入的研究，以期在一体式 MBR 内实现同步脱氮除磷。

1.3.2.2 厌氧 MBR 处理难降解废水

近些年，膜分离技术被应用于高效厌氧废水处理工艺中，用以构建厌氧膜生物反应器(Anaerobic Membrane Bioreactor，AnMBR)，其相关研究引起人们越来越多的关注。[84]通过生物反应器内污染物的高效去除以及膜过滤过程对污泥、微生物和病原体的完全截留，AnMBR 可以获得优质的出水；而且 AnMBR 延长的 SRT 有利于特殊微生物和菌群的生长、富集，从而使 AnMBR 适合于废水处理中一些特殊污染物的降解去除。因此对于难降解或者对微生物活性产生影响的有毒工业废水处理，AnMBR 也许是个不错的选择。[85]

经过近几年的发展，AnMBR 已用于一些难降解或者有毒废水处理，例如垃圾渗滤液[76]、农药废水[86]、竹业废水[87]、纺织废水[88]等，并取得了不错的处理效果。但是，AnMBR 也存在一些不足之处，制约着其进一步发展。例如，AnMBR 对难降解或有毒污染物的降解去除还需进行深入的研究；同时 AnMBR 进行废水处理时广泛存在的膜污染问题也需要得到控制。[89]

1.4 电化学膜分离系统

水资源和能源短缺是人类当前所面临的全球性挑战。[90-93]从废水中获取清洁的水资源的同时，回收废水中的能量则是解决这一问题的可能途径之一。[36,39]而生物电化学系统（Bio-Electrochemical System，BES）的出现则有可能使这一想法变成现实。BES 是利用微生物催化不同的电化学反应，可以在进行有机废弃物或生物质有效处理的同时，捕获电能、回收资源、去除污染等。[94-95]

BES 是包含阴阳两极的电化学系统，主要利用微生物的功能来实现阴极还原污染物或者阳极氧化污染物的一种新型技术。在 BES 中，如图 1.6 所示，电极上微生物通过自身新陈代谢活动氧化有机物后将电子经胞外传递给阳极，同时溶液中的质子扩散至阴极室，电子经外电路到达阴极可形成电流，质子、电子与电子受体在阴极上结合。[96]BES 的发展是从微生物燃料电池（Microbial Fuel cell，MFC）开始的。2005 年，Burce Logan 教授在 MFC 阴极和阳极两端外加了一定电压，控制阴极在低电位，从而可以利用阳极产生的电子产生氢气。该系统被称为微生物电解池（Microbial Electrolysis Cell，MEC）。MFC 的阳极在降解有机物的过程中会产生电子，电子通过电路从阳极转移到阴极，被氧气利用，发生还原反应，从而 MFC 将生物能转化成了电能。2007 年，随着对 MFC 和 MEC

的研究不断深入,研究者将 MFC 与 MEC 技术统称为 BES。[97]

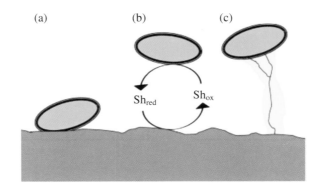

图 1.6　生物电化学系统电极胞外电子传递示意图:直接电子接触形式(a);电子媒介介导的电子传递形式(b);纳米线电子传递形式(c)[98]

经过近些年的发展,基于 BES 的生物电化学技术也越来越多样化,为实现不同的目的,BES 可以呈现出不同的生物电化学技术形式。[99] 在 BES 中,电极上微生物通过自身新陈代谢活动氧化有机物后将电子经胞外传递给阳极,同时溶液中的质子扩散至阴极室,电子经外电路到达阴极可形成电流,质子、电子与电子受体在阴极上结合。[96] 虽然所有的 BES 阳极的基本原理相同,都是生物降解有机物,并产生电子,但根据电流的利用途径不同,BES 可以实现不同的功能。[100] 例如,微生物燃料电池可实现直接产能;可合成特定的化学品微生物电解池、微生物电合成(Microbial Electrosynthesis,MES);可实现水脱盐微生物脱盐池(Microbial Desalination Cell,MDC)[101],如图 1.7 所示。同时,BES 也可以与其他可再生能源技术耦合,例如,MFC 与反向电渗析(Reverse Electrodialysis,RED)相结合形成微生物反向电渗析(Microbial Reverse Electrodialysis Cell,MRC)池,以提高此 BES 电能的输出。[102]

目前,针对 BES 进行废水处理的研究多集中于方法层面,可以作为将来实际应用的技术储备。BES 作为单独的单元应用在大规模实际废水处理之前,其在微生物、技术、经济等方面的挑战尚需克服。[95] 但可将 BES 与现有的污水处理设施进行耦合,从而在实现废水处理的同时回收能源和资源。[104]

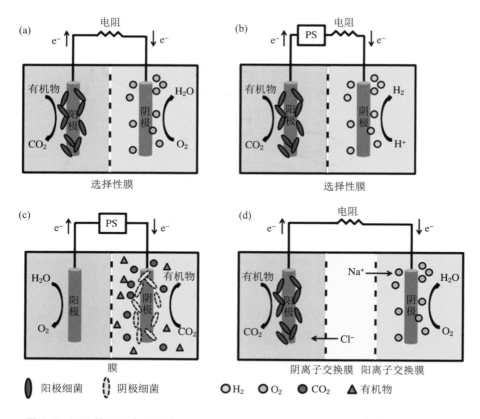

图 1.7　BES 的不同表现形式：MFC(a)；MEC(b)；MES(c)；MDC(d)[103]

1.4.1

生物电化学

BES 是基于 MFC 发展起来的一种新型环境生物技术。在 BES 中，阳极上生长的微生物通过新陈代谢作用把有机物氧化并释放电子和质子。电子通过外电路传递至阴极与通过质子交换膜扩散至阴极的质子共同还原电子受体。

根据阴极电子受体的不同，BES 可以输出能量，有时亦需要注入能量。如图 1.8 所示，当 BES 以 MFC 的方式运行时，其阴极电极受体（氧气、硝酸根、高氯酸根）的标准电势较高且为正值，此时阳极有机物氧化电势低于阴极电势，反应可以自发进行，电子通过外电路负荷时，即获得电能。不同于 MFC 的空气阴极，MEC 为封闭体系，两者生物阳极消耗底物的反应相似，但阴极电子受体（如质子、二氧化碳等）电位为负值，反应无法自发进行，需外界注入一个 $0.13\sim0.14$ V

的理论电压使反应发生，而在实际操作中，由于系统会产生一定的过电位，外加电压一般在 0.3~0.8 V[105]，但仍比电解水过程中所需的电压(1.8~2.0 V)小[106]。MEC 阴、阳极发生的化学反应如下：

阳极反应：

$$CH_3COO^- + 4H_2O \longrightarrow 2HCO_3^- + 9H^+ + 8e^-, \quad E = -0.279 \text{ V} \quad (1.1)$$

$$CH_3COO^- + 3H_2O \longrightarrow CO_2 + HCO_3^- + 8H^+ + 8e^-, \quad E = -0.284 \text{ V} \quad (1.2)$$

阴极反应：

$$2H^+ + 2e^- \longrightarrow H_2, \quad E = -0.414 \text{ V} \quad (1.3)$$

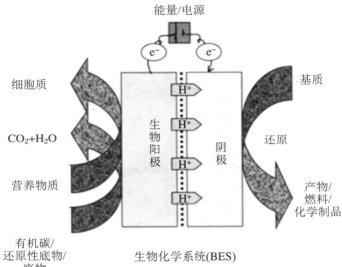

图 1.8　BES 原理示意图[107]

1.4.2 生物电化学膜分离系统

BES 成功用于废水处理的最为关键的因素是如何获得足够好的出水水质，

而不是怎样提高其能量输出。在废水处理中 MFC 可以被看作生物膜反应器，因此，相比于溶解性有机物的去除，单独的 MFC 很难去除颗粒性污染物。基于此，MFC 可以与现有的废水处理工艺相耦合，取长补短，在实现废水处理的同时回收电能。如图 1.9 所示，MFC 可以作为固体接触池或者 MBR 的前处理装置，亦可直接浸没在厌氧或好氧生物反应器内回收废水有机物中的能量。[104]

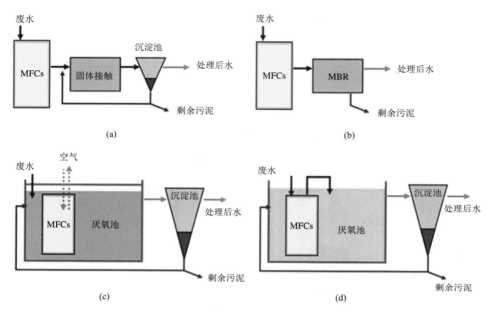

图 1.9　MFC 与现有污水处理设施进行耦合示意图：MFC 作为固体接触池的前处理装置(a)；MFC 作为 MBR 的后处理装置(b)；MFC 置于现有的厌氧反应器内(c)；MFC 置于现有的好氧反应器内(d)[104,108]

MFC 直接浸没于厌氧或好氧生物反应器中，亦可从废水中回收电能。在厌氧反应器中构建 MFC 装置，并可回收最大功率密度为 204 mW·m^{-2} 的电能。[109]在好氧曝气池中设置两个单室 MFC，可实现最大功率密度为 16.7 mW·m^{-2} 的电能回收。[108]进一步地，如图 1.10 所示，MFC 亦可与 SBR[110]和 MBR[111]进行耦合，利用废水中的有机物和生物反应器内过量的氧气进行有机物的降解和电能的回收。

从上面的报道可以看出，MFC 与现有的废水处理工艺进行耦合，可以在保证系统出水水质的情况下获取电能。但是，这些耦合装置只是简单地把两个单独的反应器进行联合，并未实现真正的工艺耦合。这也增加了系统操作的复杂性，同时限制了 MFC 在耦合系统中功能的发挥，无法达到其电能回收最大化。

对于废水处理来说，MFC 本质上是一种生物膜工艺，所以其对微生物的截留能力有限，从而也导致 MFC 生物量相对较低、电能输出不高且出水水质较

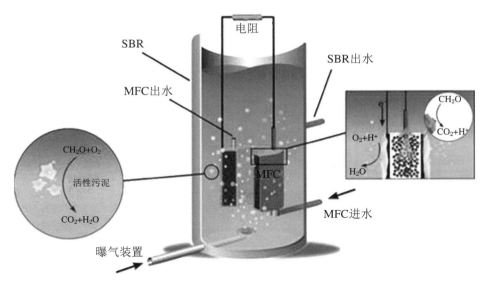

图 1.10　MFC-SBR 耦合装置示意图[110]

差。因此，MFC 用于废水处理时需要与当前的一些废水处理工艺进行耦合，发挥协同作用，在获得可回用水资源的同时回收电能。[104] 而膜过滤技术的快速发展以及 MBR 在废水处理领域的广泛应用，为 MFC 在废水处理领域的应用带来了新的希望。膜的良好的截留能力可以增加反应器内生物量、减少出水的悬浮物，在提高电能输出的同时获得良好的出水水质。同时，MFC 回收的电能亦可以克服膜过滤工艺中膜成本及运行费用高的缺点。

1.4.3
生物电化学膜系统主要应用

1.4.3.1　BES 阴极还原

基于废水处理和能量回收的 BES 开始发展为各种形式的生物电化学技术，从而实现不同的目的。而这些不同构型和应用范围的 BES 都有一个共同的部分——微生物阳极，但它们的阴极却各式各样，从而可以实现不同的用途。[94] 如图 1.8 所示，BES 的阴极可以发生氧气还原反应生成 H_2O 或 H_2O_2，也可以还原 NO_3^- 生成 N_2，当然，也可以进行定向产品合成，生成氢气、乙酸或其他有机物。

电催化体系中用碳材料阴极进行氧气还原生成过氧化氢的研究由来已

久。[112-113]近几年,在BES中进行废水处理的同时合成过氧化氢的报道开始出现。有研究者通过施加0.5 V电压,在空气扩散阴极表面实现了氧气还原生成H_2O_2,且反应8 h后其浓度达到38 mmol·L^{-1}。[114]接着,在不同构型的BES中,通过阴极还原氧气生成H_2O_2的研究被相继报道出来。[115-117]同时,一些研究也开始对BES系统中产生的H_2O_2进行原位利用。其中,最常见的是利用BES构建生物电Fenton过程,来处理废水或者降解污染物。[118-122]而一些研究者提出BES产生的H_2O_2或许可以应用于MBR中膜污染的抑制[123],这为BES的发展和应用提供了新的思路。

利用生物阴极实现有机物的有效降解是有机污染物在电化学活性微生物的帮助下从阴极上获取电子并代谢的过程。虽然电化学微生物将阴极产生的电子传递给有机污染物的具体机制还不明确,但是研究表明生物阴极可以实现多种有机污染物的有效处理。2007年,Peter等人发起了BES生物阴极处理污染物的开端。[124]一些研究陆续开展,使得生物阴极实现污染物的氮、硫、氯的脱除,这可有效处理偶氮染料、重金属、氯代有机污染物和硝基芳香烃污染物。

生物阴极可以有效还原污水中的无机污染物。生物阴极的微生物主要由变形菌门组成[125],可以将硝酸盐直接还原为氮气,实现污水中氮的脱除。同时,生物阴极在不加电子穿梭体的条件下还能实现高氯酸盐的有效去除。[126-127]而且控制阴极电势为一定值时,生物阴极可以将硫酸盐降解为硫化物,电化学方法测试结果发现,生物膜可以直接接受电极上的电子来还原硫酸盐。

生物阴极还可以还原废水中的重金属。Tandukar等人研究发现,生物阴极在以碳酸氢盐为碳源的条件下可以有效还原六价铬,六价铬的最大还原速率是460 g·(g VSS)$^{-1}$·h^{-1},输出电流为0.12 A,输出功率为0.06 W·m^{-2}。[128]生物阴极还能有效还原六价铀。纯电化学处理六价铀时,电极可以有效吸附六价铀,但去除外加电压后,电极上的铀很快被脱附下来。而生物电极可以将六价铀还原为三价铀,真正实现将六价铀从废水中脱除。[129]

1.4.3.2 BES中营养元素的去除和回收

作为一种可持续性的废水处理工艺,BES中营养元素的去除和回收是个极其关键的问题,如能在BES中实现氮磷的去除或回收,将使这个工艺更具诱惑力。[130]如图1.11所示,通过一系列的生物电化学过程,如硝化反应、生物电化学反硝化过程、氨氮的挥发和扩散,以及磷酸盐沉淀等,BES中的氮和磷是可以被去除或回收的。

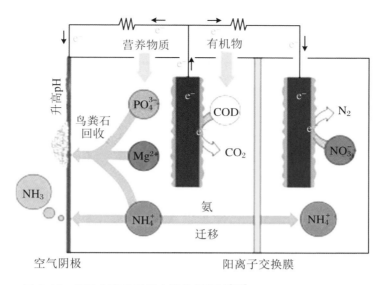

图 1.11　BES 中营养元素去除途径概述[130]

具体来讲,氮主要是通过生物硝化过程和生物电化学反硝化过程去除的[131-133],而通过 pH 调控实现氨氮挥发或通过电场力使氨氮定向迁移,可以实现氮的回收。[134] 目前,BES 中关于磷的去除和回收的研究相对较少,仅有的几篇报道中,主要是基于 BES 电解质溶液较高的 pH,通过磷酸盐沉淀的方式实现磷的去除或回收。[135-138]

1.4.3.3　BES 脱盐

电渗析技术是在电场驱动的水溶液中使盐离子脱出/浓缩的方法,通常是由阴阳离子交换膜、浓缩室、进料室等交替排列组成的膜堆,在电场的作用下,驱动水中离子定向迁移富集。自 2009 年首次引入 MDC 对废水进行脱盐以来,BES 脱盐技术取得了一些进展,其构型也发生了一些变化。如图 1.12 所示,MDC 的基本原理是利用阴、阳极间形成的电场来定向移动含盐废水中的无机盐离子,从而实现原位脱盐。与其他的 BESs 相比,MDC 通过在阴、阳极间插入阳离子交换膜(CEM)和阴离子交换膜(AEM)形成三腔室体系来实现脱盐。

近来,随着方法的改进和构型的优化,基于 MDC 的 BES 脱盐技术也取得了一些进步。例如,通过改变 AEM 和 CEM 与阴、阳极的相对位置,可以实现含盐废水中的有机物和盐度同时去除[139];而用正向渗透膜来取代 AEM 构建新型的渗析 BES 脱盐系统,亦可实现脱盐水的回收[140-141];同时,把电容性去离子技术或者离子交换树脂吸附交换技术与 MDC 进行耦合,可以提高 BES 的脱盐效率[142-145]。因此,尽管 BES 脱盐技术出现较晚,但通过近几年的发展,已经取得

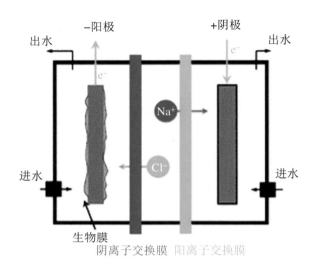

图1.12 MDC 原理示意图[101]

了长足进步。而随着膜技术的进一步发展，BES 脱盐技术必将具有更广阔的应用前景。

参考文献

[1] OSADA Y, NAKAGAWA T. Membrane science and technology[M]. CRC Press, 1992.

[2] NUNES S P, Peinemann K V. Membrane technology[M]. Wiley Online Library, 2001.

[3] MULDER J. Basic principles of membrane technology[M]. Springer Science & Business Media, 2012.

[4] BELFORT G. Membrane filtration with liquids: a global approach with prior successes, new developments and unresolved challenges[J]. Angewandte Chemie International Edition, 2019, 58(7):1892-1902.

[5] WARSINGER D M, CHAKRABORTY S, TOW E W, et al. A review of polymeric membranes and processes for potable water reuse[J]. Progress in Polymer Science, 2018, 81:209-237.

[6] STRATHMANN H. Electrodialysis, a mature technology with a multitude of new applications[J]. Desalination, 2010, 264(3):268-288.

[7] YAMATO N, KIMURA K, MIYOSHI T, et al. Difference in membrane fouling in membrane bioreactors (MBRs) caused by membrane polymer

materials[J]. Journal of Membrane Science, 2006, 280(1/2):911-919.

[8] ZHANG P, ZHANG L, CHEN H, et al. Surfaces inspired by the nepenthes peristome for unidirectional liquid transport[J]. Advanced Materials:2017, 29(45):1702995(1).

[9] WON Y J, LEE J, CHOI D C, et al. Preparation and application of patterned membranes for wastewater treatment[J]. Environmental Science & Technology, 2012, 46(20):11021-11027.

[10] ZHANG S, QU Y, LIU Y, et al. Experimental study of domestic sewage treatment with a metal membrane bioreactor[J]. Desalination, 2005, 177(1/2/3):83-93.

[11] ZHANG S, YANG F, LIU Y, et al. Performance of a metallic membrane bioreactor treating simulated distillery wastewater at temperatures of 30 to 45 ℃[J]. Desalination, 2006, 194(1/2/3):146-155.

[12] SALEEM H, ZAIDI S J. Nanoparticles in reverse osmosis membranes for desalination:a state of the art review[J]. Desalination, 2020, 475:114171.

[13] FISCHER K, GRIMM M, MEYERS J, et al. Photoactive microfiltration membranes via directed synthesis of TiO_2 nanoparticles on the polymer surface for removal of drugs from water[J]. Journal of Membrane Science, 2015, 478:49-57.

[14] GENG Z, YANG X, BOO C, et al. Self-cleaning anti-fouling hybrid ultrafiltration membranes via side chain grafting of poly(aryl ether sulfone) and titanium dioxide[J]. Journal of Membrane Science, 2017, 529:1-10.

[15] SHEN J N, RUAN H M, WU L G, et al. Preparation and characterization of PES-SiO_2 organic-inorganic composite ultrafiltration membrane for raw water pretreatment[J]. Chemical Engineering Journal, 2011, 168(3):1272-1278.

[16] YU L Y, XU Z L, SHEN H M, et al. Preparation and characterization of PVDF-SiO_2 composite hollow fiber UF membrane by sol-gel method[J]. Journal of Membrane Science, 2009, 337(1/2):257-265.

[17] TURCHANIN A, GOELZHAEUSER A. Carbon nanomembranes[J]. Advanced Materials, 2016, 28(29):6075-6103.

[18] HU M, ZHENG S, MI B. Organic fouling of graphene oxide membranes and its implications for membrane fouling control in engineered osmosis[J]. Environmental Science & Technology, 2016, 50(2):685-93.

[19] ZHU J, GUO N, ZHANG Y, et al. Preparation and characterization of negatively charged PES nanofiltration membrane by blending with halloysite nanotubes grafted with poly (sodium 4-styrenesulfonate) via surface-initiated ATRP[J]. Journal of Membrane Science, 2014, 465:91-99.

[20] WANG G, CHEN S, YU H, et al. Integration of membrane filtration and photoelectrocatalysis using a TiO_2/carbon/Al_2O_3 membrane for enhanced water treatment[J]. Journal of Hazardous materials, 2015, 299:27-34.

[21] FAN X, ZHAO H, LIU Y, et al. Enhanced permeability, selectivity, and antifouling ability of CNTs/Al_2O_3 membrane under electrochemical assistance [J]. Environmental Science & Technology, 2015, 49(4): 2293-2300.

[22] LIN Y Q, LOH C H, SHI L, et al. Preparation of high-performance Al_2O_3/PES composite hollow fiber UF membranes via facile in-situ vapor induced hydrolyzation[J]. Journal of Membrane Science, 2017, 539:65-75.

[23] DEMIREL E, ZHANG B P, PAPAKYRIAKOU M, et al. Fe_2O_3 nanocomposite PVC membrane with enhanced properties and separation performance[J]. Journal of Membrane Science, 2017, 529:170-184.

[24] RAJAEIAN B, RAHIMPOUR A, TADE M O, et al. Fabrication and characterization of polyamide thin film nanocomposite (TFN) nanofiltration membrane impregnated with TiO_2 nanoparticles[J]. Desalination, 2013, 313:176-188.

[25] MAENG S K, CHO K, JEONG B, et al. Substrate-immobilized electrospun TiO_2 nanofibers for photocatalytic degradation of pharmaceuticals: the effects of pH and dissolved organic matter characteristics [J]. Water Research, 2015, 86:25-34.

[26] WU H Q, LIU Y J, MAO L, et al. Doping polysulfone ultrafiltration membrane with TiO_2-PDA nanohybrid for simultaneous self-cleaning and self-protection[J]. Journal of Membrane Science, 2017, 532:20-29.

[27] WANG Z W, WANG X Y, ZHANG J Y, et al. Influence of surface functional groups on deposition and release of TiO_2 Nanoparticles [J]. Environmental Science & Technology, 2017, 51(13):7467-7475.

[28] YANG Q, SU Y, CHI C, et al. Ultrathin graphene-based membrane with precise molecular sieving and ultrafast solvent permeation [J]. Nature Materials, 2017, 16(12):1198-1202.

[29] YU H Y, XU Z K, LEI H, et al. Photoinduced graft polymerization of acrylamide on polypropylene microporous membranes for the improvement of antifouling characteristics in a submerged membrane-bioreactor [J]. Separation and Purification Technology, 2007, 53(1):119-125.

[30] ASATEKIN A, MENNITI A, KANG S, et al. Antifouling nanofiltration membranes for membrane bioreactors from self-assembling graft copolymers [J]. Journal of Membrane Science, 2006, 285(1/2):81-89.

[31] BAE T H, TAK T M. Preparation of TiO_2 self-assembled polymeric nanocomposite membranes and examination of their fouling mitigation effects in a membrane bioreactor system[J]. Journal of Membrane Science, 2005, 266(1/2):1-5.

[32] BAE T H, TAK T M. Effect of TiO_2 nanoparticles on fouling mitigation of ultrafiltration membranes for activated sludge filtration [J]. Journal of Membrane Science, 2005, 249(1/2):1-8.

[33] LIANG S, Qi G G, XIAO K, et al. Organic fouling behavior of superhydrophilic polyvinylidene fluoride (PVDF) ultrafiltration membranes functionalized with surface-tailored nanoparticles: implications for organic fouling in membrane bioreactors[J]. Journal of Membrane Science, 2014, 463:94-101.

[34] BRANS G, KROMKAMP J, PEK N, et al. Evaluation of microsieve membrane design [J]. Journal of Membrane Science, 2006, 278 (1/2): 344-348.

[35] NING KOH C, WINTGENS T, MELIN T, et al. Microfiltration with silicon nitride microsieves and high frequency backpulsing[J]. Desalination, 2008, 224(1/3):88-97.

[36] GRANT S B, SAPHORES J D, FELDMAN D L, et al. Taking the "waste" out of "wastewater" for human water security and ecosystem sustainability [J]. Science, 2012, 337(6095):681-686.

[37] MO W W, ZHANG Q. Energy-nutrients-water nexus: integrated resource recovery in municipal wastewater treatment plants [J]. Journal of Environmental Management, 2013, 127:255-267.

[38] BAKER R W. Research needs in the membrane separation industry: looking back, looking forward[J]. Journal of Membrane Science, 2010, 362(1/2): 134-136.

[39] SHANNON M A, BOHN P W, ELIMELECH M, et al. Science and technology for water purification in the coming decades[J]. Nature, 2008, 452(7185):301-310.

[40] MENG F G, CHAE S R, DREWS A, et al. Recent advances in membrane bioreactors (MBRs): membrane fouling and membrane material[J]. Water Research, 2009, 43(6):1489-1512.

[41] LP P, LIU L, WU J, et al. Identify driving forces of MBR applications in China[J]. Science of the Total Environment, 2019(647):627-638.

[42] MENG F G, CHAE S R, Shin H S, et al. Recent advances in membrane bioreactors: configuration development, pollutant elimination, and sludge reduction[J]. Environmental Engineering Science, 2012, 29(3):139-160.

[43] BAKER R W. Research needs in the membrane separation industry: looking back, looking forward[J]. Journal of Membrane Science, 2010, 362(1):134-136.

[44] ZHENG W, WEN X, ZHANG B, et al. Selective effect and elimination of antibiotics in membrane bioreactor of urban wastewater treatment plant[J]. Science of the Total Environment, 2019(646):1293-1303.

[45] MANTILLA-CALDERON D, HONG P Y. Fate and persistence of a pathogenic NDM-1-positive escherichia colil strain in anaerobic and aerobic sludge microcosms[J]. Applied and Environmental Microbiology, 2017, 83(13):e00640-17.

[46] VAN'T OEVER R. MBR focus: is submerged best? [J]. Filtration & Separation, 2005, 42(5):24-27.

[47] STRICOT M, FILALI A, LESAGE N, et al. Side-stream membrane bioreactors: influence of stress generated by hydrodynamics on floc structure, supernatant quality and fouling propensity[J]. Water Research, 2010, 44(7):2113-2124.

[48] TAO J, KENNEDY M D, CHANGKYOO Y, et al. Controlling submicron particle deposition in a side-stream membrane bioreactor: a theoretical hydrodynamic modelling approach incorporating energy consumption[J]. Journal of Membrane Science, 2007, 297(1/2):141-151.

[49] POLLET S, GUIGUI C, CABASSUD C. Influence of intermittent aeration and relaxation on a side-stream membrane bioreactor for municipal wastewater treatment[J]. Desalination and Water Treatment, 2009, 6(1/

3):108-118.

[50] MENG F G, ZHANG H M, YANG F L, et al. Characterization of cake layer in submerged membrane bioreactor[J]. Environmental Science & Technology, 2007, 41(11):4065-4070.

[51] WANG X M, LI X Y. Accumulation of biopolymer clusters in a submerged membrane bioreactor and its effect on membrane fouling[J]. Water Research, 2008, 42(4/5):855-862.

[52] PULEFOU T, JEGATHEESAN V, STEICKE C, et al. Application of submerged membrane bioreactor for aquaculture effluent reuse[J]. Desalination, 2008, 221(1/3):534-542.

[53] MOUTHON-BELLO J, ZHOU H. Using submerged membrane bioreactors for biological nutrient removal from municipal wastewater[J]. Progress in Environmental Science & Technology, 2007:667-676.

[54] LIANG Z, DAS A, BEERMAN D, et al. Biomass characteristics of two types of submerged membrane bioreactors for nitrogen removal from wastewater[J]. Water Research, 2010, 44(11):3313-3320.

[55] SATYAWALI Y, BALAKRISHNAN M. Effect of PAC addition on sludge properties in an MBR treating high strength wastewater[J]. Water Research, 2009, 43(6):1577-1588.

[56] REZAEI M, MEHRNIA M R. The influence of zeolite (clinoptilolite) on the performance of a hybrid membrane bioreactor[J]. Bioresource Technology, 2014, 158:25-31.

[57] RAFIEI B, NAEIMPOOR F, MOHAMMADI T. Bio-film and bio-entrapped hybrid membrane bioreactors in wastewater treatment: comparison of membrane fouling and removal efficiency[J]. Desalination, 2014, 337(0):16-22.

[58] RODRÍGUEZ-HERNÁNDEZ L, ESTEBAN-GARCÍA A L, TEJERO I. Comparison between a fixed bed hybrid membrane bioreactor and a conventional membrane bioreactor for municipal wastewater treatment: a pilot-scale study[J]. Bioresource Technology, 2014, 152:212-219.

[59] JIN L, ONG S L, NG H Y. Fouling control mechanism by suspended biofilm carriers addition in submerged ceramic membrane bioreactors[J]. Journal of Membrane Science, 2013, 427:250-258.

[60] LIU Y, LIU Z, ZHANG A, et al. The role of EPS concentration on

membrane fouling control: comparison analysis of hybrid membrane bioreactor and conventional membrane bioreactor[J]. Desalination, 2012, 305(1):38-43.

[61] SHIN H, KANG S, LEE C, et al. Performance of a pilot scale membrane bioreactor coupled with SBR (SM-SBR)-experiences in seasonal temperature changes[J]. Creative Water and Wastewater Treatment Technologies for Densely Populated Urban Areas, 2004, 4(1):135-142.

[62] RAMDANI A, DOLD P, GADBOIS A, et al. Biodegradation of the endogenous residue of activated sludge in a membrane bioreactor with continuous or on-off aeration[J]. Water Research, 2012, 46(9):2837-2850.

[63] UJANG Z, SALIM M R, KHOR S L. The effect of aeration and non-aeration time on simultaneous organic, nitrogen and phosphorus removal using an intermittent aeration membrane bioreactor[J]. Water Science and Technology, 2002, 46(9):193-200.

[64] HONG S H, LEE W N, OH H S, et al. The effects of intermittent aeration on the characteristics of bio-cake layers in a membrane bioreactor[J]. Environmental Science & Technology, 2007, 41(17):6270-6276.

[65] YANG S, YANG F. Nitrogen removal via short-cut simultaneous nitrification and denitrification in an intermittently aerated moving bed membrane bioreactor[J]. Journal of Hazardous materials, 2011, 195:318-323.

[66] CURKO J, MATOSIC M, JAKOPOVIC H K, et al. Nitrogen removal in submerged MBR with intermittent aeration[J]. Desalination and Water Treatment, 2010, 24(1/2/3):7-19.

[67] ABEGGLEN C, OSPELT M, SIEGRIST H. Biological nutrient removal in a small-scale MBR treating household wastewater[J]. Water Research, 2008, 42(1):338-346.

[68] ALIBARDI L, COSSU R, SALEEM M, et al. Development and permeability of a dynamic membrane for anaerobic wastewater treatment[J]. Bioresource Technology, 2014, 161:236-244.

[69] BAE J, SHIN C, LEE E, et al. Anaerobic treatment of low-strength wastewater: a comparison between single and staged anaerobic fluidized bed membrane bioreactors[J]. Bioresource Technology, 2014(165):75-80.

[70] MARTINEZ-SOSA D, HELMREICH B, HORN H. Anaerobic submerged

membrane bioreactor (AnSMBR) treating low-strength wastewater under psychrophilic temperature conditions[J]. Process Biochemistry, 2012, 47(5):792-798.

[71] ZHANG X Y, WANG Z W, WU Z C, et al. Membrane fouling in an anaerobic dynamic membrane bioreactor (AnDMBR) for municipal wastewater treatment: characteristics of membrane foulants and bulk sludge[J]. Process Biochemistry, 2011, 46(8):1538-1544.

[72] KIM J, KIM K, YE H, et al. Anaerobic fluidized bed membrane bioreactor for wastewater treatment[J]. Environmental Science & Technology, 2011, 45(2):576-581.

[73] SANTOS A, MA W, JUDD S J. Membrane bioreactors: two decades of research and implementation[J]. Desalination, 2011, 273(1):148-154.

[74] SUN F Y, WANG X M, LI X Y. An innovative membrane bioreactor (MBR) system for simultaneous nitrogen and phosphorus removal[J]. Process Biochemistry, 2013, 48(11):1749-1756.

[75] ERSAHIN M E, OZGUN H, DERELI R K, et al. A review on dynamic membrane filtration: materials, applications and future perspectives[J]. Bioresource Technology, 2012(122):196-206.

[76] XIE Z F, WANG Z W, WANG Q Y, et al. An anaerobic dynamic membrane bioreactor (AnDMBR) for landfill leachate treatment: performance and microbial community identification [J]. Bioresource Technology, 2014, 161:29-39.

[77] OEHMEN A, ZENG R J, YUAN Z, et al. Anaerobic metabolism of propionate by polyphosphate-accumulating organisms in enhanced biological phosphorus removal systems[J]. Biotechnology and Bioengineering, 2005, 91(1):43-53.

[78] COATS E R, MOCKOS A, LOGE F J. Post-anoxic denitrification driven by PHA and glycogen within enhanced biological phosphorus removal[J]. Bioresource Technology, 2011, 102(2):1019-1027.

[79] MONCLUS H, SIPMA J, FERRERO G, et al. Optimization of biological nutrient removal in a pilot plant UCT-MBR treating municipal wastewater during start-up[J]. Desalination, 2010, 250(2):592-597.

[80] OEHMEN A, LEMOS P C, CARVALHO G, et al. Advances in enhanced biological phosphorus removal: from micro to macro scale[J]. Water

[81] YANG S, YANG F, FU Z, et al. Simultaneous nitrogen and phosphorus removal by a novel sequencing batch moving bed membrane bioreactor for wastewater treatment[J]. Journal of Hazardous materials, 2010, 175(1/3): 551-557.

[82] BROWN P, ONG S K, LEE Y W. Influence of anoxic and anaerobic hydraulic retention time on biological nitrogen and phosphorus removal in a membrane bioreactor[J]. Desalination, 2011, 270(1/3):227-232.

[83] AHMED Z, LIM B R, CHO J, et al. Biological nitrogen and phosphorus removal and changes in microbial community structure in a membrane bioreactor: effect of different carbon sources[J]. Water Research, 2008, 42(1/2):198-210.

[84] LIN H J, PENG W, ZHANG M J, et al. A review on anaerobic membrane bioreactors: applications, membrane fouling and future perspectives[J]. Desalination, 2013(314):169-188.

[85] DERELI R K, ERSAHIN M E, OZGUN H, et al. Potentials of anaerobic membrane bioreactors to overcome treatment limitations induced by industrial wastewaters[J]. Bioresource Technology, 2012(122):160-170.

[86] YUZIR A, CHELLIAPAN S, SALLIS P J. Impact of the herbicide (RS)-MCPP on an anaerobic membrane bioreactor performance under different COD/nitrate ratios[J]. Bioresource Technology, 2012(109):31-37.

[87] WANG W, YANG Q, ZHENG S S, et al. Anaerobic membrane bioreactor (AnMBR) for bamboo industry wastewater treatment[J]. Bioresource Technology, 2013, 149:292-300.

[88] SPAGNI A, CASU S, GRILLI S. Decolourisation of textile wastewater in a submerged anaerobic membrane bioreactor[J]. Bioresource Technology, 2012, 117:180-185.

[89] LIN H J, PENG W, ZHANG M J, et al. A review on anaerobic membrane bioreactors: applications, membrane fouling and future perspectives[J]. Desalination, 2013, 314:169-188.

[90] MCCARTY P L, BAE J, KIM J. Domestic wastewater treatment as a net energy producer-can this be achieved? [J]. Environmental Science & Technology, 2011, 45(17):7100-7106.

[91] GLEESON T, WADA Y, BIERKENS M F, et al. Water balance of global

aquifers revealed by groundwater footprint[J]. Nature, 2012, 488(7410): 197-200.

[92] SCANLON B R, FAUNT C C, LONGUEVERGNE L, et al. Groundwater depletion and sustainability of irrigation in the US High Plains and Central Valley[J]. Proceedings of the National Academy of Sciences, 2012, 109(24):9320-9325.

[93] VOROSMARTY C J, MCLNTYRE P B, GESSNER M O, et al. Global threats to human water security and river biodiversity[J]. Nature, 2010, 467(7315):555-561.

[94] HARNISCH F, SCHRODER U. From MFC to MXC: chemical and biological cathodes and their potential for microbial bioelectrochemical systems[J]. Chemical Society Reviews, 2010, 39(11):4433-4448.

[95] ROZENDAL R A, HAMELERS H V M, RABAEY K, et al. Towards practical implementation of bioelectrochemical wastewater treatment[J]. Trends in Biotechnology, 2008, 26(8):450-459.

[96] LOGAN B E, ROSS I R, RAGAB A A, et al. Electroactive microorganisms in bioelectrochemical systems[J]. Nature Reviews Microbiology, 2019, 17(5):307-319.

[97] RABAEY K, RODRIGUEZ J, BLACKALL L L, et al. Microbial ecology meets electrochemistry: electricity-driven and driving communities[J]. Isme Journal, 2007, 1(1):9-18.

[98] TORRES C I, MARCUS A K, LEE H S, et al. A kinetic perspective on extracellular electron transfer by anode-respiring bacteria [J]. FEMS Microbiology Reviews, 2010, 34(1):3-17.

[99] LOGAN B E, RABAEY K. Conversion of wastes into bioelectricity and chemicals by using microbial electrochemical technologies[J]. Science, 2012, 337(6095):686-690.

[100] WANG H M, REN Z J. A comprehensive review of microbial electrochemical systems as a platform technology [J]. Biotechnology Advances, 2013, 31(8):1796-1807.

[101] CAO X X, HUANG X, LIANG P, et al. A new method for water desalination using microbial desalination cells[J]. Environmental Science & Technology, 2009, 43(18):7148-7152.

[102] CUSICK R D, KIM Y, LOGAN B E. Energy capture from thermolytic

solutions in microbial reverse-electrodialysis cells[J]. Science, 2012, 335(6075): 1474-1477.

[103] WANG H, REN Z J. A comprehensive review of microbial electrochemical systems as a platform technology[J]. Biotechnology Advances, 2013, 31(8): 1796-1807.

[104] LOGAN B E. Microbial Fuel Cells[M]. Hoboken, New Jersey: John Wiley & Sons, Inc., 2008: 149-154.

[105] LOGAN B E, RABAEY K. Conversion of wastes into bioelectricity and chemicals by using microbial electrochemical technologies[J]. Science, 2012, 337(6095): 686.

[106] 路璐. 生物质微生物电解池强化产氢及阳极群落结构环境响应[D]. 哈尔滨: 哈尔滨工业大学, 2012.

[107] BOROLE A P, REGUERA G, RINGEISEN B, et al. Electroactive biofilms: current status and future research needs [J]. Energy & Environmental Science, 2011, 4(12): 4813-4834.

[108] CHA J, CHOI S, YU H, et al. Directly applicable microbial fuel cells in aeration tank for wastewater treatment[J]. Bioelectrochemistry, 2010, 78(1): 72-79.

[109] MIN B, ANGELIDAKI I. Innovative microbial fuel cell for electricity production from anaerobic reactors[J]. Journal of Power Sources, 2008, 180(1): 641-647.

[110] LIU X W, WANG Y P, HUANG Y X, et al. Integration of a microbial fuel cell with activated sludge process for energy-saving wastewater treatment: taking a sequencing batch reactor as an example [J]. Biotechnology and Bioengineering, 2011, 108(6): 1260-1267.

[111] WANG Y P, LIU X W, LI W W, et al. A microbial fuel cell-membrane bioreactor integrated system for cost-effective wastewater treatment[J]. Applied Energy, 2012(98): 230-235.

[112] DA POZZO A, DI PALMA L, MERLI C, et al. An experimental comparison of a graphite electrode and a gas diffusion electrode for the cathodic production of hydrogen peroxide [J]. Journal of Applied Electrochemistry, 2005, 35(4): 413-419.

[113] DROGUI P, ELMALEH S, RUMEAU M, et al. Hydrogen peroxide production by water electrolysis: application to disinfection[J]. Journal of

Applied Electrochemistry, 2001, 31(8):877-882.

[114] ROZENDAL R A, LEONE E, KELLER J, et al. Efficient hydrogen peroxide generation from organic matter in a bioelectrochemical system[J]. Electrochemistry Communications, 2009, 11(9):1752-1755.

[115] MODIN O, FUKUSHI K. Development and testing of bioelectrochemical reactors converting wastewater organics into hydrogen peroxide[J]. Water Science & Technology, 2012, 66(4):831-836.

[116] LIU L, YUAN Y, LI F B, et al. In-situ Cr(Ⅵ) reduction with electrogenerated hydrogen peroxide driven by iron-reducing bacteria[J]. Bioresource Technology, 2011, 102(3):2468-2473.

[117] FU L, YOU S J, YANG F L, et al. Synthesis of hydrogen peroxide in microbial fuel cell[J]. Journal of Chemical Technology and Biotechnology, 2010, 85(5):715-719.

[118] ZHU X, LOGAN B E. Using single-chamber microbial fuel cells as renewable power sources of electro-Fenton reactors for organic pollutant treatment[J]. Journal of Hazardous materials, 2013 (252/253):198-203.

[119] ZHOU S G, XU N, YUAN Y, et al. Coupling of anodic biooxidation and cathodic bioelectro-Fenton for enhanced swine wastewater treatment[J]. Bioresource Technology, 2011, 102(17):7777-7783.

[120] ZHOU S G, ZHUANG L, YUAN Y, et al. A novel bioelectro-Fenton system for coupling anodic COD removal with cathodic dye degradation[J]. Chemical Engineering Journal, 2010, 163(1/2):160-163.

[121] ZHOU S G, ZHUANG L, LI Y T, et al. In situ Fenton-enhanced cathodic reaction for sustainable increased electricity generation in microbial fuel cells[J]. Journal of Power Sources, 2010, 195(5):1379-1382.

[122] YANG F L, FU L, YOU S J, et al. Degradation of azo dyes using in-situ Fenton reaction incorporated into H_2O_2-producing microbial fuel cell[J]. Chemical Engineering Journal, 2010, 160(1):164-169.

[123] MODIN O, FUKUSHI K, RABAEY K, et al. Bioelectrochemical hydrogen peroxide production-an opportunity for sustainable mitigation of membrane bioreactor fouling[J]. Proceedings of the Water Environment Federation, 2010, 2010(7):309-321.

[124] CLAUWAERT P, VANDER HA D, BOON N, et al. Open air biocathode enables effective electricity generation with microbial fuel cells [J].

Environmental Science & Technology, 2007, 41(21):7564-7569.

[125] PARK H I, KIM J S, KIM D K, et al. Nitrate-reducing bacterial community in a biofilm-electrode reactor[J]. Enzyme and Microbial Technology, 2006, 39(3):453-458.

[126] SHEA C, CLAUWAERT P, VERSTRAETE W, et al. Adapting a denitrifying biocathode for perchlorate reduction[J]. Water Science & Technology, 2008, 58(10):1941-1946.

[127] BUTLER C S, CLAUWAERT P, GREEN S J, et al. Bioelectrochemical perchlorate reduction in a microbial fuel cell[J]. Environmental Science & Technology, 2010, 44(12):4685-4691.

[128] TANDUKAR M, HUBER S J, ONODERA T, et al. Biological chromium (Ⅵ) reduction in the cathode of a microbial fuel cell[J]. Environmental Science & Technology, 2009, 43(21):8159-8165.

[129] GREGORY K B, LOVLEY D R. Remediation and recovery of uranium from contaminated subsurface environments with electrodes[J]. Environmental Science & Technology, 2005, 39(22):8943-8947.

[130] KELLY P T, HE Z. Nutrients removal and recovery in bioelectrochemical systems: a review[J]. Bioresource Technology, 2014, 153:351-360.

[131] VIRDIS B, RABAEY K, ROZENDAL R A, et al. Simultaneous nitrification, denitrification and carbon removal in microbial fuel cells[J]. Water Research, 2010, 44(9):2970-2980.

[132] XIE S, LIANG P, CHEN Y, et al. Simultaneous carbon and nitrogen removal using an oxic/anoxic-biocathode microbial fuel cells coupled system [J]. Bioresource Technology, 2011, 102(1):348-354.

[133] ZHANG F, HE Z. Integrated organic and nitrogen removal with electricity generation in a tubular dual-cathode microbial fuel cell[J]. Process Biochemistry, 2012, 47(12):2146-2151.

[134] WU X, MODIN O. Ammonium recovery from reject water combined with hydrogen production in a bioelectrochemical reactor[J]. Bioresource Technology, 2013, 146:530-536.

[135] CUSICK R D, ULLERY M L, DEMPSEY B A, et al. Electrochemical struvite precipitation from digestate with a fluidized bed cathode microbial electrolysis cell[J]. Water Research, 2014, 54:297-306.

[136] HIROOKA K, ICHIHASHI O. Phosphorus recovery from artificial

wastewater by microbial fuel cell and its effect on power generation[J]. Bioresource Technology, 2013, 137:368-375.

[137] CUSICK R D, LOGAN B E. Phosphate recovery as struvite within a single chamber microbial electrolysis cell[J]. Bioresource Technology, 2012, 107:110-115.

[138] FISCHER F, BASTIAN C, HAPPE M, et al. Microbial fuel cell enables phosphate recovery from digested sewage sludge as struvite[J]. Bioresource Technology, 2011, 102(10):5824-5830.

[139] KIM Y, LOGAN B E. Simultaneous removal of organic matter and salt ions from saline wastewater in bioelectrochemical systems [J]. Desalination, 2013, 308:115-121.

[140] KIM Y, LOGAN B E. Microbial desalination cells for energy production and desalination[J]. Desalination, 2013, 308:122-130.

[141] ZHANG F, BRASTAD K S, HE Z. Integrating forward osmosis into microbial fuel cells for wastewater treatment, water extraction and bioelectricity generation[J]. Environmental Science & Technology, 2011, 45(15):6690-6696.

[142] FORRESTAL C, XU P, JENKINS P E, et al. Microbial desalination cell with capacitive adsorption for ion migration control[J]. Bioresource Technology, 2012, 120:332-336.

[143] FORRESTAL C, XU P, REN Z. Sustainable desalination using a microbial capacitive desalination cell[J]. Energy & Environmental Science, 2012, 5(5):7161-7167.

[144] MOREL A, ZUO K, XIA X, et al. Microbial desalination cells packed with ion-exchange resin to enhance water desalination rate[J]. Bioresource Technology, 2012, 118:43-48.

[145] ZHANG F, CHEN M, ZHANG Y, et al. Microbial desalination cells with ion exchange resin packed to enhance desalination at low salt concentration [J]. Journal of Membrane Science, 2012, 417:28-33.

第 2 章

动态膜生物反应器实现废水脱氮除磷

2.1 动态膜反应器概述

MBR 因其具有结构紧凑、出水水质良好的优势,近年来引起人们广泛的关注。但其本身存在一些缺点,如成本高、能耗大、膜污染、通量低等严重制约着其大规模的应用,而动态膜(Dynamic Membrane,DM)技术有望解决 MBR 中存在的这些问题。[1]动态膜也被称为次生膜或原位形成膜,形成于多孔支撑材料之上,包含了胶体粒子或悬浮固体粒子(图 2.1)。[2]动态膜有两种类型:预涂动态膜和自生动态膜。预涂动态膜是多孔介质经含一种或多种特定成分的溶液处理而形成的;自生动态膜是过滤过程中,滤液在粗网表面形成的泥饼层。很多水合氧化物、天然聚合电解质、合成有机聚合物都可以用于预涂动态膜的制备。

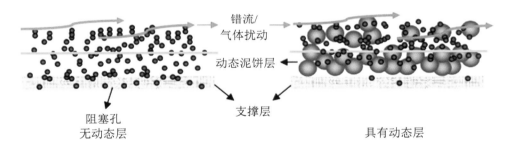

图 2.1 动态膜示意图[2]

动态膜生物反应器(Dynamic Membrane Bioreactor,DMBR)是传统膜生物反应器和动态膜技术相结合的污水处理新工艺,它不仅继承了传统膜生物反应器的诸多优点,如处理效率高、出水水质好、流程简单、设备紧凑、占地面积小、易实现自动控制、运行管理简单等,而且还具有通量大、污染控制容易和清洗简易等优点。

利用微生物絮体形成自生动态膜的概念已经应用于好氧 MBR 废水处理中,并取得了良好的效果。[3-5]在好氧动态膜生物反应器中,采用预涂膜的方法形成了预涂动态膜,其中,聚合氯化铝(PAC)、高岭石和生物硅藻土可用作预涂层的材料。

自 1966 年,橡树岭国家实验室报道动态膜在反渗透(RO)脱盐中的应用以来[6],动态膜技术的应用逐渐从 RO 拓展到超滤(UF)[7-8]和微滤(MF)[9],其应用范围也从传统物理、化学膜分离过程延伸到废水生物处理领域,其在废水生物处理中的应用环境也包含了好氧生物处理[10-11]和厌氧生物处理[12]。自生动态膜技术在 MBR 中应用的一个关键部分是生物泥饼层的形成。事实上，自生动态膜技术开始引入 MBR 的目的是研究膜表面生物泥饼层的形成及其行为。[13]泥饼层的形成提高了 MBR 的出水水质，但同时也对膜过滤阻力起到决定性的作用。在当前绝大多数的报道中，当过膜压力或水头到达一定值后，泥饼层形成的动态膜可以轻易通过曝气刮擦的方式去除。但是，泥饼层的形成是一个包含了物理化学、生物化学机理的复杂过程，其形成的机理也并未完全弄清楚。[14]

关于物理动态膜应用的研究一般集中在成膜材料和成膜条件方面，通过调节这两个因素，可以获得 MF，UF，RO 或 NF 膜相似的过滤性能。第一次尝试在反渗透过程中应用 DM 时，并没有在海水淡化系统的除盐方面提供令人满意的结果。[15-16]早期的研究所面临的主要问题是通量低且不稳定以及较难控制成膜条件。在超滤工艺中，DM 技术被用于不同的途径，特别是用于处理废水。DM 成功地处理了纺织工业废水，其染料去除率高达 96%～99%。[8]动态超滤膜的另一个主要应用领域是蛋白质去除。[17-18]目前关于 DM-MF 应用的研究主要集中在废水处理方面。在 DM-MF 工艺中，高岭土动力层表面沉积二氧化锰颗粒是处理含油废水的有效方法。[19]油液浓度、pH 和温度是影响 DM 性能的最有效参数。Al-Malack 和 Anderson 研究了生活污水处理厂的二级出水经编织物上的 DM 层处理后的可处理性，在短期实验（10 h）中，通量接近 100 L·m^{-2}·h^{-1}，浊度去除率达 99%。[9]DM 的应用改善了工艺性能，主要归于初级支撑膜孔径的缩小和表面改性。Hwang 和 Cheng 认为 DM 层的质量是影响葡聚糖截留能力的关键因素，结果表明，滤饼阻力是影响过滤速率的主要因素，过滤压力的增加增大了滤饼阻力。[20]DM 还可能从纳米技术应用的最新发展中受益。[21]Brady-Estevez 等人开发了一种复合的 DM 过滤器，由一个基于聚偏二氟乙烯的微孔支撑层和一个薄的碳纳米管层组成，他们证明了碳纳米管层的厚度在病毒去除中起着重要的作用。[22]

生物处理方面，在 DMBR 系统中，自生动态膜和滤饼层过滤作为传统 MBR 系统的一种有效和经济的替代方法，被广泛应用于废水处理。DMBR 最重要的优点是只需重力过滤，这使 DMBR 成为农村地区小型污水处理系统的重要替代品，满足了其低成本的要求。目前对 DMBR 的研究主要集中在城市污水或中低浓度合成废水的处理上。据报道，DMBR 对污染物的生物去除性能与采用 MF/UF 膜的 DMBR 相当。虽然生物除磷取决于底物组成和系统结构，但在 DMBR 中也可以获得较高的除磷效率。Ren 等人通过使用一种装备有无纺布过滤器的创新设计 MBR 获得了令人满意的磷酸盐去除率。[23]此外，Seo 等人在 DMBR

中加入 20 mg·L^{-1}聚合氯化铝也能获得较高的总磷去除率(85%)。[24]

厌氧动态膜生物反应器（Anaerobic Dynamic Membrane Bioreactor，AnDMBR）技术在废水中的污泥、固体废弃物和废水的处理上也有很多应用。Pillay 等人首次利用 DM 通过在侧流和 MBR 中使用编织纤维对初级污泥进行处理，他们观察到，通过解耦水力停留时间（HRT）和污泥停留时间（SRT），厌氧消化器的性能显著提高。[12]一项经济评价证实了 AnDMBR 系统优于传统消化系统的可行性。沃克等人使用 MBR 包括尼龙编织网膜作为两级（AnDMBR+厌氧过滤器）厌氧工艺的第一阶段，用于消化城市垃圾。[25]在高温和中温条件下，Jeison 等人将自生动态膜应用于具有浸没式和侧流式过滤组件的 AnMBR 中，处理由挥发性脂肪酸和营养成分组成的人工合成废水。

目前，在实验室规模条件下，DM 概念已被广泛应用于好氧微生物反应器、城市污水和中低浓度合成废水的处理中。DM 过滤可用于城市污水处理厂的多种工艺中。在污水污泥消化中应用 DM 可能会导致污泥龄较高，从而提高污泥浓度，使缓慢增长的生物量和缓慢降解的有机物质滞留在反应器中。此外，在城市污水处理厂中，DM 过滤器也可作为初级沉淀器的替代品，以高效去除颗粒有机物。特别是对于现有面积有限的污水处理厂扩容而言，系统的紧凑性是一个值得关注的问题。为了实际应用，DM 应用的长期可靠性和可操作性需要进一步的研究，可能需要与流体动力学和污泥的特性一起进行全面考察。

2.2
间歇曝气动态膜生物反应器

氮、磷的过量排放导致水体富营养化和水质恶化，威胁着人类的健康和生存环境。然而这些必需营养素，尤其是可开采的磷，资源有限，已成为许多国家的战略物资。从废水中去除和回收这些营养物质，不仅可以减少水体富营养化，而且可以缓解潜在的磷危机。因此，磷酸盐回收工艺应纳入现有的污水处理过程中。

生物法广泛应用于污水处理厂的脱氮除磷工艺中。采用厌氧-缺氧-好氧交替工艺，将系统中的污水和污泥作为剩余污泥回流排放，可同时实现脱氮除磷。

然而，这些传统的污水处理技术由于运行和污泥处理复杂、能耗高、出水水质差、没有磷回收工艺等原因，仍然存在严重的技术、经济和可持续性限制等方面的问题。

据报道，曝气膜生物反应器可与厌氧和/或缺氧工艺相结合，在处理废水的过程中实现碳、氮、磷的同时去除。然而，这些过程只是简单地连接一些个别的反应器序列，增加了操作的复杂性。近年来，人们开发了间歇曝气 MBR 处理废水，研究了交替曝气开/关方式对系统性能的影响。在连续流模式下，采用不锈钢丝网填料间歇曝气膜生物反应器，在不排放任何剩余污泥的情况下，同时去除化学需氧量(Chemical Oxygen Demand, COD)和氮。然而，在该系统中对磷的去除没有进行研究。为了使该工艺更切实可行，需要进一步优化系统的配置和运行，并考虑磷的去除和回收。实际上，采用改进型强化生物除磷剂或生物除磷剂从废水中回收磷的一些方法(经验)可供间歇曝气膜生物反应器借鉴。

针对废水生物处理中氮、磷去除很难兼顾的问题，以粗网过滤 MBR 为基础，采用连续进水、间歇曝气的运行策略构建一体式脱氮除磷 MBR 是一种行之有效的方法。首先，通过运行参数调整、系统模拟、工况优化，在此粗网过滤 MBR 中实现 COD 和总氮(Total Nitrogen, TN)的同步去除；其次，优化反应器构型和运行条件，探索在一体式 MBR 中实现 COD、TN 和总磷(Total Phoshporus, TP)的同步去除；最后，尝试在此粗网过滤 MBR 系统中通过外加碳源实现磷资源的回收。

2.2.1
反应器运行特征

反应器装置如图 2.2 所示，浸没式粗网过滤 MBR 内包括一套曝气/搅拌装置和两套膜组件，体积为 30 L。反应器内设置一块挡板以形成内部环流。在此实验中，用不锈钢丝网(平均孔径为 53 μm)构建粗网膜过滤组件，并浸没于反应器的降流区，每个膜组件的有效过滤面积为 0.025 m^2。曝气头置于反应器升流区底部，为反应器充氧。搅拌泵安装在膜组件的下端，在停止曝气时对活性污泥进行混匀、搅拌。

该曝气池用合肥市望塘污水处理厂的活性污泥接种。反应器中初始的混合液悬浮固体(Mixed Liquid Suspended Solids, MLSS)浓度是 3.51 $g \cdot L^{-1}$，且在整个实验过程中除了样品分析无剩余污泥外排。

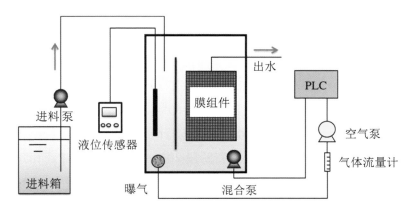

图 2.2　间歇曝气 MBR 系统示意图

不锈钢丝网及附着在其表面的滤饼层对污泥的截留性能通过出水浊度表征。如图 2.3 所示，除了滤网初次使用及每一次反冲洗后浊度值略高外，其他正常运行期间，出水浊度保持在 1 NTU 以下。新的粗网过滤膜开始使用后，出水浊度在一天之内从 52 NTU 下降至大约 3 NTU，在第 3 天又进一步降低至 1 NTU，然后几乎保持不变。另外，在第 48 天、93 天和 132 天对膜组件进行自来水反冲洗以去除钢丝网表面的滤饼层后，出水浊度立即上升，但是当滤饼层再次形成时，出水水质又迅速得以恢复。此结果表明粗网表面滤饼层的形成可以提高小颗粒和污泥絮体的截留，从而获得较好的出水水质。

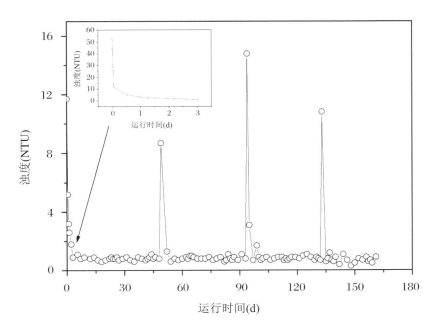

图 2.3　长期实验过程中间歇曝气 MBR 系统出水浊度变化

在各运行参数下，间歇曝气 MBR 对 COD、铵态氮（NH_4^+-N）和 TN 的去除率如表 2.1 所示。除了运行阶段 4 外，在其他运行条件下，COD 和 NH_4^+-N 的去除效率都保持在 90.0% 以上。在运行阶段 4 中，曝气阶段较低的溶解氧（Dissolved Oxygen, DO）水平（(0.8 ± 0.08) mg·L^{-1}）导致硝化反应进行不完全，使得 NH_4^+-N 的去除率相对较低，为 (85.9 ± 5.8)%。TN 的去除率受进水 C/N，DO 及好氧/缺氧停留时间比值的影响。在运行阶段 1 中，进水 C/N 为 10，TN 的去除率达到 (79.5 ± 13.4)%。在运行阶段 2 中，当进水 C/N 降到 6.8 时，TN 的去除率也随之降至 (71.5 ± 14.3)%。运行阶段 3~5 的进水 C/N 进一步降至 5.21~5.99 时，TN 的去除率仅仅超过 60%。在运行阶段 1~3，虽然 DO 浓度从 3.5 mg·L^{-1} 降至 1.5 mg·L^{-1}，但系统 COD 和 NH_4^+-N 的去除率均超过 90.0%，这也意味着 1.5 mg·L^{-1} 的 DO 浓度水平对有机物的氧化和硝化过程是足够的。对比运行阶段 3 和运行阶段 4 可以发现，过高的 DO 浓度会导致反硝化进行得不充分，而较低的 DO 浓度会造成硝化不完全，两者都会降低 TN 的去除率。曝气/搅拌时间比也会影响 TN 的去除率。在运行阶段 3~5 中，缺氧停留时间从运行阶段 3 中的 15 min 延长到运行阶段 5 中的 20 min，TN 的去除率也略有升高。

图 2.4 给出了运行阶段 1~4 中，一个典型的好氧/缺氧循环中 DO 浓度的变化图。随着曝气的开始，DO 值迅速升高，并达到设定值，然后通过控制曝气泵的开关，使 DO 保持在设定值，直至缺氧过程开始后迅速降至零。好氧阶段的 DO 水平也会影响缺氧阶段的持续时间。若好氧阶段 DO 值太高，会延长搅拌阶段其降低至零所需要的时间，进而会降低缺氧段时间，导致反硝化不完全。同时，若好氧段 DO 值太低，如运行阶段 4 中的 DO 值为 0.8 mg·L^{-1}，会使得硝化反应进行不完全，进而导致 NH_4^+-N 的去除率降低。

表 2.1 不同实验条件下系统对营养物质的去除性能

运行阶段	运行时间 (d)	溶解氧 (mg·L^{-1})	好氧/缺氧停留时间 (min)	进水 (mg·L^{-1})			出水 (mg·L^{-1})			去除率 (%)		
				COD	NH_4^+-N	TN	COD	NH_4^+-N	TN	COD	NH_4^+-N	TN
1	1~49	3.5±0.1	30/15	308.7±31.7	28.1±2.2	30.6±1.7	19.4±5.0	2.0±1.4	6.3±4.2	93.7±1.7	92.8±5.5	79.5±13.4
2	50~83	2.5±0.7	30/15	204.0±27.0	30.0±8.9	33.8±9.2	14.9±5.4	2.1±0.8	10.0±6.3	92.7±2.5	92.7±2.9	71.5±14.3
3	84~113	1.5±0.1	30/15	238.2±41.8	38.5±1.6	40.5±1.6	11.5±6.0	2.5±1.8	14.6±7.6	95.2±2.5	93.5±4.8	63.9±19.0
4	114~134	0.8±0.08	30/15	241.5±41.6	38.4±4.1	40.3±2.5	13.3±6.8	5.4±2.4	15.4±4.8	94.4±3.1	85.9±5.8	61.9±11.0
5	135~161	1.5±0.09	25/20	211.7±24.0	38.5±1.0	40.6±0.9	18.2±6.2	0.8±0.2	14.0±2.1	91.2±3.4	97.9±0.7	65.5±4.6

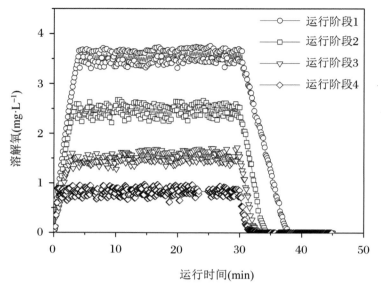

图 2.4　不同实验阶段一个典型好氧/缺氧运行周期内 DO 浓度的变化

2.2.2
反应器污泥特性

反应过程中 MLSS,混合液挥发性悬浮固体(Mixed Liquid Volatile Suspended Solid,MLVSS)、COD、NH_4^+-N、TN 浓度和浊度采用标准方法测量。[26]

污泥活性通过比耗氧速率(Specific Oxygen Uptake Rate,SOUR)、比硝化速率(Specific Nitrification Rate,SNR)和比反硝化速率(Specific Denitrification Rate,SDNR)来反映,因为 NH_4^+-N、NO_2^--N 和 COD 生物氧化均需要消耗氧气,所以 SOUR 能反映污泥硝化及有机物氧化活性。污泥样品在第 160 天取自间歇曝气 MBR。

SOUR 和 SNR 按照 SURMACZ-GORSKA J 等人报道的方法进行测定。[27]根据之前的文献报道[28],活性污泥的反硝化活性用 SDNR 反映。

长期运行结束后,本节对间歇曝气 MBR 中影响 COD、NH_4^+-N 和 TN 去除的污泥的活性进行了测定。结果显示,活性污泥的 SOUR、SNR 和 SDNR 分别为(43.0±9.3)mg O_2·(g MLVSS)$^{-1}$·h^{-1},(23.3±2.1)mg O_2·(g MLVSS)$^{-1}$·h^{-1} 和(10.7±3.2)mg NO_3^--N·(g MLVSS)$^{-1}$·h^{-1},这也意味着间歇曝气 MBR 中污泥的活性相对较高。交替的好氧/缺氧环境使得间歇

曝气 MBR 中异养菌、硝化菌和反硝化菌的活性较高。因此，可以按照此运行模式来提高污泥的生物活性，进而提高营养物质的去除效果。[29-31] 同时，MBR 对污泥絮体的高效截留，也延长了污泥的 SRT，使得生长世代比较长的硝化细菌得到富集，进而也提高了氮的去除率。

在间歇曝气 MBR 运行过程中，其 MLSS 和 MLVSS 的变化如图 2.5 所示。实验开始前，MLSS 的浓度和 MLVSS/MLSS 的值分别为 $3.5\ g\cdot L^{-1}$ 和 68%。随后，MLSS 的浓度及 MLVSS/MLSS 的值都略有增加，最终分别稳定在 $4.5\ g\cdot L^{-1}$ 和 80%的水平。在本实验中，MBR 平均容积负荷为 $0.60\ kg\ COD\cdot m^{-3}\cdot d^{-1}$，相应的 F/M 为 $0.14\ kg\ COD\cdot(kg\ MLSS)^{-1}\cdot d^{-1}$。在 161 天的实验中，间歇曝气 MBR 的污泥产率非常低，只有 $0.021\ kg\ MLSS\cdot(kg\ COD)^{-1}$，且几乎无剩余污泥排放。较低的有机负荷和延长的 SRT[32-33]，使得 MBR 与常规活性污泥法相比，污泥产率更低，而间歇曝气 MBR 中缺氧段的存在，则进一步降低了污泥产率[34]。相对更低的污泥产量不仅会降低运行费用，也极大地降低了系统操作的复杂性。

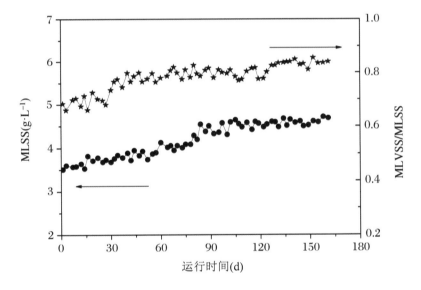

图 2.5　实验过程中 MBR 生物量浓度变化

此外，间歇曝气的运行模式可以有效降低 MBR 的曝气消耗。MBR 处理生活污水时能耗为 $0.7\sim0.8\ kWh\cdot m^{-3}$，高于传统活性污泥法($0.3\sim0.4\ kWh\cdot m^{-3}$)，而且曝气几乎占了总能量需求的 50%。[35] 因此，减少曝气量会有效地降低 MBR 能耗。

2.2.3 粗网膜表面泥饼层形成

污水通过蠕动泵(兰格,BT100-1515X)连续进入反应器,进水流量为 $3 L \cdot h^{-1}$,对应的 HRT 为 10 h,水温控制在 (25 ± 1)℃。在连续流操作模式下,膜污染情况可以通过钢丝网的跨膜压差(Trans-Membrane Pressure,TMP)来表示。经过长时间运行后,附着在钢丝网上的生物膜逐渐变厚,TMP 显著上升。当 TMP 增加到 2.0 kPa 后,取出钢丝网,用自来水冲洗,以去除泥饼层、恢复膜通量。在好氧阶段,通过曝气泵的开/关实时控制 DO 浓度在一个设定值;在搅拌阶段,曝气泵关闭,搅拌器开始工作,用以混合搅匀。

与传统微滤膜或超滤膜 MBR 用泵抽吸出水不同,粗网过滤 MBR 靠重力自流出水。在间歇曝气 MBR 运行过程中,进水流速为 $3 L \cdot h^{-1}$,相应的膜通量为 $60 L \cdot m^{-2} \cdot h^{-1}$。如图 2.6 所示,在运行过程中,粗网膜表面泥饼层逐渐形成,相应地,TMP 也随之增长,等到一定程度后,需要进行反冲洗。从图中可以看出,随着反冲洗的完成,TMP 迅速下降至较低水平。在 161 天的实验过程中,对 MBR 的过滤膜组件清洗了 3 次。每次清洗后,TMP 几乎降到它原始的水平,这意味着膜污染是可逆的,且可以通过物理清洗很容易去除。

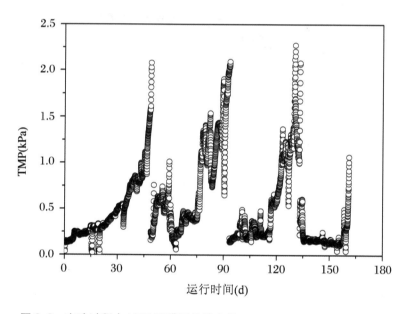

图 2.6 实验过程中 MBR 跨膜压差的变化

2.2.4
膜生物反应器生化机理模型

以不锈钢丝网作为构建的粗网过滤 MBR，其性能表现取决于多重因素，如进水特性、过滤通量和曝气强度等。[36-37] 好氧阶段 DO 水平[38-39]及好氧/缺氧的停留时间[31]显著影响间歇曝气 MBR 中同步硝化、反硝化反应进行的程度，进而影响 TN 的去除。前期的一些研究也考察了 DO 和缺氧时间对废水生物处理中 TN 去除的影响。借助 ASM1 模型，MBR 系统中存在利于 COD 和氮去除的优化条件，其较低的 DO 浓度和充足的内部循环对氮的去除是有利的。[40]然而，这些模拟工作大多是建立在 AO-MBR 或 A^2O-MBR 等复合系统上，对氮去除影响因素的分析往往是单因素的，因此，也无法反映一体式间歇曝气 MBR 中 COD 和氮的同步去除等复杂的生化反应过程。

因此建立基于 ASM3 的生化模型，在模型模拟过程中，同时考虑了进水 C/N 比、好氧阶段 DO 水平及好氧/缺氧时间比等对 COD 和 TN 去除有重要影响的几个因素。然后在给定进水 C/N 比的条件下，通过模型探究合适的运行条件，以实现 COD 和氮的高效去除。如图 2.7 所示，当好氧阶段的 DO 值太低或好氧段持续时间太短时，营养物质的氧化反应进行得不充分，将导致 COD 和 TN 的去除率降低。当 DO 值和好氧段时间升高到一定程度，COD 和 NH_4^+-N 得以充分氧化。但是，TN 的有效去除同时受硝化和反硝化过程限制。模型预测结果显示，DO 值过低或好氧段时间过长将导致硝化反应进行不完全，而 DO 值过高或好氧段时间过短，又会导致反硝化不充分。因此，对于这两个运行参数，应存在一个合适的数值范围，使得硝化、反硝化同步高效发生，而超出这个范围，NH_4^+-N 或 NO_3^--N 就会积累，从而会影响 TN 的去除。

根据模型预测，在进水 C/N 比为 200 mg·L^{-1}：40 mg·L^{-1}时，一个相对比较低的 DO 值（如 1.5 mg·L^{-1}）和长的缺氧时间（如 25 min：30 min）对 TN 的去除是经济且高效的。按照此运行策略，污水处理的曝气消耗和运行费用将会降低，同时还能实现 COD 和 TN 的高效去除。

通过考虑两步硝化-反硝化过程，扩展的 ASM3 模型用来模拟间歇曝气 MBR 中营养物质的生物去除。在 MBR 中重力沉降泥水分离被膜分离所取代，因此，用于传统活性污泥系统的 ASM3 模型要作些修正以适应 MBR 的实际情况。由于 MBR 的出水浊度非常低，因此，可以假定在运行过程中 MBR 完全截留污泥，而出水中不含有生物。另外，在运行过程中假定反应器处于完全混匀状

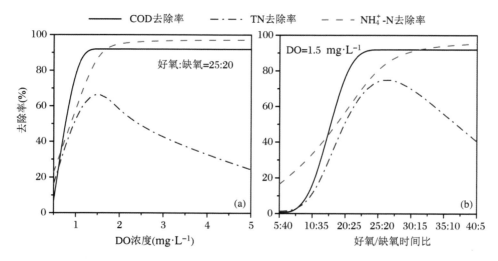

图 2.7 实验过程中 DO 浓度(a)和好氧/缺氧时间比(b)对 MBR 中 COD,NH_4^+-N 和 TN 去除的影响

一个运行周期为 45 min,进水 COD 和氨氮浓度分别为 200 mg·L^{-1}和 40 mg·L^{-1}

态,这也意味着所有物质不存在浓度梯度,进而可以忽略传质阻力。

在模型中,假定曝气阶段气液界面的氧传质速率与气液界面氧浓度差成比例,且比例系数是氧的质量传质系数 $k_L a$,得到下面的物料平衡方程:

$$\frac{\mathrm{d}S_o(t)}{\mathrm{d}t} = k_L a[S_o^* - S_o(t)] \qquad (2.1)$$

式中,S_o^* 是液相中的最大氧溶解度;S_o 是活性污泥絮体表面的 DO 浓度,因为忽略了液-固氧传递阻力,因此与主体液体相同。间歇曝气、曝气和非曝气时间的设定由实验设计确定。无曝气阶段按氧传质系数为零来进行模拟。

所有模拟和参数估计用非线性最小二乘法在 AQUASIM 软件中进行。[41] 因为模型的复杂性,本实验进行了广泛的校准和验证。模拟最初使用模型的默认值,但后面需要进一步校准。校准程序包括间歇曝气 MBR 在各个运行条件下性能的动态模拟。将获得的模型参数再进一步用于模型验证。

在整个反应器运行过程中,出水 COD,NH_4^+-N 和 TN 的模拟结果如图 2.8 所示。模型模拟结果与实验数据相吻合。COD,NH_4^+-N 和 TN 浓度的测量数据和模拟结果间的相关系数(R^2)分别为 0.912、0.884 和 0.932。此外,当进水 COD 浓度变化时,此模型能够精确模拟反应器出水发生的细微变化。在整个运行过程中,虽然进水 COD 的浓度从 151 mg·L^{-1} 增加到 369 mg·L^{-1},出水 COD 的浓度仍维持在非常低的水平(平均浓度为(15.6±6.4) mg·L^{-1})。

此模型同样可以准确模拟出水的 NH_4^+-N 浓度及其随运行条件的变化情况。在长期运行中,出水中 NH_4^+-N 浓度非常低(平均为 2.7 mg·L^{-1})。然而,

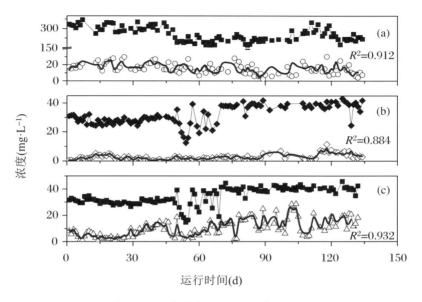

图 2.8　实验过程中 MBR 进出水浓度实测值（点）和预测值（线）：COD（a）；
NH_4^+-N（b）；TN（c）

当进水 NH_4^+-N 负荷升高或 DO 值太低时，也会造成出水中 NH_4^+-N 的浓度短暂升高。同时，此模型亦可模拟 TN 在各个运行条件下的变化情况。模拟值和实测 TN 浓度间的相对偏差大约是 12.6%。当运行参数变化剧烈时，此模型仍然能准确地预测 TN 的变化情况。这些实验结果也表明，此修正的 ASM3 模型能很好地模拟间歇曝气 MBR 各种运行工况下的生化反应过程，这对于探索在 MBR 中实现同步硝化、反硝化的最佳运行工况有重要意义。

2.2.5

间歇曝气 MBR 同步脱氮除磷

在间歇曝气 MBR 中实现 COD 和 TN 的同时去除后，本小节通过优化反应器构型、调整运行条件，探索间歇曝气 MBR 中实现同步脱氮除磷的可能性，然后通过投加碳源，尝试从富磷污泥中回收高浓度磷酸盐。正如之前文献所报道，通过利用聚磷菌（PAOs）[42-43]或以生物诱导磷酸盐沉淀的方式[44]，可以实现废水生物处理中磷资源的回收。而间歇曝气 MBR 同步脱氮除磷及磷资源的回收亦可参考此方式。

如图 2.9 所示，管状反应器的有效体积为 4 L，接种实验室中的间歇曝气

MBR 和 EBPR 污泥,初始浓度为 7.85 g·L^{-1},HRT 为 6～8 h,进水 COD∶TN 为 300 mg·L^{-1}∶30 mg·L^{-1},进水 PO$_4^{3-}$-P 的浓度为 6～12 mg·L^{-1},曝气/搅拌时间为 20 min∶25 min,曝气阶段 DO 的浓度逐渐上升,到好氧末段 DO 的浓度约为 5 mg·L^{-1}。

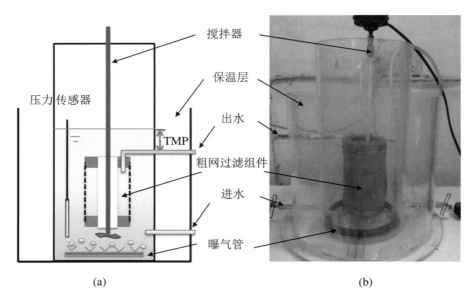

图 2.9　MBR 系统示意图(a);MBR 反应器照片(b)

如图 2.10 所示,在运行过程中,COD 和 TN 的去除率一直维持在较高的水平,而 TP 的去除率在初始阶段较高,然后慢慢降低,直至几乎无去除效果。经过 43 天的运行,反应器中 COD,TN 和 TP 的平均去除率分别为(94.2±2.4)%,(93.5±6.3)%和(51.6±31.0)%。

上述实验结束后,把 MBR 中的污泥全部取出,用去离子水清洗以去除残留的营养物质,然后与乙酸钠浓缩液混合,并稀释至 4.6 L,最后搅拌 3 h 以释磷。结果如图 2.11 所示,乙酸钠与含磷污泥混合后,磷酸盐被迅速释放出来,且在 3 h 内浓度上升到 364 mg·L^{-1},而乙酸则被完全吸收。通过计算污泥释磷前后磷含量的变化,可知活性污泥中大约 70% 的磷以浓缩的磷酸盐溶液的形式被回收。如果将此策略应用到一个处理能力为 50000 m^3·d^{-1}、进水磷浓度为 10 mg·L^{-1} 的污水处理厂中,则每天大约可以回收 200 kg 的磷。

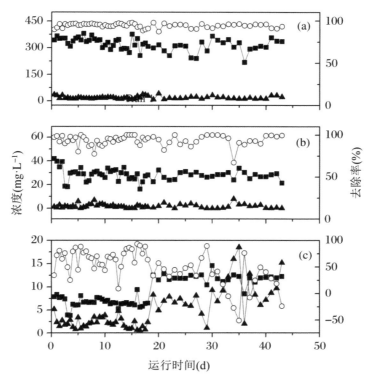

图 2.10 MBR 系统对 COD(a);TN(b) 和 TP(c) 的去除效果
(■)进水浓度,(▲)出水浓度和(○)去除效率

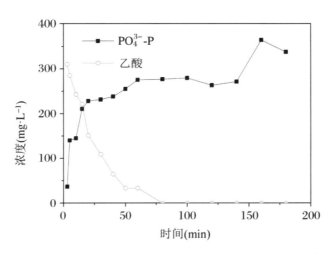

图 2.11 MBR 系统中活性污泥厌氧释磷实验中乙酸和磷酸盐的变化

2.3 厌氧固定床膜生物反应器

近年来,由于厌氧膜生物反应器(AnMBR)在常规厌氧处理中的显著优势,其已被广泛应用于难降解的工业废水处理中,如纺织废水[45]、石化废水[46]、竹制品加工废水[47]等的处理。在采用厌氧膜生物反应器处理废水之前,应充分考虑其固有的膜污染问题。在以往的研究中,关于控制厌氧膜生物反应器中的膜污染问题已经做了大量的工作,为了抵消膜污染的影响,需要通过定期或在线物理或化学清洗进行维护,这不可避免地增加了运营成本。

流化床技术通过使用活性炭颗粒,如粒状活性炭(Granular Activated Carbon,GAC)或粉状活性炭(Powdered Activated Carbon,PAC),已被应用到厌氧膜生物反应器中用来抑制膜污染。[48-50]在流化床颗粒活性炭生物反应器中,污染物和微生物的吸附可以增加生物去除化合物的停留时间,从而提高其去除效率,减少膜污染。然而,这些颗粒的分离和反应器的流化将进一步增加流化床生物反应器的复杂操作和能量需求,限制了其广泛应用。

采用固定床生物膜反应器代替流化床,可以避免颗粒分离和流化的能量需求问题。固定床生物膜也有利于污染物去除和对微生物的吸附,同时减少膜污染问题。为了进一步减少膜污染和降低过滤所需的能量,可以采用一些网孔过滤器构建动态膜用于 AnMBR 的过滤。[51]

因此,针对厌氧 MBR 中存在的膜污染问题,构建集粗网膜过滤与固定床反应器于一体的厌氧复合膜生物反应器(Anaerobic Hybrid Membrane Bioreactor,AnHMBR),以含氯废水为研究对象,明确 AnHBMR 的处理效果,研究在不增加能量输入的情况下缓解膜污染的可行性,并讨论污垢的减少机理和系统的能量需求,将为厌氧膜生物反应器的发展提供一个新思路。

2.3.1 反应器的构建

如图 2.12 所示,AnHMBR 为圆柱形,内部填充活性炭颗粒(直径为 3～

5 mm），外部有水浴保温层。反应器总体积为 1.6 L，有效体积为 0.78 L。将平均孔径为 0.7 μm、有效过滤面积为 0.022 m² 的不锈钢丝网固定于反应器的顶端。反应器底部和顶端均设有有机玻璃管，用于连接进水管、压力变送器和取样管。

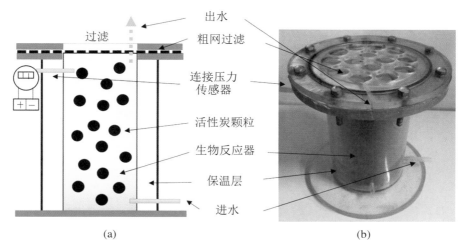

图 2.12　AnHMBR 系统示意图(a)；AnHMBR 反应器照片(b)

2.3.2
厌氧复合动态膜反应器性能

实验开始前，取实验室运行的上流式厌氧污泥床反应器（Upflow Anaerobic Sludge Blanket，UASB）内的厌氧污泥用含 2-CP 的污水驯化两个月后，取 100 mL 接种于 AnHMBR 内。

2.3.2.1　对水体中 COD 的去除

COD 和浊度通过标准方法测定。[26] 2-CP 和苯酚的浓度由带有 Hypersil-ODS 反相柱的高效液相色谱（High Performance Liquid Chromatography，HPLC）（Agilent，Model 1100）检测，检测器波长为 280 nm，柱温为 30 ℃。流动相是含有 2%乙酸和乙醇（体积比为 35∶65）的混合液，流速为 1 mL·min^{-1}。

实验过程中，系统对 COD 的去除效果如图 2.13 所示。从图中可以看出，AnHMBR 对 COD 的去除效果比较理想。在整个实验过程中，COD 的平均去除率为82.3%,而出水COD浓度为(37.1±17) mg·L^{-1}。同时,钢丝网表面形成的生物膜对COD的去除亦有贡献。此外,出水中的COD浓度比过膜前反应器内的浓度值低,也表明钢丝网表面生长的生物膜能够截留或降解部分有机物。

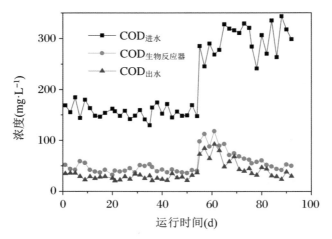

图2.13　AnMBR系统对COD的去除效果

HRT、进水中COD及2-CP的浓度对系统中COD的去除有重要影响。实验过程中,各运行条件下COD的去除率如表2.2所示。在运行阶段1～3实验中,COD的去除是稳定的。但在运行阶段3～4实验中,当进水COD浓度从157.7 mg·L^{-1}增加到299 mg·L^{-1}时,出水COD浓度增加到63 mg·L^{-1},同时其去除率也从82.2%降至78.9%。不过,运行几天后,COD去除率又略有上升。HRT和2-CP浓度的改变对COD的去除影响不明显。这说明,在此运行条件下,浓度为10 mg·L^{-1}的2-CP对微生物的活性影响不大。

2.3.2.2　2-CP的去除和苯酚的生成

实验过程中,AnMBR系统中2-CP的去除和苯酚的生成如图2.14和表2.2所示。出水中2-CP的平均浓度和AnHMBR对其去除率分别为(0.7±1.1) mg·L^{-1}和(92.6±10.4)%,但同时只有(2.5±1.2) mg·L^{-1}的苯酚生成。此结果也表明,大部分2-CP在AnHMBR中被降解了。在反应器运行过程中,同COD的去除类似,出水中2-CP的浓度受进水2-CP、COD浓度和HRT的影响。对比运行阶段2～4中2-CP的去除率可以看出,当进水COD和2-CP的浓度较高时,出水中2-CP的浓度也会增加。而且在2-CP和COD负荷(包括进水浓度和HRT)冲击下,出水中2-CP的浓度也会出现波动,但经过几天的适应之后便能恢复到正常水平。另外,进水2-CP负荷的提高也会导致出水中苯酚含量的增加。同COD的去除类似,不锈钢丝网上形成的生物膜对2-CP的去除亦有贡献。

表 2.2 不同实验条件下 AnMBR 的性能表现

运行阶段	COD 生物反应器 (mg·L^{-1})	COD 出水 (mg·L^{-1})	过滤前 COD 的去除率 (%)	AnHMBR 中 COD 的去除率 (%)	2-CP 生物反应器 (mg·L^{-1})	2-CP 出水 (mg·L^{-1})	苯酚 生物反应器 (mg·L^{-1})	苯酚 出水 (mg·L^{-1})	过滤前 2-CP 的去除率 (%)	AnHMBR 中 2-CP 的去除率 (%)
1	44.4±8.5	29.4±4.6	72.3±5.7	81.7±2.9	0.6±0.2	0.2±0.1	1.4±0.2	1.2±0.2	88.9±4.1	96.7±2.3
2	44.9±5.9	26.5±5.0	69.8±5.4	82.2±3.9	0.7±0.3	0.4±0.3	1.8±0.3	1.7±0.3	85.7±6.0	91.0±7.1
3	39.5±2.5	27.7±5.5	74.7±2.5	74.7±2.5	1.8±2.2	1.2±1.6	2.9±0.7	2.9±0.8	82.6±20.8	88.3±15.8
4	85.3±19	63.0±18.1	70.8±9.2	70.8±9.2	2.7±2.5	1.1±1.5	2.8±0.9	2.1±1.0	76.2±22.5	90.3±14.2
5	51.3±6.1	34.1±7.4	82.4±3.4	82.4±3.4	0.9±0.7	0.4±0.6	3.7±1.7	2.4±1.0	91.7±6.2	96.8±5.2

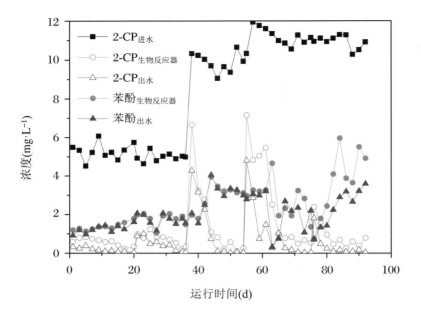

图 2.14　实验过程中 2-CP 和苯酚的浓度变化

2.3.3
动态膜反应器内的生物膜

为观察不锈钢丝网表面的污泥层结构,实验结束后从反应器上取下钢丝网并用蒸馏水冲洗。用显微镜(Olympus,BX41)观察钢丝网表面的污泥分布情况。

总的过滤阻力通过如下 Darcy 方程进行计算:

$$R = \frac{TMP}{\mu J} \times 3600 \tag{2.2}$$

$$R_V = \frac{TMP}{24\mu JT} \times 3600 = \frac{R}{24T} \tag{2.3}$$

式中,R 是粗网过滤膜的过滤阻力(m^{-1}),R_V 是过滤阻力增长速率($m^{-1} \cdot h^{-1}$),TMP 是跨膜压差(Pa),μ 是过滤液黏度(Pa·s),J 是膜通量($m^3 \cdot m^{-2} \cdot s^{-1}$),$T$ 是运行时间(d)。

在 AnHMBR 正常运行期间,出水浊度均非常低,这也表明此厌氧粗网过滤 MBR 对反应器内生物质具有很好的截留效果。运行期间,AnHMBR 系统的膜通量保持在 2.7~6.9 L·m^{-2}·h^{-1} 范围内,其膜污染主要是由附着在膜表面或镶嵌在网孔内的生物质的过度沉积引起的,表现出 TMP 随着运行时间的延长而升高。如图 2.15 所示,经过 40 多天的运行后,附着在钢丝网表面的生物膜逐渐变厚,TMP 增加。当 TMP 达到 8 kPa 时,进行离线反冲洗以去除钢丝网表面的生物膜,TMP 也会随之下降。在第 45 天进行第一次膜清洗后,TMP 几乎降回到初始水平,这也意味着钢丝网表面的污染是可逆的,可以很容易地被清除掉。然而,TMP 在第二个运行周期内上升得很快,虽然它的运行时间跟第一个污染周期大致相同,这也说明由于一些有机污染物在膜孔内沉积而造成不可逆污染的发生。在运行的最后阶段,对 AnHMBR 的过滤阻力进行了计算。结果显示,其总的过滤阻力大约为 4.2×10^{12} m^{-1},相比于传统的厌氧微滤膜生物反应器来说[52],此值相对较低,也意味着膜污染相对较轻。

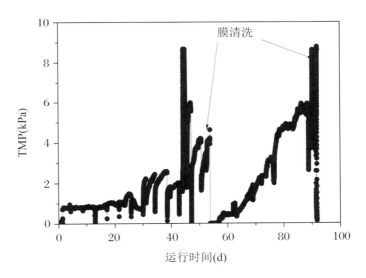

图 2.15　实验过程中跨膜压差的变化

为了研究钢丝网表面形成生物膜的特征,实验结束后,用显微镜观察钢丝网的污染情况(图 2.16)。如图 2.16(b)所示,经过 92 天的运行,在钢丝网表面和网孔中可以观察到明显的污泥沉积。经过物理反冲洗后,膜表面大部分沉积物被去除,但仍有一些污染物存留在膜孔中。虽然在 AnHMBR 运行过程中,也会出现不可逆污染,但相比于其他常规厌氧膜生物反应器,其平均 TMP 明显更小。

通常情况下,AnMBR 被认为是一种可持续的污水处理技术,近些年也得到了快速的发展。但在此技术大规模应用之前,仍存在一些缺陷需要被克服。其中,严重的膜污染问题是 AnMBR 在污水处理中进一步发展、应用的主要障碍。[53-54]膜污染受很多复杂因素的影响,如污泥浓度、胶体和污泥絮体尺寸、溶解

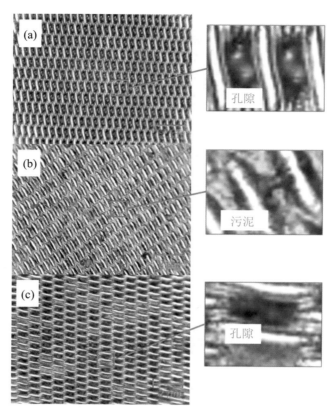

图 2.16　钢丝网表面形态特征：新的钢丝网(a)；92 天实验结束后的钢丝网(b)；经自来水清洗过的污染后的钢丝网(c)

性有机物和细胞外聚合物等。然而，AnMBR 中较高的悬浮固体浓度，以及由此所引起的膜表面泥饼层的过度生长，是 AnMBR 膜污染最主要的诱因。[55]

在本研究中，固定床生物膜技术与 AnMBR 相耦合用于低浓度含 2-CP 废水的处理，这使得 AnHMBR 在非常低的悬浮污泥浓度下运行，因此可以明显减轻其膜污染程度。事实上，前期的研究已经证明较低的悬浮污泥浓度有利于缓解膜污染。[56]另外，在此 AnHMBR 中，粗网过滤膜的使用也有助于减轻膜污染。[56-57]本实验中，AnHMBR 整体膜污染速率大约是 4.6×10^9 $m^{-1} \cdot h^{-1}$，这也远低于传统 AnMBR 中的膜污染速率（4.4×10^{10} $m^{-1} \cdot h^{-1}$）。[52]

2.3.4

AnMBR 的能耗分析

尽管 AnMBR 是一种可持续的废水处理技术,但对 AnMBR 进行能耗分析仍然是很有必要的。一般情况下,AnMBR 运行期间的能耗主要来自两方面:一是进/出水泵的能耗;二是用于控制膜污染的能耗,如大气量曝气冲洗[58-59]、剧烈水力循环[60]和在线超声[61]。而用于膜污染控制的能耗是总能耗的主要部分。[49,60,62]

在 AnHMBR 运行期间,如不考虑保温,其唯一的能耗源自进水泵。对于进水泵系统来说,其理论能耗可以按下式计算:

$$P_c = \frac{Q\gamma E}{1000\eta} \tag{2.4}$$

$$E_c = \frac{Q\gamma E}{1000q\eta} = \frac{P_c}{q} \tag{2.5}$$

式中,P_c 为泵的功率(kW),E_c 为泵的能耗(kWh·m^{-3} 废水),Q 为泵的循环流量(m^3·s^{-1}),γ 为 9800(N·m^{-3}),E 为水头损失(m),q 为进水流量(m^3·h^{-1}),η 是泵的效率(%)。运行期间,泵的循环流速等于进水流速,实测运行阶段 1~5 的平均水头损失分别为 0.046 m、0.141 m、0.294 m、0.144 m 和 0.490 m。进水桶与系统出水口之间的水头大约是 1 m。假设泵的效率为 64.6%,由此可以计算,运行阶段 1~5 中进水泵的理论能耗为 0.0045~0.0063 kWh·m^{-3}。因此,相比于文献报道中通过强曝气冲刷[63]或剧烈水力循环[49]等方式控制膜污染的 AnMBR 中 0.25~1.0 kWh·m^{-3} 的能耗,此 AnHMBR 的理论能耗还是非常低的。

参考文献

[1] FAN B, HUANG X. Characteristics of a self-forming dynamic membrane coupled with a bioreactor for municipal wastewater treatment [J]. Environmental Science & Technology, 2002, 36(23):5245-5251.

[2] ERSAHIN M E, OZGUN H, DERELI R K, et al. A review on dynamic

membrane filtration: materials, applications and future perspectives[J]. Bioresource Technology, 2012, 122:196-206.

[3] FUCHS W, RESCH C, KERNSTOCK M, et al. Influence of operational conditions on the performance of a mesh filter activated sludge process[J]. Water Research, 2005, 39(5):803-810.

[4] KISO Y, JUNG Y J, PARK M S, et al. Coupling of sequencing batch reactor and mesh filtration: operational parameters and wastewater treatment performance[J]. Water Research, 2005, 39(20):4887-4898.

[5] CHU L, LI S. Filtration capability and operational characteristics of dynamic membrane bioreactor for municipal wastewater treatment[J]. Separation and Purification Technology, 2006, 51(2):173-179.

[6] MARCINKOWSKY A E, KRAUS K A, PHILLIPS H O, et al. Hyperfiltration studies. IV. salt rejection by dynamically formed hydrous oxide membranes1[J]. Journal of the American Chemical Society, 1966, 88(24):5744-5746.

[7] KISHIHARA S, TAMAKI H, FUJII S, et al. Clarification of technical sugar solutions through a dynamic membrane formed on a porous ceramic tube[J]. Journal of Membrane Science, 1989, 41:103-114.

[8] GROVES G R, BUCKLEY C A, COX J M, et al. Dynamic membrane ultrafiltration and hyperfiltration for the treatment of industrial effluents for water reuse[J]. Desalination, 1983, 47(1):305-312.

[9] AL-MALACK M H, ANDERSON G K. Formation of dynamic membranes with crossflow microfiltration[J]. Journal of Membrane Science, 1996, 112(2):287-296.

[10] AL-MALACK M H, ANDERSON G K, ALMASI A. Treatment of anoxic pond effluent using crossflow microfiltration[J]. Water Research, 1998, 32(12):3738-3746.

[11] YAMAGIWA K, OOHIRA Y, OHKAWA A. Performance evaluation of a plunging liquid jet bioreactor with crossflow filtration for small-scale treatment of domestic wastewater[J]. Bioresource Technology, 1994, 50(2):131-138.

[12] PILLAY V L, TOWNSEND B, BUCKLEY C A. Improving the performance of anaerobic digesters at wastewater treatment works: the

[13] LEE J M, AHN W Y, LEE C H. Comparison of the filtration characteristics between attached and suspended growth microorganisms in submerged membrane bioreactor[J]. Water Research, 2001, 35(10): 2435-2445.

[14] LIU H, YANG C, PU W, et al. Formation mechanism and structure of dynamic membrane in the dynamic membrane bioreactor[J]. Chemical Engineering Journal, 2009, 148(2/3): 290-295.

[15] IGAWA M, SENŌ M, TAKAHASHI H, et al. Reverse osmosis by dynamic membranes[J]. Desalination, 1977, 22(1): 281-289.

[16] FREILICH D, TANNY G B. The formation mechanism of dynamic hydrous Zr(IV) oxide membranes on microporous supports[J]. Journal of Colloid and Interface Science, 1978, 64(2): 362-370.

[17] WANG J Y, LIU M C, LEE C J, et al. Formation of dextran-Zr dynamic membrane and study on concentration of protein hemoglobin solution[J]. Journal of Membrane Science, 1999, 162(1): 45-55.

[18] LI N, LIU Z Z, XU S G. Dynamically formed poly(vinyl alcohol) ultrafiltration membranes with good anti-fouling characteristics[J]. Journal of Membrane Science, 2000, 169(1): 17-28.

[19] YANG T, MA Z F, YANG Q Y. Formation and performance of Kaolin/MnO_2 bi-layer composite dynamic membrane for oily wastewater treatment: effect of solution conditions[J]. Desalination, 2011, 270(1): 50-56.

[20] HWANG K J, CHENG Y H. The role of dynamic membrane in cross-flow microfiltration of macromolecules[J]. Separation Science and Technology, 2003, 38(4): 779-795.

[21] WANG X, CHEN X, YOON K, et al. High flux filtration medium based on nanofibrous substrate with hydrophilic nanocomposite coating[J]. Environmental Science & Technology, 2005, 39(19): 7684-7691.

[22] BRADY-ESTéVEZ A S, KANG S, ELIMELECH M. A Single-walled-carbon-nanotube filter for removal of viral and bacterial pathogens[J]. Small, 2008, 4(4): 481-484.

[23] REN X, SHON H K, JANG N, et al. Novel membrane bioreactor (MBR)

coupled with a nonwoven fabric filter for household wastewater treatment [J]. Water Research, 2010, 44(3):751-760.

[24] SEO G T, MOON B H, PARK Y M, et al. Filtration characteristics of immersed coarse pore filters in an activated sludge system for domestic wastewater reclamation[J]. Water Science and Technology, 2007,55(1/2):51-58.

[25] WALKER M, BANKS C J, HEAVEN S. Development of a coarse membrane bioreactor for two-stage anaerobic digestion of biodegradable municipal solid waste[J]. Water Science and Technology, 2009, 59(4):729-735.

[26] APHA. Standard methods for the examination of water and wastewater [M]. 20th ed. Washington DC:American Public Health Association, 1998.

[27] SURMACZ-GORSKA J, GERNAEY K, DEMUYNCK C, et al. Nitrification monitoring in activated sludge by oxygen uptake rate (OUR) measurements[J]. Water Research, 1996, 30(5):1228-1236.

[28] VOCKS M, ADAM C, LESJEAN B, et al. Enhanced post-denitrification without addition of an external carbon source in membrane bioreactors[J]. Water Research, 2005, 39(14):3360-3368.

[29] YEOM I T, NAH Y M, AHN K H. Treatment of household wastewater using an intermittently aerated membrane bioreactor [J]. Desalination, 1999, 124(1/3):193-203.

[30] YILMAZ G, LEMAIRE R, KELLER J, et al. Effectiveness of an alternating aerobics, anoxic/anaerobic strategy for maintaining biomass activity of BNR sludge during long-term starvation[J]. Water Research, 2007, 41(12):2590-2598.

[31] KISO Y, JUNG Y J, ICHINARI T, et al. Wastewater treatment performance of a filtration bio-reactor equipped with a mesh as a filter material[J]. Water Research, 2000, 34(17):4143-4150.

[32] SAKAI Y, FUKASE T, YASUI H, et al. An activated sludge process without excess sludge production[J]. Water Science and Technology, 1997, 36(11):163-170.

[33] KRAUME M, BRACKLOW U, VOCKS M, et al. Nutrients removal in MBRs for municipal wastewater treatment [J]. Water Science and

Technology, 2005, 51(6/7):391-402.

[34] MULLER A, WENTZEL M C, LOEWENTHAL R E, et al. Heterotroph anoxic yield in anoxic aerobic activated sludge systems treating municipal wastewater[J]. Water Research, 2003, 37(10):2435-2441.

[35] CORNEL P, WAGNER M, KRAUSE S. Investigation of oxygen transfer rates in full scale membrane bioreactors[J]. Water Science and Technology, 2003, 47(11):313-319.

[36] UEDA T, HATA K, KIKUOKA Y, et al. Effects of aeration on suction pressure in a submerged membrane bioreactor[J]. Water Research, 1997, 31(3):489-494.

[37] ERSU C B, ONG S K, ARSLANKAYA E, et al. Comparison of recirculation configurations for biological nutrient removal in a membrane bioreactor[J]. Water Research, 2008, 42(6/7):1651-1663.

[38] HOCAOGLU S M, INSEL G, COKGOR E U, et al. Effect of low dissolved oxygen on simultaneous nitrification and denitrification in a membrane bioreactor treating black water[J]. Bioresource Technology, 2011, 102(6):4333-4340.

[39] CANZIANI R, EMONDI V, GARAVAGLIA M, et al. Effect of oxygen concentration on biological nitrification and microbial kinetics in a cross-flow membrane bioreactor (MBR) and moving-bed biofilm reactor (MBBR) treating old landfill leachate[J]. Journal of Membrane Science, 2006, 286(1/2):202-212.

[40] JUNGJIN L, YOULIM L, ATAEI A, et al. Exploration of dual optimal conditions for COD and nitrogen removal in an MBR[J]. Asia-Pacific Journal of Chemical Engineering, 2011, 6(3):433-440.

[41] REICHERT P. Aquasim 2.0-user manual, computer program for the identication and simulation of aquatic systems[M]. Dübendorf, Switzerland: EAWAG,1998.

[42] KODERA H, HATAMOTO M, ABE K, et al. Phosphate recovery as concentrated solution from treated wastewater by a PAO-enriched biofilm reactor[J]. Water Research, 2013, 47(6):2025-2032.

[43] WONG P Y, CHENG K Y, KAKSONEN A H, et al. A novel post denitrification configuration for phosphorus recovery using polyphosphate

accumulating organisms[J]. Water Research, 2013, 47(17): 6488-6495.

[44] MAñAS A, BISCANS B, SPéRANDIO M. Biologically induced phosphorus precipitation in aerobic granular sludge process[J]. Water Research, 2011, 45(12): 3776-3786.

[45] SPAGNI A, CASU S, GRILLI S. Decolourisation of textile wastewater in a submerged anaerobic membrane bioreactor[J]. Bioresource Technology, 2012, 117: 180-185.

[46] VAN ZYL P J, WENTZEL M C, EKAMA G A, et al. Design and start-up of a high rate anaerobic membrane bioreactor for the treatment of a low pH, high strength, dissolved organic waste water[J]. Water Science and Technology, 2008, 57(2): 291-295.

[47] WANG W, YANG Q, ZHENG S, et al. Anaerobic membrane bioreactor (AnMBR) for bamboo industry wastewater treatment[J]. Bioresource Technology, 2013, 149: 292-300.

[48] YOO R, KIM J, MCCARTY P L, et al. Anaerobic treatment of municipal wastewater with a staged anaerobic fluidized membrane bioreactor (SAF-MBR) system[J]. Bioresource Technology, 2012, 120: 133-139.

[49] KIM J, KIM K, YE H, et al. Anaerobic fluidized bed membrane bioreactor for wastewater treatment[J]. Environmental Science & Technology, 2011, 45(2): 576-581.

[50] ZHAO C, GU P, CUI H, et al. Reverse osmosis concentrate treatment via a PAC-MF accumulative countercurrent adsorption process[J]. Water Research, 2012, 46(1): 218-226.

[51] MA J, WANG Z, ZOU X, et al. Microbial communities in an anaerobic dynamic membrane bioreactor (AnDMBR) for municipal wastewater treatment: comparison of bulk sludge and cake layer[J]. Process Biochemistry, 2013, 48(3): 510-516.

[52] ERSAHIN M E, OZGUN H, TAO Y, et al. Applicability of dynamic membrane technology in anaerobic membrane bioreactors[J]. Water Research, 2014, 48: 420-429.

[53] SKOUTERIS G, HERMOSILLA D, LOPEZ P, et al. Anaerobic membrane bioreactors for wastewater treatment: a review[J]. Chemical Engineering Journal, 2012, 198: 138-148.

[54] LIN H J, PENG W, ZHANG M J, et al. A review on anaerobic membrane

bioreactors: Applications, membrane fouling and future perspectives[J]. Desalination, 2013, 314:169-188.

[55] CHARFI A, BENAMAR N, HARMAND J. Analysis of fouling mechanisms in anaerobic membrane bioreactors[J]. Water Research, 2012, 46(8):2637-50.

[56] ZHANG X Y, WANG Z W, WU Z C, et al. Membrane fouling in an anaerobic dynamic membrane bioreactor (AnDMBR) for municipal wastewater treatment: characteristics of membrane foulants and bulk sludge [J]. Process Biochemistry, 2011, 46(8):1538-1544.

[57] ZHANG X, WANG Z, WU Z, et al. Formation of dynamic membrane in an anaerobic membrane bioreactor for municipal wastewater treatment[J]. Chemical Engineering Journal, 2010, 165(1):175-183.

[58] CERóN-VIVAS A, MORGAN-SAGASTUME J M, NOYOLA A. Intermittent filtration and gas bubbling for fouling reduction in anaerobic membrane bioreactors[J]. Journal of Membrane Science, 2012, 423-424:136-142.

[59] PRIETO A L, FUTSELAAR H, LENS P N L, et al. Development and start up of a gas-lift anaerobic membrane bioreactor (Gl-AnMBR) for conversion of sewage to energy, water and nutrients[J]. Journal of Membrane Science, 2013, 441:158-167.

[60] YOO R, KIM J, MCCARTY P L, et al. Anaerobic treatment of municipal wastewater with a staged anaerobic fluidized membrane bioreactor (SAF-MBR) system[J]. Bioresource Technology, 2012, 120:133-139.

[61] YU Z, WEN X, XU M, et al. Characteristics of extracellular polymeric substances and bacterial communities in an anaerobic membrane bioreactor coupled with online ultrasound equipment[J]. Bioresource Technology, 2012, 117:333-340.

[62] MARTIN I, PIDOU M, SOARES A, et al. Modelling the energy demands of aerobic and anaerobic membrane bioreactors for wastewater treatment [J]. Environmental Technology, 2011, 32(9):921-932.

[63] LIAO B Q, KRAEMER J T, BAGLEY D M. Anaerobic membrane bioreactors: applications and research directions[J]. Critical Reviews in Environmental Science and Technology, 2006, 36(6):489-530.

第 3 章

电化学膜生物反应器在水处理中的应用

3.1
电化学膜生物反应器概述

水资源和能源短缺是当今世界所面临的两个主要挑战。从废水中回收能量的同时收获可用的水资源则被认为是一种能同时解决这两个问题的重要途径。[1-4]然而,目前的城市污水处理系统能耗非常高[5],运行过程中产生大量的剩余污泥[6],而且污水中蕴含的资源,如有机物的化学能,也未被考虑在内[7]。因此,开发一种低能耗的废水处理工艺,在处理污水的同时回收污水中所蕴含的能量是一件非常有意义的事情。

近些年,微生物燃料电池(Microbial Fuel Cell,MFC)作为一种可以从废水中直接回收能量的新技术引起了广泛关注,并已成为环境、能源领域的研究热点之一。[8-9]然而,对于废水处理来说,因为MFC本质上是一种生物膜工艺,所以其对微生物的截留能力有限,从而也导致MFC生物量相对较低、电能输出不高,且通常出水水质较差。因此,MFC用于废水处理时需要与当前的一些废水处理工艺进行耦合,发挥协同作用,共同实现废水高效处理获得可用水资源的同时回收电能。[10]而膜过滤技术的快速发展以及MBR在废水处理领域的广泛应用,为MFC在废水处理领域的应用带来了新的希望。膜良好的截留能力可以增加反应器内的生物量,降低出水的悬浮物,在提高电能输出的同时获得良好的出水水质。同时,MFC回收的电能亦可以补偿膜过滤工艺中膜成本及运行费用高的缺点。

电化学膜生物反应器(Electrochemical Membrane Bioreactor,EMBR)是一种新兴的膜生物反应器的替代品,将电化学过程与膜生物反应器相结合,可以同时提高MBR的除污性能和水力性能,近十年来引起了人们的广泛关注。采用牺牲阳极电化学膜生物反应器的方法,可以增强磷和其他微污染物的去除率。这是因为直接阳极氧化,通过反应性氧物质和电凝的间接氧化可以补充生物过程,与常规MBR相比,电场的应用可以显著减少10%~95%的膜污染。据报道,牺牲电极(如铁或铝)比非牺牲电极(如钛)更适合用于减轻污染。然而,在长时间的操作过程中,牺牲电极释放出的金属离子会对微生物活性产生不利影响,并可能在活性污泥中积累。其根据电流密度和电极材料(牺牲或非牺牲)、阳极氧化、电凝、电泳和/或电渗机制负责抑制膜污染的倾向。

虽然传统MBR中SRT较长可以加强一些有机污染物的去除效果[11],但是如何有效去除一些新出现的污染物，如药物和个人护理用品（Pharmaceuticals and Personal Care Products，PPCPs），仍然是一个挑战。因此，Chen 等人采用内置电极的 EMBR 进行中试，以提高对真实城市污水中目标 PPCPs 的去除效果。[12]与未施加电场的对照 MBR 相比，EMBR 对 14 种 PPCPs（如氟喹诺酮类、大环内酯类、磺胺类等）的去除率较高。直接阳极氧化和活性氧介导的间接氧化对 14 个 PPCPs 的强化去除主要是由于电氧化作用。EMBR 的膜污染率明显低于对照组 MBR 的膜污染率。微生物活性和群落分析表明，外加电场对微生物的活性、丰富性和多样性没有明显的不利影响。这些结果表明，该 EMBR 在提高污染物去除率的同时减轻了膜污染，突出了该新技术用于去除废水中的 PPCPs 的潜力。

目前，一些 EMBR 的具体处理性能已经在中试规模上进行了相应研究[13]，但处理能力并不相同。EMBR 走向规模化仍然有相当的路程，需要进行大量的实际研究工作，需要对实际废水特别是工业废水处理进行综合的分析评价，包括过程建模、相应的成本分析以及稳定性分析。

本章尝试介绍一种新型 EMBR 技术，并用于废水处理和电能回收。首先，确定该系统在能量回收和营养去除两方面的表现，并评估其主要操作参数，包括水力停留时间（HRT）、外电阻、容积负荷（Volumetric Loading Rate，VLR）及对系统运行效果的影响。然后，改进了反应器构型和电极材料，同时优化运行条件，从而降低能耗，提高电能回收，最终克服当前废水处理系统高能耗的缺点，使 EMBR 系统有望成为一种污水处理过程中的净能量输出装置，而不是消耗装置。

3.2 生物阴极电化学膜生物反应器

3.2.1

EMBR 的构建

如图 3.1 所示，EMBR 为管状结构，被不锈钢丝网阴极（孔径为 40 μm）和无纺布（400 g·m^{-2}）分为阴极室和阳极室，其中不锈钢丝网阴极同时充当 EMBR 的粗网过滤膜，其与无纺布之间的空腔（间距为3.9 cm）为出水室。无纺布覆盖于管状有机玻璃阳极外侧，用作阴、阳极间的分隔器，无纺布用聚四氟乙烯前预先处理以防止漏水。[14-15] 而阳极有机玻璃管壁上开有小孔（直径为 2～3 mm），以便于传质。阳极室充满石墨粒（直径为 3～5 mm），中间插着石墨棒（直径为 6 mm），用作集电器。电极用铜导线通过外电阻连到外电路。暴露到溶液中的铜导线部分用环氧树脂包裹以防止在长期操作过程中腐蚀。阳极室总容积和有效体积分别为 210 mL 和 109 mL。阴极的组装过程如图 3.1(b) 所示，不锈钢丝网阴极总面积为 494 cm^2。电极组件浸没在管状有机玻璃反应器内（高为 50 cm，直径为 10.4 cm，有效容积为 2.3 L），该反应器用作阴极室（图 3.1(a)）。EMBR 采用连续流模式运行，实验期间，反应器在 25 ℃条件下运行。阴极室底部设置微孔曝气管，给阴极室曝气，使其溶解氧（DO）的浓度维持在 4～5 mg·L^{-1}。

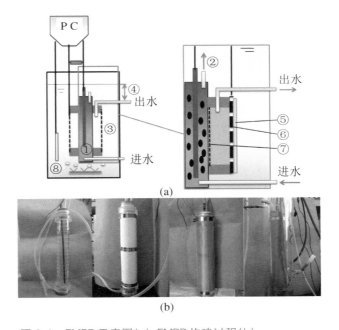

图 3.1　EMBR 示意图(a)；EMBR 构建过程(b)

阳极室①；阳极室出水②；阴极室③；跨膜压差④；生物膜⑤；不锈钢丝网⑥；无纺布⑦；压力变送器⑧

3.2.2
EMBR 性能特征

阳极室接种 20 mL 上升流厌氧污泥床反应器（Upflow Anaerobic Sludge Blanket, UASB）的浓缩污泥，悬浮固体浓度为 10 g·L^{-1}。模拟废水通过蠕动泵（兰格，BT100-1515X）连续进入阳极室。阴极室接种合肥望塘城市污水处理厂的活性污泥。初始 MLSS 为 4.5 g·L^{-1}。废水经阳极室内微生物降解后，其出水通过阳极室顶端的硅胶管流入阴极室，然后在跨膜压差（TMP）的作用下，通过不锈钢丝网阴极过滤后，最终排出。

不锈钢丝网对污泥絮体的截留效果可以通过 EMBR 的出水浊度来评估。如图 3.2 所示，出水浊度在一天之内降低到 0.8 NTU，之后保持在较低的水平，表明生物膜在钢丝网上快速形成。该生物膜可以有效截留小的污泥絮体，使得出水浊度较低。和传统活性污泥工艺相比，MBR 中污泥絮体的尺寸更小，大多数小于 60 μm，其中一半以上在 0.1~10 μm。[16] 在该 EMBR 系统中，由于钢丝网表面形成三维结构的生物膜，从而表现出了对小的污泥絮体良好的截留性能。

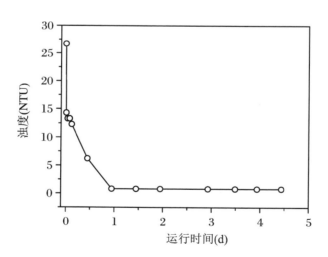

图 3.2　实验过程中 EMBR 的出水浊度

对污水处理系统来说，其对 COD 和营养元素的去除效果非常重要。如图 3.3 所示，与微滤膜、超滤膜或粗网过滤 MBR 系统相比，EMBR 系统表现出良好的 COD 和 NH$_4^+$-N 去除率。[17-19] COD 平均出水浓度和系统对 COD 的去除率分别为 (21.58±8.4) mg·L^{-1} 和 92.4%，NH$_4^+$-N 对应值分别是 (0.61±0.74)

mg·L^{-1}和95.6%。在EMBR系统中,5.5%~78%进水的COD已经在阳极室被去除,剩下13.4%~86.4%的COD在阴极室被氧化。乙酸氧化释放的电子中只有部分(0.51%~8.2%)转移至电极。阴极室内的COD主要是靠异养菌的呼吸作用去除。NH_4^+-N的去除主要发生在阴极室内。在EMBR中,总氮去除率达到27.6%~60.7%,这也表明在阴极室内发生了反硝化脱氮。[20]

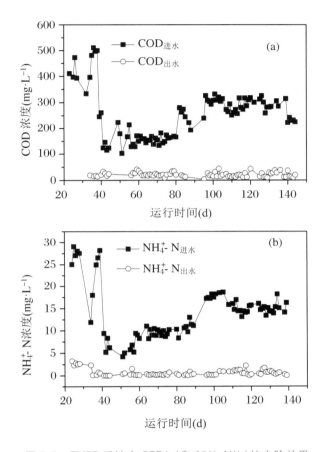

图3.3 EMBR系统中COD(a)和NH_4^+-N(b)的去除效果

不锈钢丝网阴极运行139天后做循环伏安(Cyclic Voltammetry,CV)分析,实验在三电极内用CHI660C电化学工作站进行。不锈钢丝网作为工作电极,电极表面积为64 cm^2,Ag/AgCl电极(3 mol·L^{-1} KCl,相比于标准氢电极为0.205 V)和Pt丝分别作为参比电极和对电极。CV扫描范围为-1.0~0.6 V,扫描速率为1 mV·s^{-1}。实验中的模拟废水用作电解液。所有测量都是在室温(25±1)℃氮气或者氧气饱和30 min的条件下进行。

在连续流操作模式下,膜污染情况通过钢丝网的TMP表示。经过长时间运行后,附着在钢丝网上的生物膜逐渐变厚,TMP显著上升。当TMP增加到一定程度后,取出钢丝网,用自来水冲洗,以去除泥饼层、恢复膜通量。

在不同 HRT 和外电阻条件下，系统的产电性能如图 3.4 所示。实验开始前，先对阳极室的产电微生物进行富集，等其产电稳定后再开展实验。在运行阶段 1~3，HRT 为 14.5 min 的条件下，容积负荷（VLR）逐步降低。该阶段达到的输出电压和电流密度的峰值分别为 226 mV 和 2.15 A·m^{-3}。在运行阶段 4~6(48~139 天)，阳极室 HRT 增加到 29 min，对应的最大输出电压和电流密度分别达到 515 mV 和 4.90 A·m^{-3}。在运行阶段 6 中，当外电阻从 500 Ω 降至 100 Ω 时(113~139 天)，最大输出电压降至 251 mV，然而对应的最大电流密度却升至 11.96 A·m^{-3}。在运行阶段 7 中，HRT 为 150 min，外电阻为 100 Ω，得到的最大功率密度和最大电流密度分别为 4.35 W·m^{-3} 和 18.32 A·m^{-3}。由于反应器构型、底物类型以及外电阻等不同，MFC 的产电功率各不相同。根据文献报道，当 MFC 作为一个独立的反应器浸没在其他生物反应器中进行污水处理时，最大功率密度为 0.58~16.7 W·m^{-3}[15,21,22]。相比之下，EMBR 的输出功率并不是非常高。因此，下一步可以通过改进反应器构型、优化电极材料和运行条件进一步提高 EMBR 系统的电能输出。

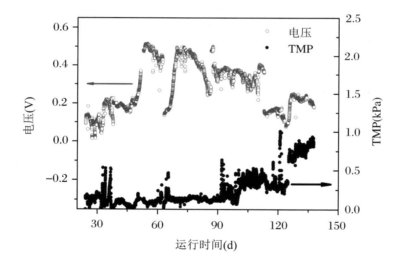

图 3.4 长期运行过程中输出电压和跨膜压差的变化

3.2.3

EMBR 性能影响因素

HRT、外电阻和 VLR 会对 EMBR 系统性能产生影响。阳极室的 HRT 根据阳极室的有效体积和进水流速来计算。外电阻两端电压通过在线数据采集系统(Agilent 34970A)每 20 min 记录一次。参考之前的报道[14,23],用电化学工作站(上海辰华仪器有限公司,CHI660E)进行线性伏安扫描测定极化曲线。

从实验结果来看,HRT 影响连续流操作模式下 EMBR 的产电。随着 HRT 的增加,阳极室的库仑效率、功率密度以及 COD 的去除效率随之相应增加(表3.1)。当 HRT 增加到 2.5 h,阳极室可以去除大约 78% 的 COD,其中乙酸氧化所产生的电子中,有 8.2% 转移到电极上,并获得最大功率密度为 4.35 W·m^{-3} 的电能(运行阶段 7)。这表明较长的 HRT 有利于阳极产电微生物的生长,从而也增加了系统的 COD 去除率、库仑效率以及产电。

表 3.1 实验过程中 EMBR 系统性能表现

运行阶段	库仑效率(%)	阳极室 COD 的去除率(%)	系统 COD 的去除率(%)	系统 NH$_4^+$-N 的去除率(%)	系统 TN 的去除率(%)
1	0.51	9.8±4.7	90.7±6.6	92.7±6.0	29.3±4.3
2	1.79	5.5±4.8	91.9±0.1	95.8±1.2	27.6±6.2
3	2.69	6.6±5.0	82.5±2.4	94.9±0.9	31.2±7.3
4	2.87	19.2±11.6	86.6±2.9	97.8±0.9	37.0±11.2
5	2.31	15.7±15.3	93.6±2.5	95.8±5.4	48.8±14.0
6	4.24	21.9±8.4	93.9±2.7	94.2±4.9	49.5±15.6
7	8.2	78.0±3.8	91.4±4.0	99.6±0.2	60.7±3.0

外电阻同样对 EMBR 系统的产电有重要影响。当外电阻从 500 Ω 降至 100 Ω 时,电流密度增加了一倍(图 3.5),阳极室 COD 的去除率以及库仑效率都有所增加(表 3.1)。这些结果也与之前的研究相吻合。[24] 这表明较低的外电阻有利于产电微生物将电子转移至电极,进而提高产电效率。

如图 3.5 和表 3.1 所示,VLR 对 EMBR 系统的产电性能亦有影响。当 VLR 降低时,电流密度和库仑效率都有所增加。当 VLR 降低至 1.2 kg COD·m^{-3}·d^{-1},库仑效率达到 8.2%。进一步考察 VLR 对 EMBR 系统产电性能的影响,在运行阶段 4—5 进行线性扫描。如图 3.5 所示,在 VLR 为 4.2 kg COD·m^{-3}·d^{-1} 条件下,得到更高的开路电压(650 mV)和功率密度(3.15 W·m^{-3})。这表明在 BEMR 系统中较低的负荷有利于产电。

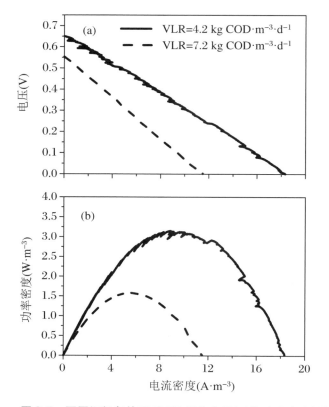

图 3.5 不同运行条件下 EMBR 极化曲线(a)和功率密度(b)

3.2.4

阴极生物膜特性

长期运行之后,钢丝网表面形成一层致密而均一的污泥饼层。在此 EMBR 系统中,表面附着生物膜的不锈钢丝网充当粗网过滤膜和生物阴极的双重作用。之前的研究已经证明,钢丝直径、孔径以及孔隙率的不同会导致 MFC 性能有所不同。[25]这是因为钢丝网会影响生物膜的形成。为了进一步研究阴极表面生物膜的组成,进行了 CLSM 图像分析。图 3.6 表明,生物膜上分布着大量的细菌和生物聚合物。细菌(红色)、β-多糖(蓝色)和蛋白质(绿色)附着在钢丝网上(图 3.6(d)),其中细菌和这些生物聚合物黏合在一起,共存于钢丝网表面。生物聚合物(如 EPS)很容易附着在钢丝网表面,进而增加细菌在钢丝网表面的黏附。在长期运行中,这些微生物和生物聚合物在膜表面的黏附,既增加了膜的过滤阻力,也导致膜过滤中的不可逆膜污染。[26]

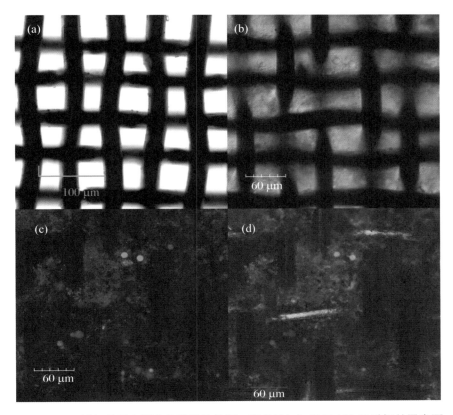

图3.6 不锈钢丝网表面生物膜形貌特征。钢丝网(a);运行139天后钢丝网表面的CLSM图像(b—d):反相图像(b);微生物细胞的CLSM图像(Syto 63)(c);蛋白质(FITC染色)(d)、β-多糖(Calcofluor white染色)、微生物细胞(Syto 63染色)复合图像

微生物细胞(红色)、蛋白质(绿色)、β-多糖(蓝色)

在实验结束后,对不锈钢丝网生物阴极进行循环伏安扫描以探究阴极表面生物膜的电化学特性。如图3.7(a)所示,空白钢丝网电极在 -0.42 V 附近出现氧气还原。在此电势下,饱和溶解氧溶液中的电流值比用氮气吹脱的溶液中的电流值高,这是因为氧气在电极表面被还原。为了进一步证明电极表面生物膜的电子转移作用,长期运行结束后,取不锈钢丝网阴极在相同条件下进行循环伏安扫描。如图3.7(b)所示,在电势为 -0.275 V 处发现很明显的还原峰。然而,当溶液用氮气吹脱除氧后,此峰消失,由此也证明 -0.275 V 处为氧气还原峰。对比图3.7(a)和图3.7(b),氧气还原峰正移也证明了生物膜中的微生物起到促进氧气还原的作用。

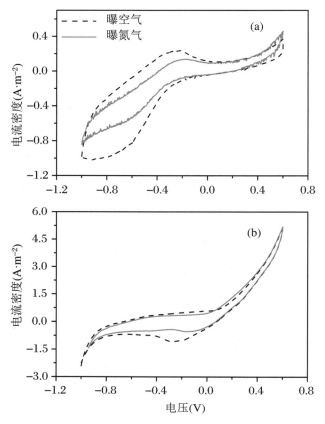

图 3.7　阴极循环伏安曲线:空白不锈钢丝网电极(a);有生物膜附着的不锈钢丝网电极(b)

3.3
空气阴极电化学膜生物反应器

3.3.1
空气阴极 EMBR 的构建

EMBR 的装置如图 3.8 所示,反应器由阳极室、阳极室内填充的石墨毡电极和包裹于阳极室外的石墨毡阴极组成。石墨毡阴极(厚度为 3 mm)和聚氯乙烯(Polyvinyl Choride,PVC)管内的阳极室被无纺布(70 g·m^{-2})隔开。无纺布厚度为 0.2 mm，孔隙率为 75%，孔径为 50 μm，包裹在 PVC 管外，其总的过滤面积为 27 cm²。PVC 管上开 2~5 mm 小孔。阳极室 PVC 管（高为 20 cm，内径为 4.5 cm）内填有 3 mm 厚、面积为 530 cm² 的石墨毡，阳极室内总容积和有效体积分别为 254 mL 和 124 mL，石墨毡阴极的面积为 294 cm²。电极用钛丝串联一个 100 Ω 的外电阻。反应器在恒温条件下（25 ℃）以连续流模式运行。

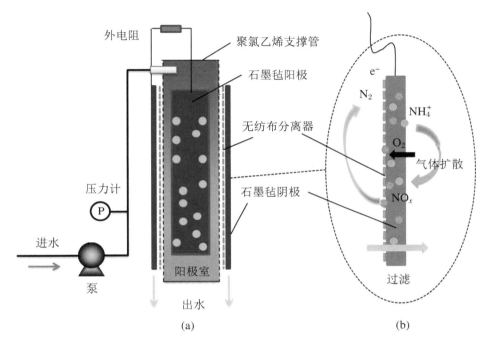

图 3.8　空气阴极 EMBR 示意图(a)和阴极反应原理图(b)

3.3.2
空气阴极 EMBR 的性能特征

3.3.2.1　EMBR 产电性能

阳极室接种 100 mL 实验室运行的 MFC 出水。石墨毡阴极泡在实验室运行的 MBR 中 5 min 以接种硝化和反硝化菌。模拟废水通过蠕动泵（兰格，BT100-1515X）连续进入阳极室，污水中的有机物被阳极微生物氧化。同时，附着在电极上的细菌产生电子和质子。经阳极室处理后的污水通过无纺布和石墨毡阴极过滤再排出，从而保证高质量的出水。阳极微生物产生的电子转移到电极之后通过外电路传导到阴极与从阳极扩散来的质子以及空气中扩散的氧气生成水，而电子在外电路流动的过程即产生电能。

HRT 是污水处理中一个重要的运行参数，从表 3.2 和图 3.9 可以看出，HRT 对 EMBR 系统的产电和营养物质的去除有显著影响。当 HRT 在 14.5～3.6 h 内变化时（运行阶段 1～4），电流密度和相对功率密度变化相对较小。但当 HRT 进一步下降到 1.6 h 时，电流和功率输出也随之下降至较低的水平（运行阶段 5）。同时，库仑效率（Coulombic Efficiency,CE）随着 HRT 的降低逐渐从 36% 降低到 1.8%（表 3.3）。

表 3.2　实验过程中 EMBR 的运行参数

运行阶段	运行时间 (d)	HRT (h)	进水 COD ($mg \cdot L^{-1}$)	进水氨氮 ($mg \cdot L^{-1}$)	有机负荷 $kg \cdot (m^{-3} \cdot d^{-1})$	氮负荷 $kg \cdot (m^{-3} \cdot d^{-1})$
1	1～11	14.5	287.0± 23.8	28.5± 1.5	0.48	0.047
2	12～26	9.1	292.7± 20.1	30.1± 5.0	0.77	0.080
3	27～40	5.2	292.0± 11.3	29.8± 5.5	1.35	0.138
4	41～58	3.6	296.4± 17.5	29.6± 1.4	1.95	0.195
5	59～76	1.6	275.6± 25.3	29.8± 2.3	4.26	0.460

为了考察系统的产电能力，在每个运行条件结束后对 EMBR 进行线性伏安扫描，以测定不同 HRT 条件下的最大功率密度。如图 3.9 所示，在运行阶段 1 和运行阶段 2 中，当水力停留时间从 14.5 h 降到 9.1 h 时，最大功率密度和开路电压（Open Circuit Voltage,OCV）变化较小。然而，当 HRT 进一步降低时（运行阶段 3～5），功率密度从 7.6 W·m^{-3} 显著地降至 1.2 W·m^{-3}，对应的开路电势从 790 mV 降至 243 mV。

阳极和阴极的电极电势同样受 HRT 的影响（图 3.10）。如果 HRT 太短，氧还原反应成为限制步骤，导致阴极电势低。相反，停留时间过长使产电微生物的底物不足，进而导致高的阳极电势。因此，需要合适的停留时间以保证此 EMBR 对电能的高效回收。

表 3.3　不同实验阶段的 EMBR 系统性能特征

运行阶段	COD 的去除率(%)	NH_4^+-N 的去除率(%)	TN 的去除率(%)	电流密度 (A·m^{-3})	CE (%)	功率密度 (W·m^{-3})	最大功率密度 (W·m^{-3})	能量回收 (kWh·m^{-3})	最大能量回收 (kWh·m^{-3})	能量消耗 (kWh·m^{-3})	净能量生产 (kWh·m^{-3})
1	87.4(1.9)	97.6(2.3)	23.1(10.0)	10.2(1.5)	36	2.73(0.80)	7.4	0.081	0.22	0.0044	0.0766
2	91.2(2.7)	96.9(1.5)	55.0(17.3)	9.2(1.4)	19.1	2.19(0.63)	7.6	0.041	0.142	0.0049	0.0361
3	88.7(3.3)	89.3(5.5)	55.0(11.0)	11.3(0.6)	13.9	3.27(0.32)	6	0.035	0.063	0.0056	0.0294
4	88.9(3.1)	79.6(8.3)	57.2(5.2)	9.8(1.1)	8.3	2.48(0.57)	4.2	0.019	0.032	0.0059	0.0131
5	88.0(2.9)	69.5(4.6)	54.9(5.3)	4.7(2.2)	1.8	0.68(0.81)	1.2	0.002	0.004	0.0066	0.0046

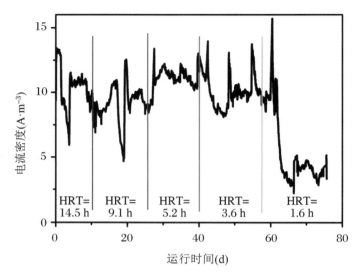

图 3.9　长期运行过程中 EMBR 的产电特性

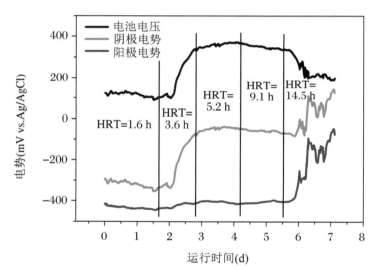

图 3.10　不同 HRT 下 EMBR 阴极和阳极电势变化

3.3.2.2　EMBR 对废水中 COD 和氮的回收

EMBR 系统对 COD 和氮的去除效果如图 3.11 所示。在不同的 HRT 下，系统均获得较高的 COD 去除率，其平均去除率为 89.1%，而出水中 COD 浓度较低，平均值为 (31.3 ± 8.6) mg·L^{-1}。正常情况下，进水中大部分有机物被阳极微生物降解，但当 HRT 较短时，由其较低的库仑效率可以推测，阴极微生物亦参与 COD 的去除（表 3.3）。

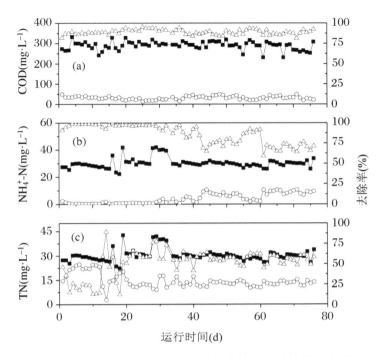

图 3.11　长期实验过程中 EMBR 对营养物质去除性能：COD(a)；
NH_4^+-N(b)；TN(c)
进水浓度(■),出水浓度(○),去除率(△)

在不同的 HRT 下，EMBR 对 COD，NH_4^+-N 和 TN 的去除效果如表 3.3 所示。其对 COD 的去除效果相对稳定。但是，当 HRT 从 14.5 h 降低至 1.6 h 时，NH_4^+-N 的去除率也从 97.6% 降低到 69.5%。总氮去除率也显著地受到 HRT 的影响。对运行阶段 1 和运行阶段 5 的脱氮效果比较可以发现，延长的 HRT（如运行阶段 1 为 16.5 h）导致 NO_3^--N 富集，然而太短的 HRT（如运行阶段 5 为 1.6 h）导致 NH_4^+-N 的去除率受到影响。因此，HRT 太长或者太短都会影响总氮的去除率。

在 EMBR 系统中，石墨毡阴极微生物在营养物质的去除以及氧气还原中发挥着重要的作用。石墨毡阴极上生物膜的形态如图 3.12 所示。可以看到，阴极表面分布着致密的生物膜，而微生物镶嵌于胞外聚合物中。而石墨毡内部微生物相对较少，推测是扩散至石墨毡内部的氧气相对较低，从而限制了微生物的生长、增殖。微生物群落分析表明阴极生物膜中既有硝化细菌也有反硝化细菌，从而可以实现总氮的去除。阴极生物膜内溶解氧浓度梯度的存在以及可用电子供体（如阴极上残留的乙酸以及从外电路传导至阴极上的电子）的存在，保证了阴极生物膜内可以同时进行硝化和反硝化反应，进而实现总氮的去除。

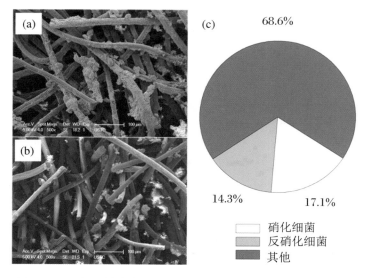

图 3.12　阴极石墨毡表面 SEM 照片(a);剖面 SEM 照片(b);石墨毡阴极微生物菌落分布(c)

在 EMBR 中,氧气浓度对阴极同时发生的氧气还原反应和硝化反应有重要影响。因此,阴极生物膜内溶解氧的浓度和扩散速率也决定着硝化反应和反硝化反应进行的程度,从而影响总氮的去除。如果 HRT 过短,阴极生物膜内溶解氧扩散受到限制,导致硝化反应进行不彻底。相反,如果 HRT 过长,阴极生物膜内溶解氧浓度较高,导致反硝化反应进行不彻底,同样会导致总氮去除率低。因此,需要探索合适的 HRT 范围,使得硝化和反硝化均能充分进行,从而使得总氮去除率最大化。

3.3.2.3　出水浊度及 TMP 变化

出水浊度可以反映阴极对脱落生物膜的截留情况。当 HRT 为 3.6~14.5 h 时,出水浊度保持在 2 NTU 以下(图 3.13)。当 HRT 进一步降低到 1.6 h 时,浊度值略有上升,达到 3~4 NTU。较低的出水浊度,也反映出此 EMBR 对反应器内生物的良好的截留能力,从而也保证了对污水的高效处理。

随着进水流速的增加、HRT 的降低,系统的过滤阻力也同步增加(图 3.13)。与常规的粗网过滤相比[27-28],虽然本实验的运行压力稍高,但在长期实验中并没有进行反冲洗,这也表明没有明显的膜污染发生。这主要是因为阳极内的微生物主要附着在石墨毡电极上,从而也降低了悬浮固体的浓度,进而降低了膜污染速率。之前亦有文献报道,在传统的 MBR 中投加生物膜载体,可以有效控制膜污染[29,30]。另外,EMBR 的管式结构也保证了阴极较大的过滤面积,从而也使得系统维持在一个较适中的膜通量($3.2 \sim 29.6 \text{ L} \cdot \text{m}^{-2} \cdot \text{h}^{-1}$)下运行，这也有利于膜污染的控制。

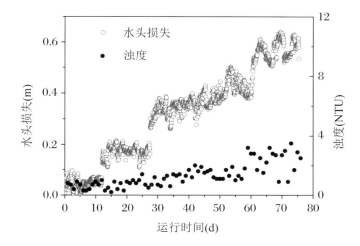

图3.13 实验过程中EMBR的出水浊度和水头损失

3.3.3

能耗核算与应用优势

3.3.3.1 能量平衡分析

EMBR系统回收的电能 E_g($\text{kWh} \cdot \text{m}^{-3}$)可以按如下公式计算：

$$E_g = \frac{PV}{1000q} \tag{3.1}$$

式中，P为平均功率密度($\text{W} \cdot \text{m}^{-3}$)；$V$为反应器体积(L)；$q$为进水流速($\text{m}^3 \cdot \text{h}^{-1}$)。在运行阶段1和100 Ω外电阻的条件下，系统获得的功率密度为$2.73 \text{ W} \cdot \text{m}^{-3}$，由式(3.1)计算可以得知此时系统回收的电能为$0.081 \text{ kWh} \cdot \text{m}^{-3}$。在运行阶段1中，进水COD为$287 \text{ mg} \cdot \text{L}^{-1}$，乙酸氧化的产能系数为$874 \text{ kJ} \cdot \text{mol}^{-1}$，由此可以计算模拟废水中蕴含的化学能为$1.08 \text{ kWh} \cdot \text{m}^{-3}$。因此，废水中大约有7.5%的能量以电能的形式被EMBR回收。

在EMBR运行过程中，如不考虑保温，其唯一的能耗源自进水泵。对于进水泵系统来说，其理论能耗可以按下式计算：

$$P_{\mathrm{c}} = \frac{Q\gamma E}{1000\eta} \tag{3.2}$$

$$E_{\mathrm{c}} = \frac{Q\gamma E}{1000q\eta} = \frac{P_{\mathrm{c}}}{q} \tag{3.3}$$

式中，P_{c} 为泵的功率（kW）；E_{c} 为泵的能耗（kWh·m^{-3}）；Q（m^3·s^{-1}）为泵的循环流量；γ 为 9800（N·m^{-3}）；E 为水头损失（m）；q 为进水流量（m^3·h^{-1}）；η 为泵的效率（%）。以运行阶段 1 为例，泵的循环流速等于进水流速，水头损失为 1.046 m，泵的效率为 64.6%[31]，由此可以计算出泵的能耗为 0.0044 kWh·m^{-3}。按照此方法，即可计算出各个运行条件下，系统所回收的电能 E_{g} 及消耗的能量 E_{c}，两者的差值即为系统理论上所能回收的净能量 E_{n}。如表 3.3 所示，HRT 从 1.6 h 增加到 14.5 h 时，E_{n} 从 0.0046 kWh·m^{-3} 增加到 0.0766 kWh·m^{-3}。因此，在当前的运行条件下，EMBR 系统可以达到的最大理论净能量为 0.0766 kWh·m^{-3}。所以，相比于曝气 MFC 系统整体上的能量消耗[22,32]，把此新型的 EMBR 设计为一种净能量输出装置的理念是可行的。同时，与之前报道的其他构型的空气阴极 MFC 相比[33,34]，得益于 EMBR 的构型设计，在相似的能量消耗前提下，EMBR 却能获得更高的出水水质，而不需要对出水做进一步的处理。

3.3.3.2　EMBR 技术应用优势

空气阴极 MFC 有很好的应用前景。然而，其昂贵的膜材料、贵金属催化剂的使用等限制了其大规模的应用。[35]另外，经过近些年的发展，空气阴极 MFC 在构型和输出功率密度等方面已经有了很大的进展，但是也存在着诸如膜 pH 梯度[36]、阴极漏液[37]以及阴极无机盐沉淀[38,39]等挑战，而这些问题都需要在 MFC 应用前得到解决。

在本章的 EMBR 系统中，石墨毡作为阴极，无纺布作为电极间的分隔器，运行过程中，废水依次通过无纺布、石墨毡过滤，最后排出。这种新颖的反应器构型有以下几个优势：① 在空气阴极 MFC 中遇到的问题，如阴极漏液、pH 梯度、阴极无机盐沉淀等，都可以避免或者克服。例如，在 EMBR 系统中，阳极溶液直接过滤至阴极的运行模式，可以中和阴极碱度，进而降低 pH 梯度；在 EMBR 运行过程中，出水中 pH 只是从 7.5±0.1 增加到 7.8±0.1。② 在无曝气的情况下，氧气还原反应、硝化反应和反硝化反应在阴极同时发生。③ 通过无纺布和石墨毡阴极的过滤作用，系统获得了高质量的出水。④ 污泥产率较小。在 EMBR 长期操作过程中，除了在 HRT 非常低的情况下，有少许微生物随着出水排出外(图3.13),没有多余的污泥排出。正如之前关于MFC较低污泥产率的报道[10],这应归结于此EMBR中大部分有机物是通过厌氧降解的,从而导致系统的污泥产率较低。而通过无纺布和石墨毡阴极对微生物的高效截留,延长了其SRT,也进一步降低了污泥产率。[40]所有这些优势使得EMBR系统在面向未来的可持续污水处理和能量回收技术方面有着广阔的发展空间。

如前文所述,EMBR在能量回收方面也有着巨大的优势。虽然在目前的条件下,只回收了废水中7.5%的能量,但通过优化反应器构型和运行条件,电能的回收率可以进一步提高。运行阶段1中极化曲线的数据表明此系统可以达到的最大功率密度为$7.4 \text{ W} \cdot \text{m}^{-3}$,按此值计算,能量回收率可以达到20.4%。因此,作为净能量输出的污水处理装置,此EMBR系统在高效回收污水中所蕴含能量的同时获取高质量地出水。如果将此技术运用于规模为$50000 \text{ m}^3 \cdot \text{d}^{-1}$的污水处理厂,即使按7.5%的能量回收率来计算,每天仍可以生产3850 kWh的净能量,同时,还可以高质量地出水。当然,此EMBR技术应用之前,其长期运行的稳定性、电能回收以及营养元素的去除能力还需要进一步加强。

参考文献

[1] VOROSMARTY C J, MCINTYRE P B, GESSNER M O, et al. Global threats to human water security and river biodiversity[J]. Nature, 2010, 467(7315):555-561.

[2] MCCARTY P L, BAE J, KIM J. Domestic wastewater treatment as a net energy producer-can this be achieved? [J]. Environmental Science & Technology, 2011, 45(17):7100-7106.

[3] GLEESON T, WADA Y, BIERKENS M F, et al. Water balance of global aquifers revealed by groundwater footprint[J]. Nature, 2012, 488(7410):197-200.

[4] SCANLON B R, FAUNT C C, LONGUEVERGNE L, et al. Groundwater depletion and sustainability of irrigation in the US High Plains and Central Valley[J]. Proceedings of the National Academy of Sciences, 2012, 109(24):9320-9325.

[5] FOLEY J M, ROZENDAL R A, HERTLE C K, et al. Life cycle assessment of high-rate anaerobic treatment, microbial fuel cells, and microbial electrolysis cells[J]. Environmental Science & Technology, 2010,

44(9):3629-3637.

[6] SHANNON M A, BOHN P W, ELIMELECH M, et al. Science and technology for water purification in the coming decades[J]. Nature, 2008, 452(7185):301-310.

[7] GUEST J S, SKERLOS S J, BARNARD J L, et al. A new planning and design paradigm to achieve sustainable resource recovery from wastewater [J]. Environmental Science & Technology, 2009, 43(16):6126-6130.

[8] ROZENDAL R A, HAMELERS H V M, RABAEY K, et al. Towards practical implementation of bioelectrochemical wastewater treatment[J]. Trends in Biotechnology, 2008, 26(8):450-459.

[9] LOGAN B E, RABAEY K. Conversion of wastes into bioelectricity and chemicals by using microbial electrochemical technologies[J]. Science, 2012, 337(6095):686-690.

[10] LOGAN B E. Microbial fuel cells[M]. Hoboken, New Jersey: John Wiley & Sons, Inc., 2008:149-154.

[11] XIA S, JIA R, FENG F, et al. Effect of solids retention time on antibiotics removal performance and microbial communities in an A/O-MBR process [J]. Bioresource Technology, 2012, 106:36-43.

[12] CHEN M, REN L, QI K, et al. Enhanced removal of pharmaceuticals and personal care products from real municipal wastewater using an electrochemical membrane bioreactor[J]. Bioresource Technology, 2020, 311:123579.

[13] ASIF M B, MAQBOOL T, ZHANG Z. Electrochemical membrane bioreactors: State-of-the-art and future prospects[J]. The Science of the Total Environment, 2020, 741:140233.

[14] LOGAN B E, CHENG S, LIU H. Power densities using different cathode catalysts (Pt and CoTMPP) and polymer binders (Nafion and PTFE) in single chamber microbial fuel cells [J]. Environmental Science & Technology, 2006, 40(1):364-369.

[15] LIU X W, WANG Y P, HUANG Y X, et al. Integration of a microbial fuel cell with activated sludge process for energy-saving wastewater treatment: taking a sequencing batch reactor as an example [J]. Biotechnology and Bioengineering, 2011, 108(6):1260-1267.

[16] ZHANG B, YAMAMOTO K, OHGAKI S, et al. Floc size distribution and

bacterial activities in membrane separation activated sludge processes for small-scale wastewater treatment/reclamation[J]. Water Science and Technology, 1997, 35(6):37-44.

[17] CHU L, LI S. Filtration capability and operational characteristics of dynamic membrane bioreactor for municipal wastewater treatment[J]. Separation and Purification Technology, 2006, 51(2):173-179.

[18] ZHANG H M, WANG X L, XIAO J N, et al. Enhanced biological nutrient removal using MUCT-MBR system[J]. Bioresource Technology, 2009, 100(3):1048-1054.

[19] ERSU C B, ONG S K, ARSLANKAYA E, et al. Impact of solids residence time on biological nutrient removal performance of membrane bioreactor[J]. Water Research, 2010, 44(10):3192-3202.

[20] VIRDIS B, READ S T, RABAEY K, et al. Biofilm stratification during simultaneous nitrification and denitrification (SND) at a biocathode[J]. Bioresource Technology, 2011, 102(1):334-341.

[21] MIN B, ANGELIDAKI I. Innovative microbial fuel cell for electricity production from anaerobic reactors[J]. Journal of Power Sources, 2008, 180(1):641-647.

[22] CHA J, CHOI S, YU H, et al. Directly applicable microbial fuel cells in aeration tank for wastewater treatment[J]. Bioelectrochemistry, 2010, 78(1):72-79.

[23] VERSTRAETE W, AELTERMAN P, RABAEY K, et al. Continuous electricity generation at high voltages and currents using stacked microbial fuel cells[J]. Environmental Science & Technology, 2006, 40(10):3388-3394.

[24] KATURI K P, SCOTT K, HEAD I M, et al. Microbial fuel cells meet with external resistance[J]. Bioresource Technology, 2011, 102(3):2758-2766.

[25] ZHANG F, MERRILL M D, TOKASH J C, et al. Mesh optimization for microbial fuel cell cathodes constructed around stainless steel mesh current collectors[J]. Journal of Power Sources, 2011, 196(3):1097-1102.

[26] WANG X M, LI X Y. Accumulation of biopolymer clusters in a submerged membrane bioreactor and its effect on membrane fouling[J]. Water Research, 2008, 42(4/5):855-862.

[27] FAN B, HUANG X. Characteristics of a self-forming dynamic membrane

coupled with a bioreactor for municipal wastewater treatment[J]. Environmental Science & Technology, 2002, 36(23): 5245-5251.

[28] CHU H Q, CAO D W, JIN W, et al. Characteristics of bio-diatomite dynamic membrane process for municipal wastewater treatment[J]. Journal of Membrane Science, 2008, 325(1): 271-276.

[29] LIU Y, LIU Z, ZHANG A, et al. The role of EPS concentration on membrane fouling control: comparison analysis of hybrid membrane bioreactor and conventional membrane bioreactor[J]. Desalination, 2012, 305: 38-43.

[30] JAMAL KHAN S, ZOHAIB UR R, VISVANATHAN C, et al. Influence of biofilm carriers on membrane fouling propensity in moving biofilm membrane bioreactor[J]. Bioresource Technology, 2012, 113: 161-164.

[31] KIM J, KIM K, YE H, et al. Anaerobic fluidized bed membrane bioreactor for wastewater treatment[J]. Environmental Science & Technology, 2011, 45(2): 576-581.

[32] VIRDIS B, RABAEY K, ROZENDAL R A, et al. Simultaneous nitrification, denitrification and carbon removal in microbial fuel cells[J]. Water Research, 2010, 44(9): 2970-2980.

[33] CLAUWAERT P, VAN DER HA D, BOON N, et al. Open air biocathode enables effective electricity generation with microbial fuel cells[J]. Environmental Science & Technology, 2007, 41(21): 7564-7569.

[34] YAN H, SAITO T, REGAN J M. Nitrogen removal in a single-chamber microbial fuel cell with nitrifying biofilm enriched at the air cathode[J]. Water Research, 2012, 46(7): 2215-2224.

[35] DONG H, YU H, WANG X, et al. A novel structure of scalable air-cathode without Nafion and Pt by rolling activated carbon and PTFE as catalyst layer in microbial fuel cells[J]. Water Research, 2012, 46(17): 5777-5787.

[36] ZHUANG L, ZHOU S, LI Y, et al. Enhanced performance of air-cathode two-chamber microbial fuel cells with high-pH anode and low-pH cathode[J]. Bioresource Technology, 2010, 101(10): 3514-3519.

[37] CHENG S, LIU H, LOGAN B E. Increased performance of single-chamber microbial fuel cells using an improved cathode structure[J]. Electrochemistry Communications, 2006, 8(3): 489-494.

[38] CHAE K J, CHOI M, AJAYI F F, et al. Mass transport through a proton exchange membrane (Nafion) in microbial fuel cells[J]. Energy & Fuels, 2007, 22(1):169-176.

[39] CHUNG K, FUJIKI I, OKABE S. Effect of formation of biofilms and chemical scale on the cathode electrode on the performance of a continuous two-chamber microbial fuel cell[J]. Bioresource Technology, 2011, 102(1): 355-360.

[40] GHYOOT W, VERSTRAETE W. Reduced sludge production in a two-stage membrane-assisted bioreactor[J]. Water Research, 2000, 34(1):205-215.

第 4 章

生物电化学膜分离技术应对新污染物

新污染物是指未被纳入常规环境监测，但有可能进入环境并导致已知或潜在的负面生态或健康效应的化学物质，其有可能成为未来法规管理对象。现阶段国际上主要关注的新污染物包括环境内分泌干扰物（Endocrine Disrupting Chemicals，EDCs）、全氟化合物等持久性有机污染物、抗生素和微塑料四大类。目前抗生素的过量使用已经严重污染了环境生态系统，尤其是对水环境的污染。在生产抗生素的过程中会产生大量高浓度有机废水，其特点是有机物浓度高、存在生物毒性物质、治理难度大，因此难降解抗生素生产废水处理一直是环境工程领域亟待解决的难题之一。常规废水生物处理条件下，微生物不能以抗生素类物质作为主要碳源和能源进行生长，专性降解抗生素的微生物类群很难大量生长繁殖，因而常规生物处理工艺对大多数抗生素类物质的去除能力有限[1-2]；同时在长期抗生素毒性选择压力下，废水处理系统内形成大量抗生素耐药细菌（Antibiotic Resistant Bacteria，ARB）和抗药基因（Antibiotic Resistance Genes，ARGs)[3]，使得水处理系统成为 ARB 和 ARGs 的产生源、储存库和排放源，这会带来严重的生态风险和健康隐患[4-5]。目前相关研究主要集中在水环境中抗生素、ARB 和 ARGs 的检测以及浓度变化特征等方面，但对抗生素废水的强化处理技术及废水处理过程中 ARGs 的产生、分布及控制等方面的深入研究相对匮乏。

生物电化学系统（BES）和膜分离技术是近年来在环境、生物与能源领域的研究热点。[6-8] BES 可以作为抗生素类污染物脱毒及氧化还原去除的有效手段。但是在抗生素废水生化处理过程中，其出水仍不可避免地含有 ARB 和 ARGs，因此有必要对出水进行进一步处理，以彻底去除 ARGs 污染。而继生物处理之后的深度处理技术，如高级氧化技术、膜分离技术有可能成为消减废水处理系统中出水 ARGs 污染的有效手段。

4.1
生物电化学系统

抗生素主要分为 7 类，包括四环素[9]、磺胺[10]、喹诺酮[11]、β-内酰胺[12]、大环内酯[13]、氨基糖苷[14]和氯霉素（Chloramphenicol，CAP）类[15]。抗生素的主要作用机理为抑制基因的合成或关键酶的表达,抑制细胞壁的合成,干扰细胞膜的通透性,影响细菌能量和叶酸代谢作用等。[16] 环境中抗生素的来源主要为污水处理厂。[17] 污水处理厂的抗生素废水种类主要有生活废水、医疗废水[18]、养殖废水[19]以及抗生素制药废水[20]。抗生素制药废水因其高浓度抗生素和高盐度受到越来越多的关注,亟须有效的处理技术来降解。废水中含有的抗生素进入污水处理厂仅有部分被去除,残留的抗生素最终将进入水环境中。虽然许多抗生素的半衰期短,但因其被频繁地使用并放入环境中,导致的低剂量、长周期的累积会对人和动物构成潜在危害并影响生态系统。

磺胺类抗生素由于其广泛的药效,常用于控制动物疾病的发生和治疗。但是,如果人长期摄入含磺胺类药物的动物性食品,药物不断在人体内蓄积,当积累到一定程度后,就会对人体产生毒性作用,从而引起肾损害。氯霉素是一种广泛被使用的广谱抗生素,但它对人类有致癌和致畸作用。[21] 由于硝基和氯取代基的生物毒性,氯霉素很难被传统的生物废水处理过程降解。[22]

厌氧生物处理是一种节省成本且有效的处理手段,具有氧化性的有机污染物利用厌氧生物技术可以被去除,但是厌氧还原速率较慢,而且有机污染物降解得不彻底,这可能是有机污染物对微生物的毒性作用所致。另外,厌氧降解过程需要电子供体来保持必要的还原条件。但是有机废水中的电子供体通常不足以供给有机物还原,因此厌氧还原要添加有机质(如甲醇),来提供加速污染物还原的电子供体。由于甲烷的产生会和污染物的还原竞争电子,实际加入的电子供体量会超过理论配比的含量,从而增加污水处理的成本。电化学技术可以实现有机污染物的脱毒,因此电化学强化厌氧技术是去除难降解污染物的一种有效手段。有研究表明,电化学强化厌氧技术可以去除一些氧化性有机污染物,如偶氮染料[23]、硝基苯[24]及其他污染物,为氯取代基和硝基的还原提供足够的电子,因此生物电化学强化的厌氧处理系统是处理氯霉素的有效手段。

污染物氧化还原去除的本质就是污染物与电极和微生物间的电子传递,生物电化学系统中电化学微生物作为生物催化剂能够有效促进污染物与电极间的电子转移,实现污染物的氧化去除,从而获得相比于传统生物法更高的污染物去除效率。例如,在生物电化学系统中通过外加偏压可以强化阴极微生物对氯霉素的还原脱氯效果,提高抗生素的还原降解。[25] 更进一步研究发现,氯霉素类污染物在生物电化学系统阴极的还原降解效果及降解产物依赖于阴极电势的大小,通过微生物电化学系统阴极电势,可以还原降解氯霉素为脱氯芳香胺产物。[26] 然而,若想实现抗生素类污染物的彻底降解去除,还需对阴极还原产物做进一步处理。研究发现微生物燃料电池的阳极微生物可以氧化苯胺,并将氧化过程中产生的电子用于将阴极偶氮染料偶氮苯还原至苯胺,从而实现偶氮染料的完全降解与资源化处理。[27]因此,通过调控电极电势富集阴极、阳极功能微生物,调控污染物与微生物及电极间的电子传递途径,是实现氯霉素类污染物定向代谢控制的关键。如图 4.1 所示,借助生物电化学系统中阴极还原脱毒和阳极氧化降解的协同作用,有望实现氯霉素类污染物的彻底去除。

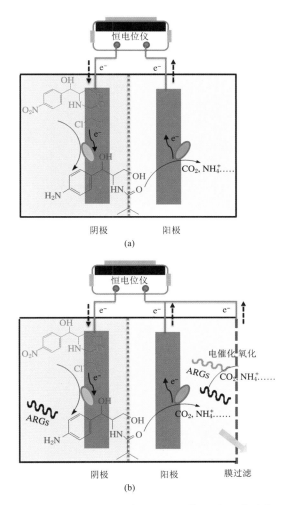

图 4.1　生物电化学系统氧化还原协同作用去除氯霉素类污染物(a);EMBR 强化去除抗生素及 ARGs 污染(b)

另外,抗生素生产废水处理系统是 ARGs 的一个重要污染源。因此控制抗生素生产废水处理系统 ARGs 的排放对减缓 ARGs 的污染速度具有重要意义。研究表明,废水处理工艺及运行情况会影响 ARGs 的归趋。BES 的操作条件,比如阴极电势,对 ARB 和 ARGs 的出现和丰度都会有潜在的影响。施加的电刺激会影响细菌的物理特性,比如跨膜电势[28]和膜的穿透性[29],引起 BES 中 ARB 和 ARGs 丰度的变化。[30]另外,与污水处理厂相比,厌氧 BES 产生的污泥较少,从而避免 ARGs 在污泥处置过程中增殖。[31]之前的研究报道称一些环境压力比如高盐,可以增加 ARGs 宿主菌的抗生素适应性,并且可以促进抗生素抗性的形成。[32]但是 ARGs 宿主菌如何改变而导致 BES 中 ARGs 的改变还是未知的。另外,水平转移是导致 ARGs 丰度变化的另一个主要因素。水平转移主要是通过移动基因元件(如整合子)实现的。[33-34]因此有必要研究 BES 去抗生素过程中 ARGs 的产生、分布规律和变化机制,这不仅有助于理清抗生素的氧化还原去除与 ARGs 产生及丰度变化的相关性,亦可通过优化运行条件,实现 ARGs 的排放控制。

4.2 生物电化学强化抗生素去除及 ARGs 的归趋

4.2.1 BES 对氯霉素的强化去除

BES 作为一种有效的处理手段,可以利用生物阴极还原来促进氯取代基的去除,并将硝基转化为氨取代基,从而降低了 CAP 的生物毒性,增加了其生物降解性。通过调控电极电势富集阴极、阳极功能微生物,调控氯霉素与微生物、电极间的电子传递途径,生物电化学系统能够实现氯霉素的强化去除(图 4.2)。

作为一种氯代硝基化合物,CAP 的还原分为两部分:硝基的还原和还原性脱氯。[35]CAP 的脱氯是去除生物毒性重要的一步反应。[35]BES 的生物阴极在 3 个阶段都可以明显促进 CAP 的去除。如图 4.3 所示,硝基首先被还原为氨基取代基,即 CAP 被还原为芳香氨基化合物($AMCl_2$)。随后,$AMCl_2$ 进一步脱氯转

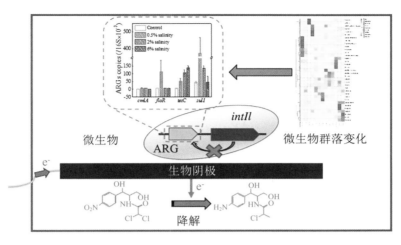

图 4.2　生物电化学系统去除氯霉素的机制

化为 AMCl(脱氯的 $AMCl_2$)。外部电压可为阴极室 CAP 的还原提供更多的电子。

CAP　　　　$AMCl_2$　　　　AMCl

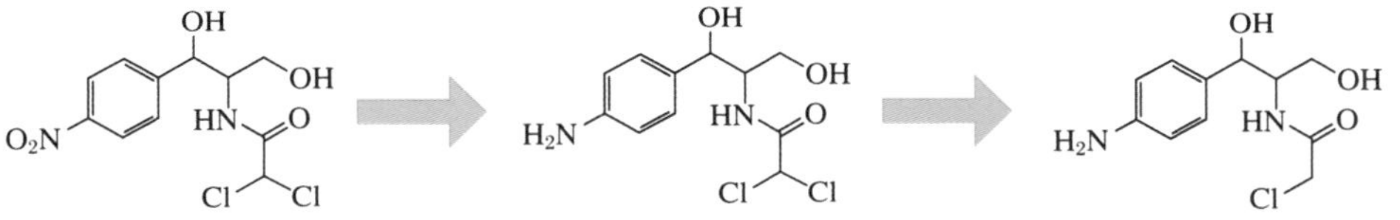

图 4.3　BES 中 CAP 的降解路径

4.2.2

环境条件对 BES 系统的影响

进一步研究发现氯霉素类污染物在生物电化学系统阴极的还原降解效果及降解产物依赖于阴极电势的大小,通过调控生物电化学系统阴极电势,可以调控还原降解氯霉素降解机制。此外,除了阴极电势外,在不同氧化还原条件和抗生素存在压力下,微生物群落与关键功能基因的组成及特征变化均不相同,因此通过探究不同的影响因素和运行条件,以此来揭示 BES 还原降解氯霉素过程中 ARGs 的产生、分布规律及影响机制,对于优化抗生素废水生物电化学处理工艺的运行及从源头上控制 ARGs 的排放具有理论意义和实际价值。

4.2.2.1 氯霉素(CAP)初始浓度对 BES 性能的影响

为考察不同 CAP 初始浓度对 CAP 降解的影响,设定了三种不同的 CAP 初始浓度(10 mg·L^{-1},20 mg·L^{-1} 和 50 mg·L^{-1}),阴极电势控制在 -1.5 V。如图 4.4 所示,阴极室所有的 CAP 在 72 h 内几乎都被去除,并且主要的降解产物为 AMCl(图 4.5)。

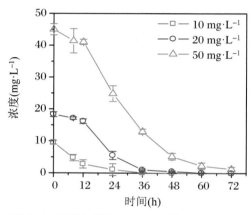

图 4.4　不同初始浓度下 CAP 的阴极降解

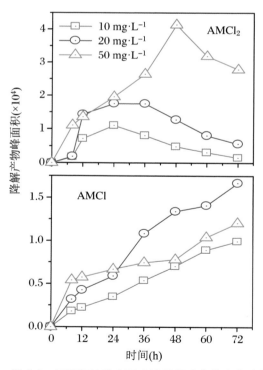

图 4.5　不同初始浓度下 CAP 降解产物的变化特征
阴极电势控制在 -1.5 V

4.2.2.2 阴极电势对 BES 性能的影响

阴极电势对难降解化合物的还原速率和程度有重要的影响。[36,37]如图 4.6 所示，阴极电势越低，CAP 去除率越高。-1.25 V 阴极电势下的 CAP 去除率升高有两个原因：一是低阴极电势可以为 CAP 还原提供足够的电子；二是 -1.25 V 阴极电势下的微生物群落改变。如图 4.7 所示，阴极电势为 -0.5 V 时几乎没有 AMCl 积累，证明了在 -0.5 V 阴极电势下 $AMCl_2$ 很难再进一步脱氯。因此，阴极电势越低，CAP 降解所获得的电子越多，从而促进 CAP 的还原。

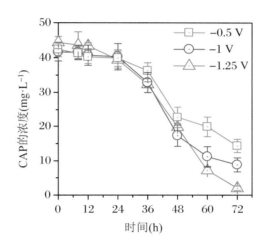

图 4.6　不同阴极电势下 CAP 的阴极降解

4.2.2.3 盐度对 BES 性能的影响

抗生素制药废水很难被传统的生物方法有效处理，这是因为其含有大量的高盐物质和难降解的复杂化合物。[38]残余的抗生素导致 ARB 的出现及 ARGs 的广泛传播，危害人类健康。[39-41]之前研究表明电刺激可以通过改变一些功能蛋白，从而增强微生物对盐度的抗性。[42]同时，含盐废水的高导电性可以促进电极之间的氧化还原反应，从而促进污染物的去除。[43]因此，考察不同盐度对 BES 处理 CAP 制药废水的影响。

不同盐度下，BES 批式实验结束时 CAP 的去除率如图 4.8 所示。0.5%盐度下 CAP 的去除率为 92.5%，明显高于对照组（去除率为 88.3%）。6%盐度下 CAP 的去除率为 49.5%，这表明高盐度抑制了 CAP 的去除。

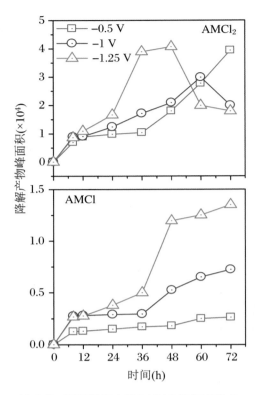

图 4.7 不同阴极电势下 CAP 降解产物的变化特征

CAP 初始浓度设定在 50 mg·L^{-1}

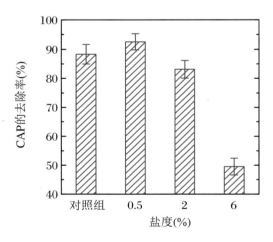

图 4.8 不同盐度下 CAP 的去除率

盐度对 CAP 降解产物的影响如图 4.9 所示。对照组和低盐度(0.5% 和 2%)条件下,AMCl$_2$ 先上升,达到峰值后下降。相反,6% 盐度下的 AMCl$_2$ 在实验期间持续上升,并且没有 AMCl 积累,这表明较高盐度抑制了 AMCl$_2$ 到 AMCl 的进一步脱氯。

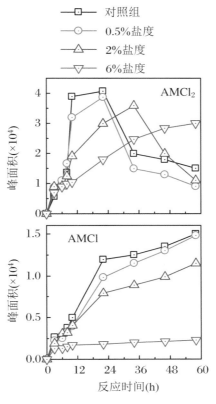

图 4.9　不同盐度下 CAP 降解产物的变化特征

4.2.2.4　温度对 BES 性能的影响

温度是影响 BES 中微生物活性的一个重要因素。[44]不同温度下 CAP 的去除率如图 4.10 所示。无论 BES 中是否含盐,在 30 ℃和 15 ℃时 CAP 的去除率趋势相似。值得注意的是,在对照组中,10 ℃时的去除率急剧下降,但是 2%盐度下的 BES 中 10 ℃时的去除率变化很小。另外,如图 4.11 所示,在对照组中 10 ℃时几乎没有 AMCl$_2$ 和 AMCl 产生,但是 2%盐度下的 BES 中 10 ℃时的 CAP 降解产物和在 30 ℃和 15 ℃时的相似。

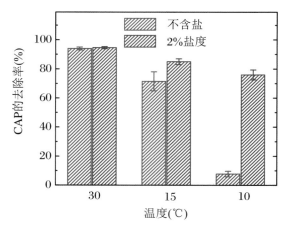

图 4.10 不同温度下 CAP 的去除率

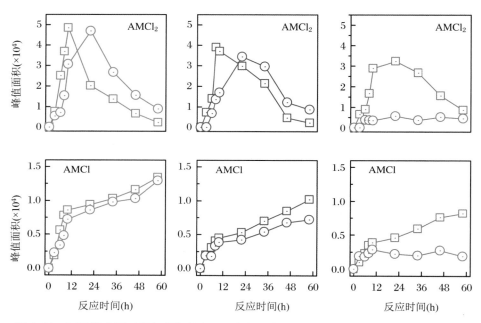

图 4.11 不同温度下对照组(圆形)和 2% 盐度下的 BES 中的 CAP 降解产物(方形)的变化特征

30 ℃时为红色;15 ℃时为蓝色;10 ℃时为紫色

4.2.2.5 重金属对 BES 性能的影响

BES 的接种生物一般取自城市污水处理厂的污泥。[21,26] 有研究表明,城市污水处理厂中的污泥有大量的重金属离子积累,如金属铜离子。[45] 铜离子对微生物会产生毒性[46],从而抑制 BES 中 CAP 的去除效果。

在不同 Cu^{2+} 浓度下,BES 批式实验结束时 CAP 的去除率如图 4.12 所示。

CAP 的去除率随 Cu^{2+} 浓度的升高而降低,对照组中 CAP 的去除率为 98.5%。Cu^{2+} 浓度为 50 mg·L^{-1} 时 CAP 的去除率仅为 89.5%,这表明高浓度 Cu^{2+} 抑制了 CAP 的去除。CAP 的降解路径被确定,CAP 首先被还原为 $AMCl_2$,然后转化为 AMCl。之前的研究表明,BES 可以将 Cu^{2+} 还原为单质铜[47],可是本研究中 Cu^{2+} 浓度在实验操作期间几乎没有变化。该现象可能是因为 CAP 和 Cu^{2+} 的还原竞争电子,CAP 被优先去除。

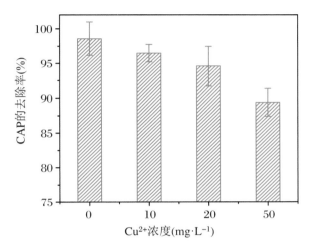

图 4.12 不同 Cu^{2+} 浓度下 CAP 的去除率

4.2.3
BES 系统中抗性基因的归趋

4.2.3.1 不同初始 CAP 浓度下抗性基因的变化

CAP 的主要抗性机制是通过外排泵编码基因(*cmlA*,*floR* 和其他基因)将 CAP 排出。[48]为了考察 BES 中的氯霉素抗性基因(Chloramphenicol Resistance genes,CRGs),对 *floR* 基因和 *cmlA* 基因进行了检测和定量。如图 4.13 所示,携带 *floR* 基因的细菌丰度和 *floR* 基因的表达随抗生素浓度的升高而显著升高($p<0.05$),表明较高的抗生素浓度富集了氯霉素抗性细菌(Chloramphenicol Resistance Bacteria,CRB)[49-50],并且 *floR* 基因的表达被诱导。为了进一步证明高 CAP 浓度下 CRB 的绝对丰度升高,在含 CAP 的选择培养基上进

行了平板计数。与接种污泥($1.1×10^3$ CFU·(g 污泥)$^{-1}$)相比,BES 污泥中 CRB 较高,丰度为$2.9×10^5$ CFU·(g 污泥)$^{-1}$(图 4.14)。另外,减少的生物量是 CRB 富集的另一个原因(图 4.15)。因此,较高的 CAP 浓度可以导致较高的选择压力,从而促进 CRB 的增殖和富集。

如图 4.13 所示,同 *floR* 基因,CAP 浓度为 50 mg·L^{-1}和 20 mg·L^{-1}时携带 *cmlA* 基因的细菌丰度明显高于 CAP 浓度为 10 mg·L^{-1}时的丰度($p<0.05$)。并且,CAP 浓度为 50 mg·L^{-1}和 20 mg·L^{-1}时的 *cmlA* 基因的相对表达也明显高于 CAP 浓度为 10 mg·L^{-1}时的相对表达($p<0.05$)。该现象是由于高浓度的 CAP 诱导的结果。值得注意的是,CAP 浓度为 20 mg·L^{-1}时的 *cmlA* 基因的相对表达高于 CAP 浓度为 50 mg·L^{-1}时的相对表达,虽然变化不明显($p=0.124$)。这可能是因为高 CAP 浓度抑制了 *cmlA* 基因的相对表达,这不同于 *floR* 基因。

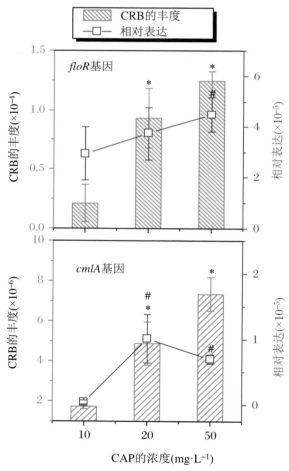

图 4.13 不同 CAP 初始浓度下 CRB 的丰度和 CRGs 的相对表达

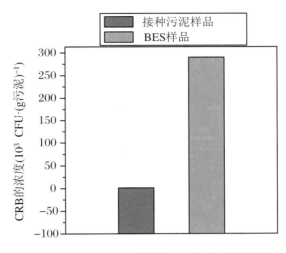

图 4.14　CAP 选择培养基中 BES 污泥和接种污泥 CRB 的浓度

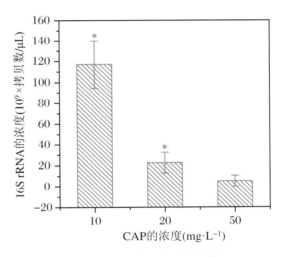

图 4.15　不同 CAP 浓度下的总生物量

4.2.3.2　不同阴极电势下抗性基因的变化

为了考察不同阴极电势对 CRB 和 CRGs 的影响,对 −1.25 V, −1 V 和 −0.5 V 条件下 CRB 丰度和 CRGs 的表达进行了测定。如图 4.16 所示,阴极电势影响了 CRB 的丰度。携带 $floR$ 基因和 $cmlA$ 基因的细菌丰度在阴极电势为 −1.25 V 时最高,分别是阴极电势为 −1 V 时的丰度的 6 倍和 18 倍。之前研究报道,施加的电场可能会增加细胞膜的通透性。[29] 细胞膜是大多数生物大分子进入细胞的屏障,因为细胞膜的孔径较小,当施加较强的电场时,细胞膜变得更容易穿过,从而使各种分子进入细胞。如图4.17所示,在阴极电势为 $-1.25\ V$ 的条件下,总的生物量显著低于阴极电势为 $-1\ V$ 和 $-0.5\ V$ 时的生物量($p<0.05$)。这是因为抗生素进入细胞,导致没有携带 CRGs 的细菌死亡,从而提高了 CRB 的丰度。

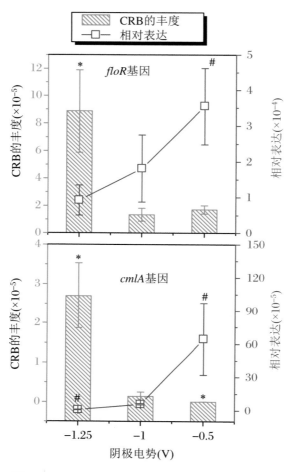

图 4.16　不同阴极电势下 CRB 的丰度和 CRGs 的相对表达

如图 4.16 所示,floR 基因和 cmlA 基因的相对表达随阴极电势升高而升高,尤其是在阴极电势为 $-0.5\ V$ 的条件下,显著高于阴极电势为 $-1\ V$ 时的相对表达($p<0.05$)。这可能是因为较高的阴极电势的诱导作用,促进了 CRGs 的表达。基于 CRB 和 CRGs 的结果,我们可以推断在 $-1.25\ V$ 的阴极电势下没有 CAP 抗性的细菌的活性会受到抑制,CRB 被富集。阴极电势为 $-0.5\ V$ 时的 CRGs 表达被诱导。值得注意的是,CAP 在 $-1\ V$ 的阴极电势条件下可以得到有效去除,并且在不同阴极电势条件下 CRB 的丰度和 CRGs 的相对表达不是最高的。因此,$-1\ V$ 的阴极电势是处理 CAP 废水的优选条件。该结果为

BES 中 ARGs 的归趋研究提供了科学参考。

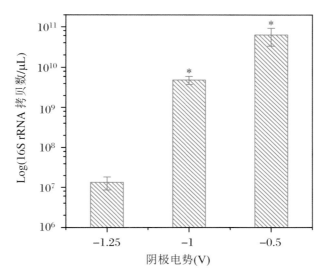

图 4.17　不同阴极电势下的生物量

为了阐明 CAP 降解过程中 CRB 和 CRGs 的变化机制，CRB 的丰度和 CRGs 的相对表达分别在 8 h，36 h 和 60 h 三个时间点进行测定，阴极电势为 -1.5 V，CAP 初始浓度为 50 mg·L^{-1}。在 CAP 降解过程中，携带 *floR* 基因和 *cmlA* 基因的细菌丰度变化趋势相似，同样，*floR* 基因和 *cmlA* 基因的相对表达变化趋势也相似。如图 4.18 所示，36 h 时 CRB 的丰度和 CRGs 的相对表达与 CAP 降解开始和结束阶段相比，明显较高。值得注意的是，当 CAP 完全降解时，CRB 的丰度和 CRGs 的相对表达都降低。这可能是因为 *floR* 基因和 *cmlA* 基因存在于利用代谢的 CAP 作为生长基质的细菌中，36 h 是该微生物的活性增长阶段。因此，36 h 时 CRB 的丰度和 CRGs 的表达最高。上述结果表明，利用 BES 技术处理 CAP 废水的过程中 CRB 没有被富集。在传统的 WWTPs 的污泥处理过程中，ARB 和 ARGs 大量富集，因此，与 WWTPs 相比，BES 产生较少的污泥，从而降低了 CRB 和 CRGs 富集排放到环境中的风险。

4.2.3.3　不同盐度下抗性基因的变化

外排泵协同细胞膜的特性，是抗生素抗性的一种重要机制。[51]因此，本研究考察了一些典型的编码外排泵 ARGs，包括 *cmlA* 基因，*floR* 基因和 *tetC* 基因。不同盐度下 ARGs 和 *intI*1 基因的相对丰度如图 4.19 所示。值得注意的是，在低盐度（0.5%）下 *cmlA* 基因和 *floR* 基因的相对丰度显著高于对照组（$p<0.05$）。但是在高盐度（6%）下 *cmlA* 基因和 *floR* 基因的相对丰度与对照组相

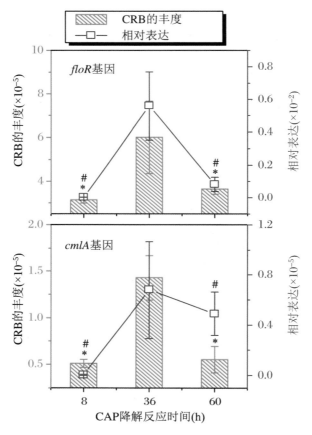

图 4.18　CAP 降解过程中 CRB 的丰度和 CRGs 的相对表达定量变化

比没有发生明显变化。该结果表明高盐度抑制了 $cmlA$ 基因和 $floR$ 基因的传播。与 $cmlA$ 基因和 $floR$ 基因不同，$tetC$ 基因的相对丰度随盐度的升高而显著增长（$p<0.05$），并且 $tetC$ 基因在 6% 盐度下的相对丰度高于其他 ARGs。

整合子（如 $intI1$ 基因）通常位于一些移动基因元件上（如转座子和质粒），并且是 ARGs 水平转移的一种指示性基因。[52]如图 4.19 所示，$intI1$ 基因的相对丰度在低盐度（0.5% 和 2%）下显著高于对照组（$p<0.05$），表明低盐度可以促进 ARGs 的水平转移。另外，ARGs 和 $intI1$ 基因丰度的相关性分析结果（表 4.1）表明在不同盐度下 ARGs（除了 $sul1$ 基因）和 $intI1$ 基因没有显著相关关系。$sul1$ 基因是编码磺胺类抗生素抗性二氢蝶酸合成酶的基因，通常位于 $intI1$ 基因的基因盒上。如图 4.19 所示，$sul1$ 基因和 $intI1$ 基因丰度趋势相似，这与之前的研究一致。[53]

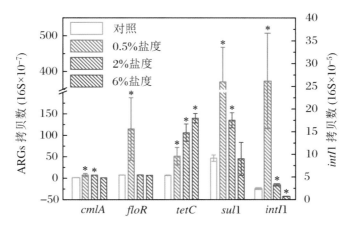

图 4.19　不同盐度下 ARGs 和 $intI$1 基因的相对丰度

表 4.1　ARGs 和 $intI$1 基因丰度的 Spearman 相关性分析系数(R)

ARGs 类型	Spearman 相关性分析系数			
	不同盐度	不同温度		不同阴极电势
		不含盐	2%盐度	
$cmlA$	0.583	0.852	0.968*	0.47
$floR$	0.896	0.97*	0.985*	0.807
$tetC$	−0.314	0.818	0.976*	0.459
sul1	0.976*	0.944*	0.968*	0.977*

4.2.3.4　不同温度下抗性基因的变化

温度是 BES 中影响微生物活性的一个重要因素。[44]为了确定温度对 CAP 降解和 ARGs 丰度的影响,两个 BESs(其中一个 BES 不加盐作为对照,另一个 BES 的盐度设定为 2%)分别在三种温度下(10 ℃,15 ℃ 和 30 ℃)进行了实验。如图 4.20 所示,对照组中在 15 ℃ 和 10 ℃ 下的 ARGs 和 $intI$1 基因相对丰度相似,两者都高于 30 ℃ 的丰度。在 2%盐度下的 BES 中,15 ℃ 与 30 ℃ 的 ARGs 和 $intI$1 基因的相对丰度相似,然而两者都显著低于 10 ℃ 的丰度($p<0.05$)。对照组中 ARGs 和 $intI$1 基因丰度的相关性分析结果(表 4.1)表明,在不同温度下 ARGs(除了 $floR$,sul1 基因)和 $intI$1 基因没有显著相关关系。但是 2%盐度下的 ARGs 和 $intI$1 基因丰度的相关性分析结果(表 4.1)表明,在不同温度下 ARGs 和 $intI$1 基因显著相关。

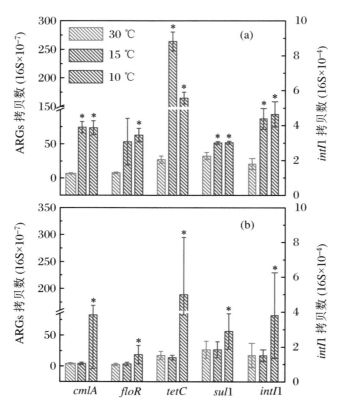

图 4.20 不同温度下 ARGs 和 $intI$1 基因的相对丰度

(a)和(b)分别代表对照组和 2%盐度下的 BES

4.2.3.5 不同 Cu^{2+} 浓度下抗性基因的变化

之前的研究报道表明重金属影响微生物群落结构[54],并且可以促进抗生素抗性的形成[55-56]。因此,有必要探究在 BES 处理 CAP 的过程中,铜离子对 ARGs 的归趋以及机制影响。外排泵协同细胞膜的特性,是抗生素抗性的重要机制之一。[51]因此,本研究考察了一些典型的编码外排泵 ARGs,包括 $cmlA$ 基因,$floR$ 基因和 $tetC$ 基因。不同 Cu^{2+} 离子浓度下 ARGs 的相对丰度如图 4.21 所示。ARGs 的丰度(除了 sul1 基因)随 Cu^{2+} 离子浓度的升高而升高($p<0.05$),这表明 CAP 和 Cu^{2+} 对 ARGs 有共同选择的作用。50 mg·L^{-1} Cu^{2+} 组中 $cmlA$ 基因丰度较其他 ARGs 最高,说明 50 mg·L^{-1} 的 Cu^{2+} 促进了 $cmlA$ 基因的增殖。但是 $floR$ 和 $tetC$ 基因在高浓度的 Cu^{2+} 时,丰度却下降,这表明高浓度的 Cu^{2+} 抑制了 $floR$ 和 $tetC$ 基因的增殖。整合子(如 $intI$1 基因)通常位于转座子和质粒等一些移动基因元件上,是 ARGs 水平转移的一种指示性基因。如

图 4.21 所示，intI1 基因的相对丰度在 10 mg·L^{-1} Cu^{2+} 组显著高于对照组（$p<0.05$），表明低浓度的 Cu^{2+}（10 mg·L^{-1}）可以促进 ARGs 的水平转移。sul1 基因和 intI1 基因丰度趋势相似，这与之前的研究一致。ARGs 和 intI1 基因丰度的相关性分析结果（表 4.2）表明，不同 Cu^{2+} 浓度下 ARGs（除了 sul1 基因）和 intI1 基因没有显著相关关系，说明水平转移不是 ARGs 丰度变化的主要原因。

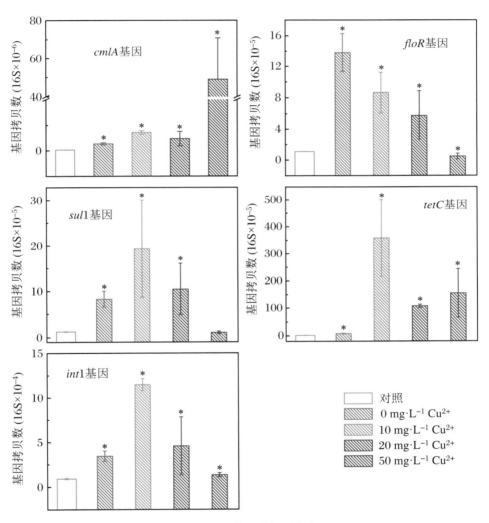

图 4.21 不同 Cu^{2+} 浓度下 ARGs 和 intI1 基因的相对丰度

表 4.2 ARGs 和 intI1 基因丰度的 Spearman 相关性分析系数

相关性分析系数	cmlA	floR	tetC	sul1
	−0.283	0.481	0.848	0.973*

4.2.4
抗生素去除过程中系统微生物演变

阴极微生物 16S rRNA 基因高通量测序结果表明不同操作条件下 BES 中的微生物群落主要由 9 种门类（不分类的细菌除外）组成。微生物群落在门水平上的丰度如图 4.22 所示。不同 CAP 初始浓度条件下微生物群落的区别体现在 *Proteobacteria*，*Firmicutes* 和 *Bacteroidetes* 三种门类分布的不同。这表明 CAP 浓度对微生物群落产生了影响。随着阴极电势降低，*Proteobacteria* 丰度随之从 82.1% 降低至 58.3%。该结果表明电刺激会选择性地富集一些特定的微生物种类。

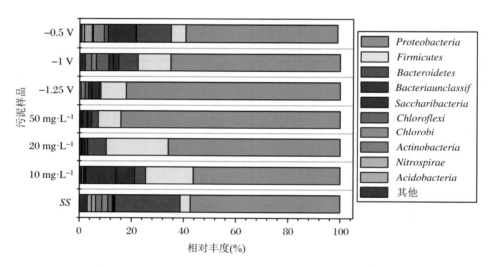

图 4.22　不同操作条件下污泥中微生物门的分类
　　　　SS 代表接种污泥样本

通过优势菌种的序列进行了菌属水平分析，可以进一步分析不同操作条件下污泥样本的微生物群落结构。如图 4.23 所示，不同操作条件下污泥样本的优势菌属为 *Methylobacillus*，*Pseudomonas* 和 *Brevundimonas*。据之前的研究报道，*Methylobacillus* 可以利用甲醇和甲胺代谢，从而促进厌氧环境中污染物的生物降解。[57] *Pseudomonas* 可以降解芳香族化合物，进行反硝化作用，还可以作为产电微生物。[58] 不同电势条件下污泥样本的主要菌属丰度不同。值得注意的是，*Pseudomonas* 丰度随阴极电势的降低而增加。*Pseudomonas* 是电化学活性微生物[58]，它可以在较低的阴极电势（−1.25 V）时为 CAP 的还原提供电子。因此微生物群落的改变是 CAP 降解和 CAP 适应性的重要原因，而微生物群落的改变是受许多环境条件影响的。

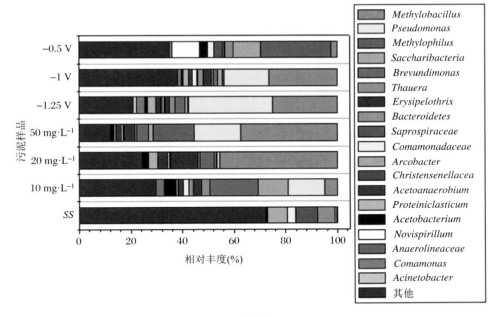

图 4.23　不同操作条件下污泥中微生物属的分类

SS 代表接种污泥样本

4.2.4.1　盐度对系统微生物演变的影响

ANOSIM 分析结果($R=0.95$,$p=0.002$)表明盐度改变了微生物群落。如图 4.24 所示,0.5%盐度下的优势菌为 *Lysinibacillus* 和 *Pseudomonas*,2%盐度下的 BES 的优势菌属不同于对照组的优势菌。例如,2%盐度下的 BES 在 10 ℃条件下的优势菌为 *Halomonas*,*Haliangium*,*Byssovorax* 和 *Methylophaga*,但是这些菌属在对照组样本中丰度并不高。

如图 4.25 所示,不同盐度条件下 ARGs 和菌属丰度的相关性分析结果确定了 20 种可能的 ARGs 宿主菌。不同盐度下 ARGs(*cmlA*,*floR*,*sul*1)的宿主菌主要为 *Pseudomonas*,*Byssovorax*,*Dechloromonas*。6%盐度下 *Pseudomonas* 的丰度明显低于 0.5%盐度下的丰度(图 4.24)。*tetC* 基因的宿主菌范围比其他 ARGs 明显要广,主要包括 *Eubacterium*,*Candidatus Methanogranum*,*Longilinea*,*Ornatilinea*,这些菌属的丰度随盐度的升高而升高。

低盐度(0.5%)下的 CAP 去除率高于对照组,高盐度(6%)下的 CAP 去除率和 $AMCl_2$ 的进一步脱氯都受到抑制。该结果可能是由于盐度选择压力下的微生物群落改变引起的(图 4.24)。比如 0.5%盐度下的优势菌为 *Pseudomonas*,该菌可以在 BES 中有效降解有机污染物[59-60]，但 6%盐度下却没有这种优势菌。除了微生物群落，高盐度下降低的生物活性也是 CAP 去除率降低的重要原因。[61]

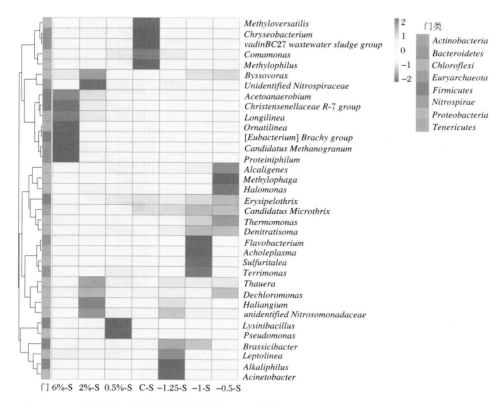

图 4.24　不同操作条件下 BES 污泥样本中细菌菌属的相对丰度

本研究结果表明，盐度导致了 ARGs 和 $intI$1 基因相对丰度的明显变化（图 4.19）。ARGs 的相对丰度变化主要由两个原因导致：一是 ARGs 宿主菌的丰度变化；二是 ARGs 在细菌中的水平转移。[34,62] 不同盐度下 ARGs 和 $intI$1 不显著的相关关系表明，水平转移不是导致 ARGs（除了 sul1）变化的主要因素（表 4.1）。ARGs 宿主菌的丰度变化则是 ARGs 变化的主要因素。该结果说明不同盐度条件下，ARGs 的传播主要是通过垂直转移实现的。0.5%盐度下主要宿主菌（$Pseudomonas$）的丰度高于 6%盐度的丰度（图 4.24 和图 4.25），从而导致了较高的 $cmlA$，$floR$ 和 sul1 基因丰度（图 4.19）。$tetC$ 基因的宿主菌（$Eubacterium$，$Candidatus\_Methanogranum$，$Longilinea$，$Ornatilinea$）丰度随盐度的升高而升高（图 4.24 和图 4.25），导致 $tetC$ 基因丰度随盐度不断增长（图 4.19）。另外，$tetC$ 基因的宿主菌范围与其他 ARGs 相比较广（图 4.25），使 6%盐度下的 $tetC$ 基因丰度高于其他 ARGs（图 4.19）。此外，残余的 CAP 也是影响 BES 中 ARGs 丰度的一个重要机制，高 CAP 浓度产生较高的选择压力，从而促进 ARB

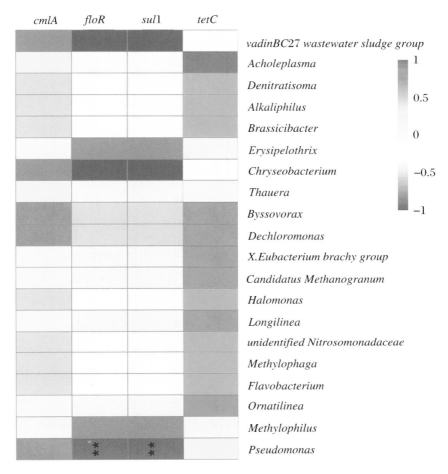

图 4.25 不同盐度下 BES 污泥样本中的细菌菌属和 ARGs 相关性

的增殖。[63]但是 6%盐度下的较高残余浓度的 CAP 并没有提高 ARGs 的相对丰度（除了 *tetC* 基因，图 4.19 和图 4.8）。这可能因为高盐度的抑制影响强于残余 CAP 的选择压力。低盐度(0.5%和 2%)提高了 *intI*1 基因的相对丰度，表明低盐度可促进 ARGs 的水平转移。*sul*1 基因的相对丰度与 *intI*1 基因的相似，这与之前研究报道 *sul*1 基因位于 *intI*1 基因的基因盒上是一致的。[53]

4.2.4.2 阴极电势对系统微生物演变的影响

ANOSIM 分析结果($R = 0.95, p = 0.002$)表明阴极电势改变了微生物群落。$-1.25\ \text{V}$ 的阴极电势条件下优势菌为 *Alkaliphilus* 和 *Acinetobacter*。但是 $-1\ \text{V}$ 的阴极电势条件下优势菌为 *Flavobacterium* 和 *Acholeplasma*，$-0.5\ \text{V}$ 的阴极电势条件下优势菌为 *Halomonas* 和 *Methylophaga*（图 4.24）。

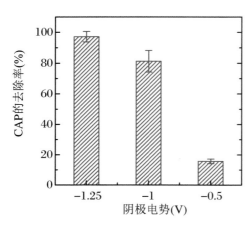

图 4.26 不同阴极电势下 CAP 的去除率

如图 4.28 所示,不同阴极电势条件下 ARGs 的可能宿主菌为 *Halomonas* 和 *Methylophaga*。如图 4.24 所示,这些宿主菌在 -0.5 V 阴极电势条件下的丰度高于 -1 V,但是在 -1.25 V 阴极电势条件下宿主菌的丰度低于 -1 V。

阴极电势影响了 BES 对 CAP 的处理效果(图 4.26)。CAP 的去除率随阴极电势的降低而升高。在 -1.25 V 的阴极电势下有较高的 CAP 去除率是因为该阴极电势可以为 CAP 还原提供更多的电子。[64]另外,-1.25 V 的优势菌(*Alkaliphilus* 和 *Acinetobacter*)可以有效去除有机污染物。[65-66]

阴极电势也影响了 ARGs 的相对丰度(图 4.27)。不同阴极电势下 ARGs 与 *intI*1 基因的 Spearman 相关性分析结果表明,水平转移不是 ARGs(除了 *sul*1 基因)变化的主要原因(表 4.1),因此 ARGs 宿主菌变化是影响 ARGs 变化的主要因素。同样,在不同阴极电势条件下,ARGs 的传播主要是通过垂直转移实现的。与 -1 V 阴极电势条件相比,在 -0.5 V 阴极电势下较高丰度的宿主菌(*Halomonas* 和 *Methylophaga*)导致了较高相对丰度的 ARGs(图 4.24 和图 4.28)。在 -0.5 V 阴极电势下,除了较高电势的选择作用,残余的 CAP 也会促进 ARGs 的增殖(图 4.26)。在 -1.25 V 阴极电势下较高丰度的 ARGs 是因为较强的阴极电势增加了细胞膜的通透性,使抗生素进入细胞,促进 ARB 的增长。[63]

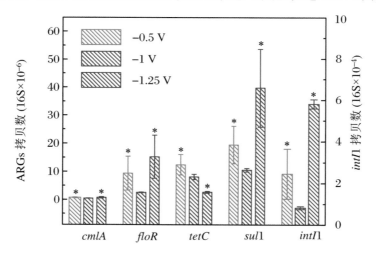

图 4.27 不同阴极电势下 ARGs 和 *intI*1 基因的相对丰度

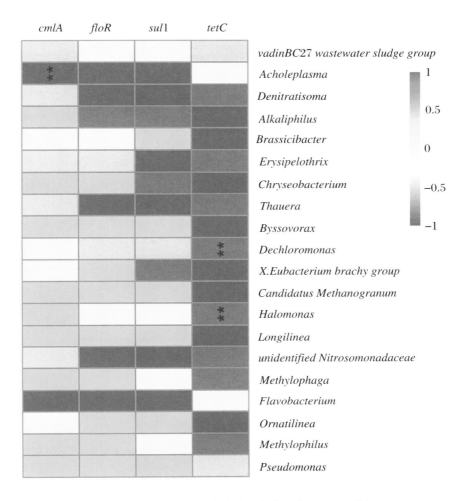

图 4.28　不同阴极电势下 BES 污泥样本中的细菌菌属和 ARGs 相关性

4.2.4.3　温度对系统微生物演变的影响

温度也是影响微生物群落的一个重要因素。[67] ANOSIM 分析结果（$R = 0.86, p = 0.002$）表明温度明显改变了菌属水平的微生物群落（图 4.29）。

如图 4.30 所示，2% 盐度下的 BES 在不同温度条件下的主要宿主菌为 *Byssovorax*，*Halomonas*，*Methylophaga* 和 *Erysipelothrix*。如图 4.29 所示，这些宿主菌在 2% 盐度下的 BES 中 10 ℃时的丰度高于其他温度时的。但是对照组在不同温度条件下的宿主菌与在 2% 盐度下的 BES 中不同，主要为 *Denitratisoma*，*Erysipelothrix*，*Eubacterium* 和 *Nitrosomonadaceae*（图 4.31）。这些宿主菌在对照组 15 ℃和 10 ℃时的丰度高于 30 ℃时的。

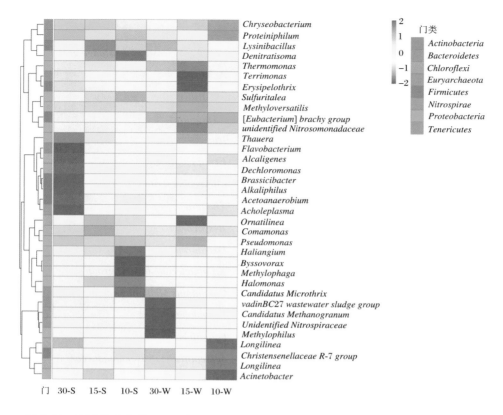

图 4.29　不同温度条件下 BES 污泥样本中细菌菌属的相对丰度

不同温度下，2%盐度下的 BES 中 ARGs 宿主菌不同于对照组（图 4.30 和图 4.31）。2%盐度下的 BES 在 10 ℃ 时 ARGs 的宿主菌（*Byssovorax*，*Halomonas*，*Methylophaga* 和 *Erysipelothrix*）丰度高于其他温度（图 4.29 和图 4.30），从而使 10 ℃ 时 ARGs 丰度较高（图 4.20）。对照组 15 ℃ 和 10 ℃ 时 ARGs 宿主菌（*Denitratisoma*，*Erysipelothrix*，*Eubacterium* 和 *Nitrosomonadaceae*）的丰度高于 30 ℃ 时的丰度（图 4.29 和图 4.31），从而导致 15 ℃ 和 10 ℃ 时较高的 ARGs 丰度（图 4.20）。对照组 15 ℃ 和 10 ℃ 较高丰度的 ARGs 是低温和残余的 CAP 共同作用造成的，而 2%盐度下 10 ℃ 时较高丰度的 ARGs 主要是因为低温的选择压力造成的。对照组和在 2%盐度下的 BES 中 15 ℃ 的 ARGs 丰度差异是由于两者宿主菌差异导致的（图 4.20、图 4.30 和图 4.31）。在 2%盐度下的 BES 中 10 ℃ 时较高的 ARGs 丰度除了宿主菌的原因，水平转移也是一个重要因素（表 4.2）。该结果与上述 2%盐度可以促进水平转移（*intI*1 基因丰度）的结果是一致的（图 4.19）。上述结果表明在不同温度下 ARGs 变化的因素（同时包括宿主菌和水平转移）与不同盐度和电势条件下的原因不同。

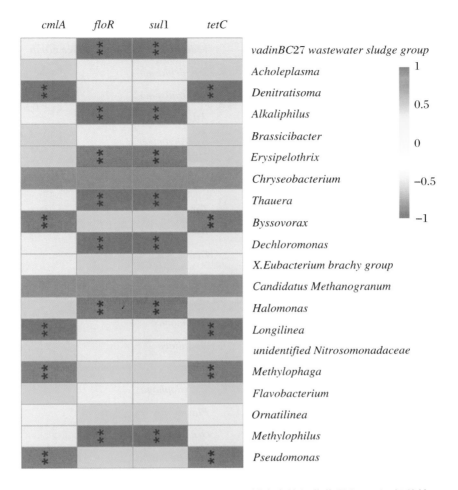

图 4.30　不同温度下 2% 盐度下的 BES 污泥样本中的细菌菌属和 ARGs 相关性

4.2.5
生物电化学强化厌氧处理氯霉素废水应用及性能影响

　　在厌氧条件下 CAP 的氯取代基和硝基更容易受到电子攻击而被还原。[68-69] 但是厌氧生物处理仍存在一些不足,如不完全降解和容易受到冲击。电化学技术可以实现有机污染物的脱毒,因此电化学强化厌氧技术是去除难降解污染物的一种有效手段。

　　有研究表明在电化学强化厌氧系统中,最重要的三种微生物种类为厌氧发酵菌、电化学活性菌和厌氧还原菌。[70] ARGs 可以通过水平转移进入这些功能

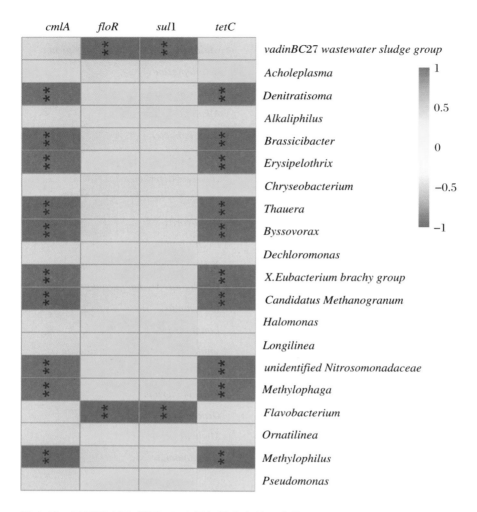

图4.31 不同温度下对照组 BES 污泥样本中的细菌菌属和 ARGs 相关性

菌。若这些厌氧功能菌获得抗性,可以免受抗生素的抑制作用,从而可以促进电化学强化厌氧系统的处理性能。例如发酵菌获得抗性,可以促进系统中挥发性脂肪酸的产生,提高四氢叶酸合成酶基因(FTHFS)的丰度[71],提高系统的处理效率。因此在电化学强化厌氧系统中,除了研究 ARGs 的归趋及转移机制,考察功能菌的抗性对系统性能的影响也是非常必要的。

4.2.5.1 生物电化学强化的厌氧处理系统中氯霉素的去除

氧化还原电势和污染物浓度均会影响系统的处理性能[24,70],因此系统研究不同外加电压(对照组,0.5 V,1 V 和 2 V)和不同初始浓度(80 mg·L^{-1},50 mg·L^{-1} 和 20 mg·L^{-1})对系统中 CAP 的去除和 ARGs 的变化,以及厌氧性能的影响并分析其原因。

不同电压下，生物电强化厌氧系统批式实验结束时 CAP 的去除率如图 4.32 所示。随着电压的升高，CAP 的去除率逐渐升高。在 58 h 时 2 V 电压的去除率（89.7%）显著高于厌氧系统的去除率（53.3%），该结果表明生物电极明显促进了 CAP 的去除，并且在 58 h 时可有效去除初始浓度为 50 mg·L^{-1} 时的 CAP。不同 CAP 浓度下，虽然在初始浓度为 20 mg·L^{-1} 时 CAP 在 10 h 时去除率就达 85%，而初始浓度为 80 mg·L^{-1} 时去除率仅为 34%，这可能是因为反应开始时主要是系统对 CAP 的吸附起主导作用。但是在 58 h 时不同浓度的 CAP 去除率都能达到 85% 以上，说明系统可以有效地去除高浓度的 CAP（图 4.33）。

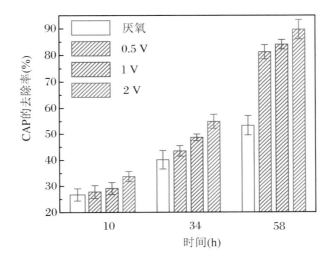

图 4.32　不同电压下 CAP 的去除率

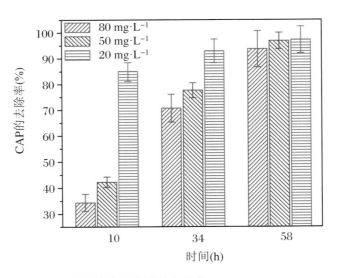

图 4.33　不同浓度下 CAP 的去除率

4.2.5.2 生物电化学强化的厌氧处理系统中 ARGs 的变化

不同电压下 ARGs 和 $intI$1 基因的相对丰度如图 4.34 所示。$cmlA$ 基因、$floR$ 基因、$tetC$ 基因的丰度随电压的升高而升高,而 sul1 基因、$intI$1 基因的丰度在电压为 2 V 时都急剧升高。之前的研究说明 ARGs 的主要变化因素有两种:微生物群落和水平转移。[62] ARGs 和 $intI$1 基因的丰度相关性分析结果表明,在不同电压下 ARGs(除了 sul1 基因)和 $intI$1 基因没有显著相关关系(表4.3),该结果说明水平转移不是 ARGs 变化的主要因素,而微生物群落是 ARGs 变化的主要原因。如图 4.35 所示,高浓度 CAP 提高了 $cmlA$ 基因、$floR$ 基因、$tetC$ 基因的丰度,说明高浓度 CAP 促进了 ARGs 的增殖。同样,ARGs 基因和 $intI$1 基因丰度相关性分析结果表明,在不同 CAP 浓度下 ARGs 基因(除了 sul1 基因)和 $intI$1 基因没有显著相关关系(表 4.3),该结果说明水平转移不是 ARGs 变化的主要因素。

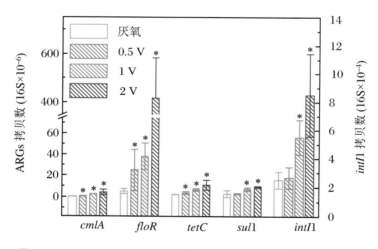

图 4.34 不同电压下 ARGs 和 $intI$1 基因的相对丰度

表 4.3 ARGs 和 $intI$1 基因丰度的 Spearman 相关性分析系数(R)

ARGs 类型	Spearman 相关性分析系数	
	不同电压	不同 CAP 浓度
$cmlA$	0.81	0.10
$floR$	0.74	0.43
$tetC$	0.82	0.39
sul1	0.993*	0.92*

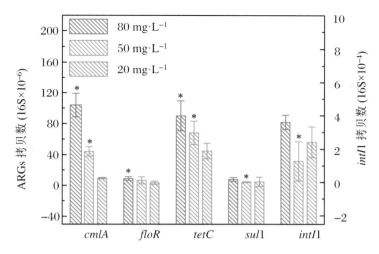

图 4.35　不同 CAP 浓度下 ARGs 和 *intl*1 基因的相对丰度

4.2.5.3　生物电化学强化的厌氧处理系统的厌氧性能特征

厌氧功能基因,包括 *FTHFS* 基因、*mcrA* 基因和 *ACAS* 基因,都是厌氧稳定运行的重要因素。不同电压下 *FTHFS* 基因的丰度及表达如图 4.36 所示。*FTHFS* 基因的丰度及表达都随电压的升高而升高,高电压促进了 *FTHFS* 基因的复制。由于 *FTHFS* 基因是同型产乙酸菌特有的,代表厌氧产酸过程[72],该结果说明高电压促进了产酸过程,提高了生物电强化厌氧系统的处理性能。*mcrA* 基因和 *ACAS* 基因的丰度及表达如图 4.37 所示。*ACAS* 基因和 *mcrA* 基因的丰度及表达也随电压的升高而升高。*ACAS* 基因是乙酸型产甲烷基因[73],在高电压(2 V)下 *FTHFS* 基因的表达被促进,使乙酸产量升高,从而促进了 *ACAS* 基因的增殖。*mcrA* 基因丰度及表达代表系统的产甲烷能力[71],该结果表明高电压(2 V)提高了系统的产甲烷量。为了进一步证明该结果,测定了系统的产甲烷量,如图 4.38 所示。甲烷产量确实随电压的升高而升高,进一步确定了上述结论。

CAP 浓度同样影响了厌氧功能基因的丰度及表达(图 4.39 和图 4.40)。*FTHFS* 基因随 CAP 浓度的升高而升高,说明 CAP 浓度促进了系统中的产酸过程,这与之前的研究是一致的。[74]但是 *ACAS* 和 *mcrA* 基因的丰度和表达趋势却与 *FTHFS* 基因不同,都随 CAP 的浓度升高而降低,该结果与不同电压条件下的结果不同。虽然产酸升高,但是乙酸型产甲烷菌并没有利用乙酸来生成甲烷,*mcrA* 基因的丰度和表达在较高 CAP 浓度时降低,说明系统甲烷产量下降。为了确定该结果,测定了系统中的甲烷产量,CAP 浓度为 20 mg·L^{-1} 时的甲烷产量显著高于 CAP 浓度为 80 mg·L^{-1} ($p<0.05$,图 4.41)时的甲烷产量,说明高

▷ 第4章

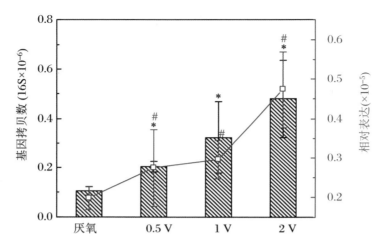

图 4.36　不同电压下 FTHFS 基因的相对丰度及表达

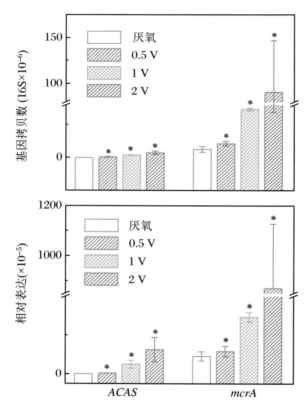

图 4.37　不同电压下产甲烷功能基因的相对丰度及表达

浓度 CAP 确实抑制了系统产甲烷。该结果可能是因为产甲烷菌对高浓度的抗生素很敏感，比细菌更容易受到抑制作用。[74]

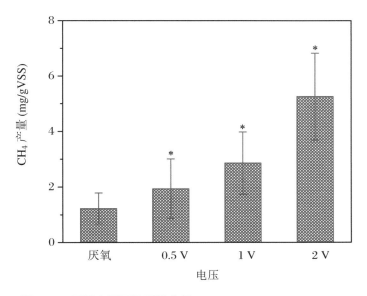

图 4.38　不同电压下的甲烷产量

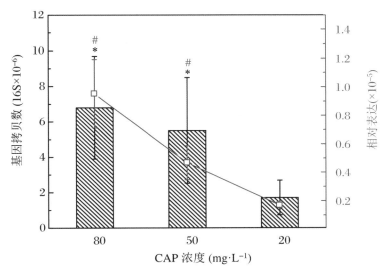

图 4.39　不同 CAP 浓度下 *FTHFS* 基因的相对丰度及表达

4.2.5.4　生物电化学强化的厌氧处理系统的微生物群落结构

不同电压和 CAP 浓度改变了微生物群落结构（图 4.42）。厌氧条件下的优势菌为 *Arcobacter*，*Methyloversatilis*，*Magnetospirillum*，*Terrimonas*。而在 2 V 电压下的优势菌为 *Paludibacter*，*Proteiniclasticm*，*Macellibacteroides*，*Sedimetibacter*，*Thauera*，并且在 2 V 电压下 *Methylophilus*，*Shewanella*，

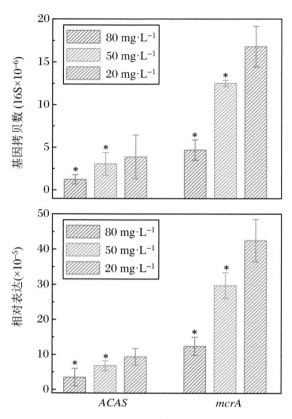

图 4.40　不同 CAP 浓度下产甲烷功能基因的相对丰度及表达

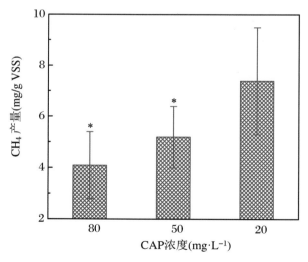

图 4.41　不同 CAP 浓度下的甲烷产量

Comamonas，*Sphingopyxis* 的丰度高于厌氧条件。这说明较高的电压条件下可

以选择性富集一些微生物群落。不同 CAP 浓度下的优势菌属都不相同。CAP 浓度为 80 mg·L^{-1}时的优势菌属为 *Sedimetibacter*，*Methylophilus*，*Shewanella*，*Comamonas*，*Sphingopyxis*，*Flavobacterium*。而这些优势菌丰度在 CAP 浓度为 20 mg·L^{-1}时并不高。这说明在不同 CAP 浓度条件下的微生物群落发生了明显的改变。

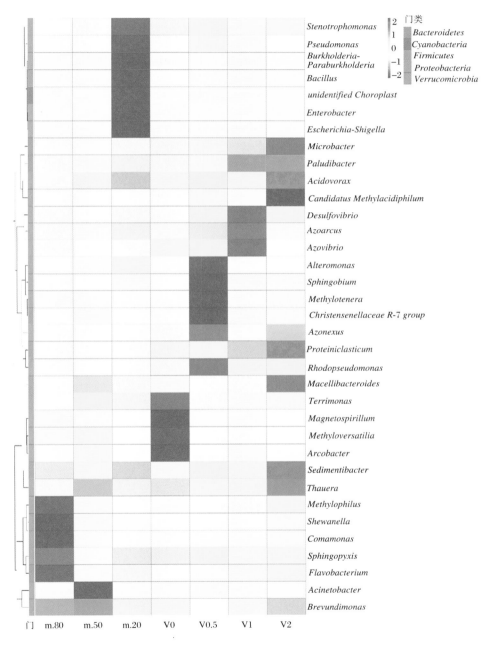

图 4.42　不同条件下污泥样本中细菌菌属的相对丰度

为了确定系统中可能的 ARB,对 ARGs 和微生物群落进行了 Spearman 相关性分析。不同电压下的 ARB 为 *Paludibacter*,*Proteiniclasticm*,*Macellibacteroides*,*Sedimentibacter*,*Thauera*,*Shewanella*,*Comamonas*,*Flavobacterium*(图 4.43)。不同 CAP 浓度下的 ARB 为 *Sedimetibacter*,*Methylophilus*,*Shewanella*,*Comamonas*,*Sphingopyxis*,*Flavobacterium*(图 4.44)。

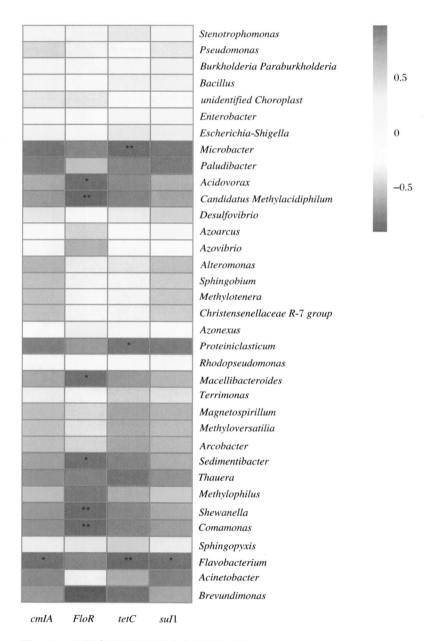

图 4.43 不同电压下污泥样本中的抗性细菌

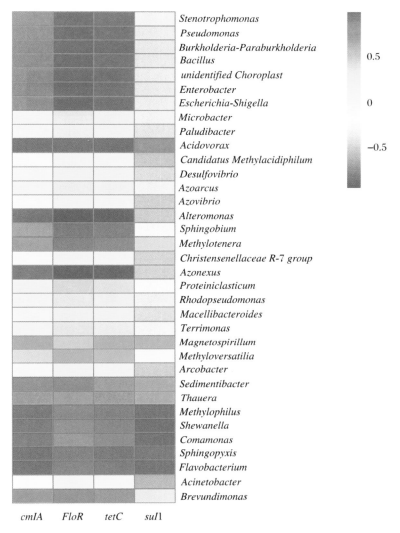

图 4.44　不同 CAP 浓度下污泥样本中的抗性细菌

4.2.5.5　生物电强化厌氧系统处理性能变化机制

由图 4.43 可知，不同电压下的 ARB 中的 *Paludibacter*，*Proteiniclasticm*，*Macellibacteroides*，*Sedimetibacter*，*Thauera* 为在较高电压下（2 V）的优势菌。该结果说明较高电压有利于 ARB 的增殖。其中 *Paludibacter*[75]，*Proteiniclasticum*[76]，*Sedimentibacter*[77] 是厌氧发酵菌，可以将有机物降解为小分子酸。在高电压下细胞膜通透性增加，抗生素进入细胞，厌氧发酵菌获得抗性，活性没有被 CAP 的毒性抑制，从而保持较高的丰度，使在 2 V 电压下 *FTHFS* 基因的丰度较高，从而促进了乙酸型产甲烷过程（图 4.36 和图 4.37）。之前的研究表明在生物电强化厌氧生物系统中,最重要的三种微生物种类为发酵菌、电化学活性菌和还原菌。[70] *Thauera* 为厌氧还原菌,可以有效去除氯取代基。[78] *Shewanella*[79],*Comamonas*[80] 为常见的电化学活性微生物。在较高电压(2 V)下,电化学活性菌和还原菌获得抗性,从而使其丰度都较其他电压条件下高,因此使在 2 V 电压条件下 CAP 的去除率较高,58 h 时去除率达到 91%(图 4.32)。

如图 4.42 所示,在 80 mg·L^{-1} 的 CAP 浓度条件下 ARB 丰度较高,该结果说明高浓度 CAP 促进了这些抗性菌的增殖。其中 *Sedimetibacter* 是厌氧发酵菌,在高浓度 CAP 条件下厌氧发酵菌获得抗性,活性没有被 CAP 的毒性抑制,使在 2 V 电压下 FTHFS 基因丰度较高,从而促进乙酸型产甲烷过程。但由于产甲烷菌对 CAP 的毒性较敏感,因此高浓度 CAP 条件下的产甲烷量降低(图 4.40 和图 4.41)。*Sphingopyxis*[81] 和 *Flavobacterium*[82] 为厌氧还原菌,*Shewanella*[79] 和 *Comamonas*[80] 为电化学活性菌。该结果说明高浓度的 CAP 使这些厌氧还原菌和电化学活性菌获得抗性,从而提高了系统的处理性能,保证了高浓度 CAP 的去除率。

ARGs 的主要变化因素有两种:微生物群落和水平转移。[62] ARGs 和 *intI*1 的基因丰度相关性分析结果表明不同电压下 ARGs(除了 *sul*1 基因)和 *intI*1 基因没有显著相关关系(表 4.3),该结果说明水平转移不是 ARGs 变化的主要因素,而微生物群落是 ARGs 变化的主要原因。因此微生物群落改变使 ARB 种类改变,从而影响了功能细菌丰度,改变了生物电强化厌氧系统性能。

4.3
生物化学复合膜系统去除新污染物

4.3.1
MBR 去除磺胺类抗生素

磺胺类抗生素是抗生素中一类人工合成的物质,是一类广谱抗菌剂,能对多数革兰氏阳性菌及部分革兰氏阴性菌有抑制作用,是水体环境中检出频率很高的一类抗生素。近年来,由于磺胺类抗生素的广泛使用及滥用,城市污水中磺胺抗生素得到富集,严重影响到水环境安全和人类健康。[83-85]

MBR 作为一种高效的废水生物处理技术,近年来得到了快速发展和广泛应用[86],由于其具有较长的 SRT 和高浓度的微生物量,有利于生长周期较长的微生物的生长和繁殖,强化了系统功能研究。研究表明 MBR 对含抗生素类废水有一定的处理效果。[87]Zaviska F 等人用一种陶瓷膜生物反应器来处理含两种制药化合物(环磷酰胺和环丙沙星)的废水,但作为一种废水生物处理工艺,其能耗及处理费用较高,同时膜污染比较严重。[88]Xia S Q 等人研究了实验室规模好氧/缺氧组合式反应器(A/O-MBR)处理含抗生素废水时微生物群落结构的变化及其对反应器性能的影响,取得了一定的效果,但是其系统组合增加了系统的操作复杂性。[89]

针对上述问题,当前有一些相关研究工作,并取得了部分进展。首先,采用中空纤维膜生物反应器,研究含磺胺类抗生素废水处理过程中污染物的去除机制;其次,考察了不同浓度的磺胺二甲氧嘧啶(Sulfadimethoxine,SDM)在中空纤维膜生物反应器中的生物降解性及对营养物质去除的影响;最后,探究了不同浓度 SDM 对活性污泥性质的影响,尤其关注了溶解性细胞产物和胞外聚合物量的变化及其与膜污染发生的相互关系,分析了在不同 SDM 浓度下 MBR 的膜污染机制。研究结果表明微生物对磺胺二甲基嘧啶有一定的适应性,即在一定范围内,SDM 浓度对 COD,NH_4^+-N 的去除无明显影响;但当 SDM 浓度超过一定值,COD,NH_4^+-N 的去除受到抑制。同时磺胺类抗生素有一定的生物降解性,SDM 在 MBR 中可以得到部分生物降解,但出水中 SDM 的浓度随着进水浓度升高而升高。因此,MBR 工艺可以用来处理中低浓度的磺胺类抗生素废水。

4.3.1.1　MBR 长期运行效果

反应器 COD 和营养物质的去除效果如图 4.45、图 4.46 和图 4.47 所示。在前 5 个阶段,反应器出水及悬浮液中的 COD 浓度很低,去除率很高,这表明在低于 5 mg·L^{-1} 磺胺二甲氧嘧啶的条件下,反应器中的微生物活性未受到明显抑制,微生物能正常进行代谢活动。在第 245 天,将磺胺二甲氧嘧啶浓度提高到 50 mg·L^{-1} 时,出水 COD 浓度急剧上升,微生物正常的代谢活动被破坏,表明此磺胺浓度远远超过该反应器中微生物能承受的范围。

氨氮的降解情况同 COD 一致。在前 5 个阶段中,进水中的氨氮基本被微

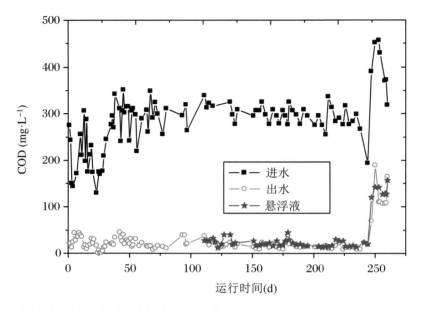

图 4.45　MBR 体系对 COD 的处理效果

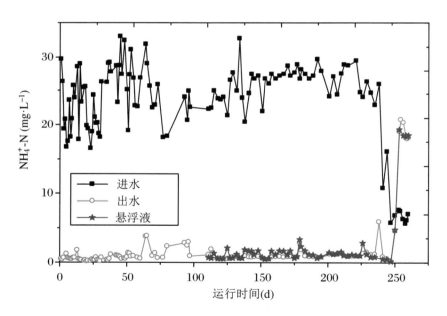

图 4.46　MBR 体系对 NH_4^+-N 的处理效果

生物吸收、代谢,转化生成了硝氮。由于反应器一直曝气,体系内部处于好氧环境,无法进行反硝化,导致总氮难以去除。在第 245 天提高磺胺二甲氧嘧啶浓度后,出水及悬浮液中氨氮浓度急剧增加,硝氮浓度明显减少,微生物硝化过程被终止,硝化细菌生物活性受到抑制。

图 4.48 是反应器中磺胺二甲氧嘧啶的降解情况。初期磺胺二甲氧嘧啶浓

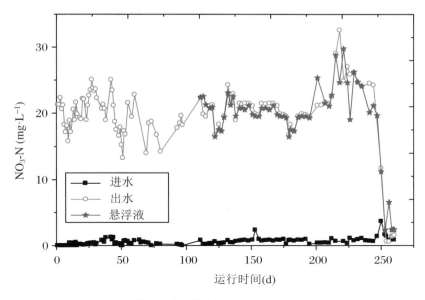

图 4.47　MBR 体系对 NO_3-N 的处理效果

度较低,基本被微生物吸附和生物降解。在第 102 天 HRT 延长到 24.67 h 后,将进水磺胺二甲氧嘧啶浓度逐步提高到 5 mg·L^{-1},微生物仍能降解,可能是由于较长的 HRT 导致低磺胺负荷,微生物能承受并降解。当第 245 天磺胺二甲氧嘧啶浓度提高到 50 mg·L^{-1} 时,高浓度的抗生素对微生物起到破坏性作用,出水磺胺浓度直线上升。

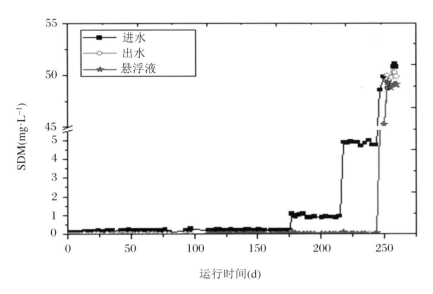

图 4.48　MBR 体系对磺胺二甲氧嘧啶的处理效果

在运行过程中,出水跨膜压差(TMP)由压力传感器在线监测。由于出水蠕动泵固定了出水转速,沉积物在膜表面积累导致 TMP 增加,出水水量变小,HRT 变长。如图 4.49 所示,当沉积物积累使得 TMP 急剧增加,膜组件用水冲洗后,TMP 能降回初始较低值,此时的膜污染为可逆污染。随着反应器运行时间的延长,沉积物的积累慢慢使纤维膜滤孔堵塞,用水清洗膜组件也不能使 TMP 降回到初始值,形成了不可逆污染。

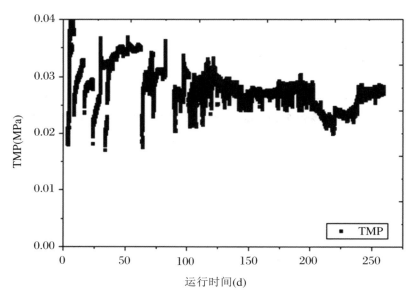

图 4.49 运行过程中 MBR 的 TMP 变化

4.3.1.2 MBR 批次实验结果

图 4.50 显示了叠氮化钠加入与否对 SDM,COD,N 去除的影响。如图 4.50(a)所示,Ⅱ烧杯中的磺胺浓度基本没变,表明失活污泥对磺胺的吸附量并不大。而Ⅰ烧杯悬浮液中的磺胺浓度随时间流逝而降低,说明磺胺被污泥生物降解。两者对比可看出,在驯化污泥中,污泥对磺胺二甲氧嘧啶的生物降解是占主导作用的,吸附的量可忽略不计。同理,在实验室的膜生物反应器的长期运行中,磺胺主要是被生物降解了。如图 4.50(a)~图 4.50(d)所示,在Ⅰ烧杯中,污泥的活性正常,COD 能被降解且能正常进行硝化,氨氮浓度降低,硝氮浓度升高;而在Ⅱ烧杯中,污泥的生物活性被抑制,COD 没被降解,氨氮和硝氮浓度基本不变。

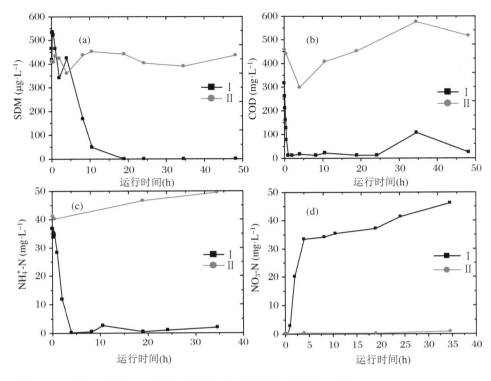

图 4.50　批次实验结果：SDM(a)；COD(b)；NH_4^+-N(c)；NO_3^--N(d)

4.3.1.3　活性污泥性质变化

水溶液中的胞外聚合物(Extracellular Pdymethc Substances,EPS)、可溶性微生物产物(Soluble Microbial Products,SMP)浓度可以反映活性污泥的性质。实验选取了第 135 天、203 天、238 天、259 天，反应器中 EPS/悬浮固体(Suspended Solid,SS)与 SMP 的浓度来代表在后四个阶段中反应器中活性污泥的性质(图 4.51)。运行阶段 3(第 102～176 天，0.2 mg·L^{-1} SDM)中，第 135 天的 EPS/SS 和 SMP 浓度分别为 13.08 mg/g SS,7.69 mg·L^{-1}。运行阶段 4(第 176～216 天，1 mg·L^{-1} SDM)时，第 203 天的 EPS/SS 和 SMP 浓度分别为 10.54 mg·(g SS)$^{-1}$,16.98 mg·L^{-1}。运行阶段 5(第 216～245 天，5 mg·L^{-1} SDM)中，第 238 天的 EPS/SS 和 SMP 浓度分别为 6.43 mg·(g SS)$^{-1}$,10.03 mg·L^{-1}。而当在运行阶段 6 的第 245 天将磺胺二甲基嘧啶浓度提高到 50 mg·L^{-1}后，第 259 天的水溶液中 SMP 增加到了 36 mg·L^{-1}，远超过在前三个阶段的浓度。高浓度抗生素杀死了反应器内的微生物，导致细菌细胞破裂，胞内蛋白、多糖等物质流出，从而使得悬浮液中的 SMP 增加。

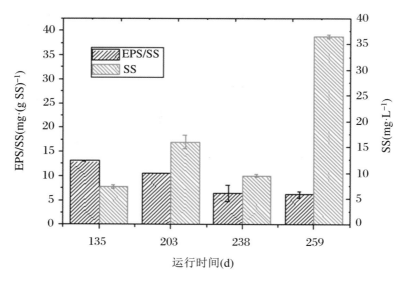

图 4.51 MBR 体系中 EPS/SS 和 SS 的浓度

4.3.2
光电催化膜分离技术去除耐药性污染

抗生素滥用带来的抗性细菌及抗性基因问题日益严重。目前,大量研究表明,在土壤、生活污水甚至饮用水中,都能够检测到抗性基因存在[90-91],这无疑给人类健康带来严重的威胁。传统的生物处理因其本身对细菌的依赖性,不仅不能有效地去除抗生素抗性,反而成为抗性基因的产生源及排放源[5]。高级氧化方法如氯化、紫外线(Ultrariolet,UV)等对抗性基因的去除目前尚未有明确定论[92]。氯化法容易造成余氯残留,在一定程度上起到类抗生素选择作用[93],反而给自然环境带来抗生素抗性。UV 作为最常见的消毒处理方式,能够对生物 DNA 造成破坏[94],具有潜在的应用优势。但对于实际水体而言,往往需要高剂量的 UV 才能产生一定的效果[95-96]。另外,氯化或 UV 方法处理之后,破碎的细胞所释放的基因碎片仍存在于水体中,还能够被其他病原菌捕获、整合[97-98],因此,如何对水体中抗生素的抗性进行有效去除仍需进一步研究。

目前,膜分离技术已逐步应用于新污染物如抗性细菌及抗性细菌的去除中[99-100]。然而,膜技术处理抗性细菌及抗性基因仍存在一定的弊端。截留的抗性细菌及抗性基因在膜表面富集,细菌丰度的提高反而有利于抗性基因的水平转移[101]。另外,附着在膜表面的抗性细菌造成的膜污染,致使膜通量下降,降低了膜的使用寿命。[102-103]催化膜的出现为膜表面污染物的进一步深度处理和膜污染的抑制提供了新的思路。[104]

催化膜可以在一个集成系统中同时实现物理分离和化学氧化,是废水处理中有效去除有机污染物的前沿技术。催化膜与高级氧化技术(Adranced Oxidation Process,AOPs)耦合不仅显著提高了污染物的去除效率,而且通过自清洗抑制了膜污染。本章讨论了光催化和电催化两种综合催化膜系统的机理和性能。

4.3.2.1 光催化膜分离技术去除耐药性污染

作为常见的光催化材料,TiO_2能够通过光催化作用产生活性基团,有效杀灭抗性细菌。[105-106]TiO_2在膜表面的修饰能在一定程度上去除膜污染。[107]

抗性基因的改变主要是由基因垂直及水平转移两方面造成的。抗性基因可位于基因组和质粒等遗传单元上。整合子具有捕集外源基因片段的能力,往往被用来指示基因的水平转移能力。当前,大部分研究直接测定基因组中的整合子量来衡量抗性基因的水平转移能力。但是相对于质粒等遗传单元来说,基因组上的基因遗传稳定因此较难发生水平转移。质粒的接合转移是抗性基因水平转移最重要的方式之一,因此质粒上的抗性基因值得更多关注。而且,目前对于不同位置的抗性基因去除的作用机制并不清楚。因此,可以在聚偏氟乙烯(PVDF)超滤膜上修饰TiO_2纳米材料构建光催化反应性膜系统,通过耦合膜截留作用及光催化降解过程,实现对抗性细菌及抗性基因的去除。

1. 光催化膜分离系统

以截留分子量100 kDa的超滤PVDF膜为基底,在无水乙醇中浸泡30 min去除膜表面杂质,在去离子水中浸泡过夜去除残留在膜表面的乙醇,将2 mg·mL^{-1}的多巴胺溶液置于膜表面,振荡反应6 h以在膜表面聚合形成PDA层,将PDA-PVDF膜经过3次去离子水清洗后,将20 mL超声分散好的TiO_2分散液(5 mg·mL^{-1})置于膜活性层上,30 ℃振荡反应24 h,就可得到TiO_2修饰的PVDF膜(图4.52)。

如图4.53所示,初始PVDF超滤膜孔径为20～50 nm,经过聚多巴胺(PDA)修饰后膜表面形貌并无较大改变。纳米材料在膜表面的堆积(图4.53(c))表明TiO_2成功修饰在PDA-PVDF膜上。由于二氧化钛(TiO_2)的修饰,TiO_2-PDA/PVDF膜表面膜孔在SEM电镜下数量减少,这有利于提高膜的截留性能。通过AFM分析表明,无论是对于PDA修饰,还是TiO_2纳米材料修饰膜,其表面粗糙度并未显示明显变化。

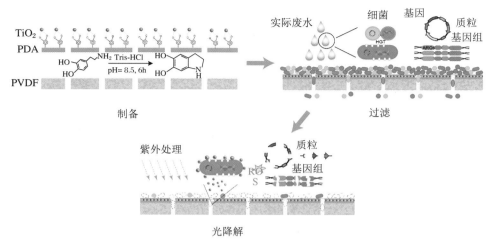

图 4.52 PVDF 膜修饰及对抗性细菌和抗性基因的去除机理图

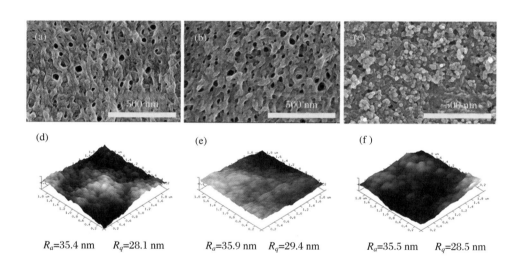

图 4.53 PVDF 膜修饰前后的 SEM 及 AFM 图:PVDF 膜(a 和 d);PDA 修饰膜(b 和 e);TiO₂ 修饰膜(e 和 f)

PVDF 膜本身是典型的疏水性膜,PDA 修饰后,由于 PDA 层所携带的丰富的—OH,—NH₂ 官能团,使得膜表面亲水性显著增强(图 4.54(a))。在 TiO₂ 修饰后,膜表面的亲水性进一步增强。进一步对膜孔隙率测定发现(图 4.54(b)),TiO₂-PDA/PVDF 膜本身的孔隙率有较大下降,这是导致膜含水率下降的主要原因。同时,孔隙率的下降对于膜本身而言,有利于其截留更加微小的物质,从而使膜的截留性能得到提升。

利用带有储液罐及 N₂ 供压的 Dead-end 超滤系统对修饰前后膜的分离及抗污染性能进行测定。为测定膜过滤过程对水样中抗性细菌和抗性基因的去除,

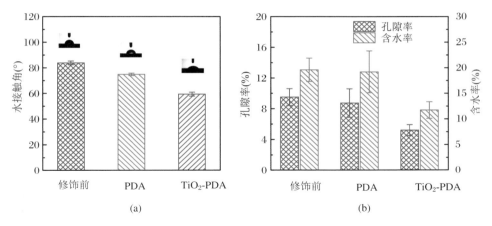

图 4.54　PVDF 膜修饰前后水接触角(a)及含水率、孔隙率(b)的变化图

将 250 mL 水样在 1.4 bar 下进行膜过滤实验。随后,将 100 μL 无菌 PBS 洗液分散在膜表面,浸湿膜表面的污染层,于 UV_{254} 下(光密度为 12 μW·cm^{-2})1 h 光催化反应。

2. 光催化膜降解 ARB 和 ARGs 性能

在对实际二级出水中抗性细菌及抗性基因的去除过程中,TiO_2-PDA/PVDF 都能够达到对于细菌近乎完全地去除及灭活。其中,在截留过程中,TiO_2-PDA/PVDF 膜能实现 99.9%的细菌去除,明显高于修饰之前。过滤前后细菌 16S rRNA 同样证明了修饰后膜对细菌去除能力的提升(图 4.55)。值得注意的是,理论上超滤膜膜孔远远小于细菌体积(直径为 0.1~1 μm),但仍有极少部分细菌能够透过膜。有研究表明,细菌能否透过膜是由多种因素决定的,细菌的大小、形状和过滤条件等都可以对细菌是否透过膜造成影响。由于细菌具有变形能力,在压力条件下,细菌能够透过比自身小的膜孔。[108]因此,超滤膜在过滤实际出水的应用中,由于实际污水体系中细菌的复杂性,其并不能保证细菌的完全截留。

修饰前后膜对抗性细菌在光催化阶段的灭活情况如图 4.56(b)所示,TiO_2-PDA/PVDF 膜近乎完全截留大部分抗性细菌,修饰后其对于四环素抗生素(Tetracycline Resistant Bacteria,TRB)和氯霉素抗性细菌(Chloramphenicol Resistant Bacteria,CRB)的截留能力都有一定提高。然而修饰后膜对磺胺类抗性细菌(SRB)的截留能力却稍低于原始的 PVDF 膜。通过对不同的抗性细菌进行分离并镜检,结果显示,水样中 TRB 及 CRB 大部分都为球状菌,而 SRB 则大部分为杆状菌并且形态结构要远远大于前两者。因此可推测,在膜过滤过程中 TRB 与 CRB 相对更难去除。TiO_2 修饰后的膜更加致密,因此对 TRB 及 CRB 去除效果更好,而 SRB 本身则相对较大且数量远多于其他两种抗性细菌,

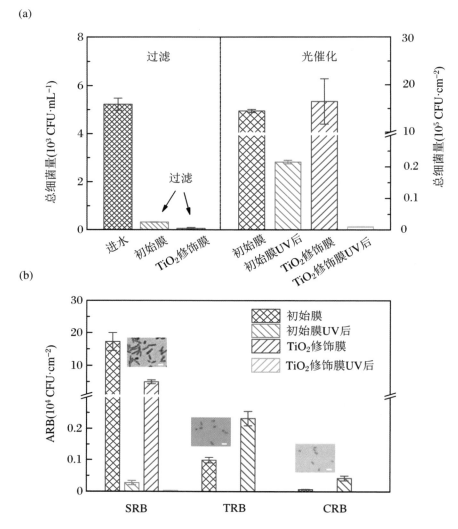

图 4.55 过滤阶段修饰前后膜细菌的截留情况(a-左);光催化阶段膜表面细菌的灭活情况(a-右);UV 处理前后不同膜对抗性细菌的灭活情况(b)

因此初始 PVDF 膜即可对 SRB 产生较大截留。

在光催化灭活阶段,TiO$_2$ 修饰后的膜对细菌的灭活效率要远大于原始 PVDF 膜。为更好地探究 TiO$_2$ 修饰给 PVDF 膜带来的光催化灭活效果,进行了膜表面活死细菌染色实验。如图 4.56 所示,光催化降解处理后,相对于原始的 PVDF 膜,在 TiO$_2$ 修饰膜上有更多的死细菌。对光催化前后膜表面细菌的 16S rRNA 定量能够发现同样的结果(图 4.56(b)),TiO$_2$ 修饰后的膜对细菌灭活的能力增强。另外,TiO$_2$ 修饰膜在 UV 处理前已经有一部分死细菌呈现在膜表面,这说明在实验条件下,过滤过程中 TiO$_2$ 对细菌也有一定的灭活能力。

在对膜的抗污染能力进行测定前,先将新的膜片在 1.4 bar 压力下利用去离

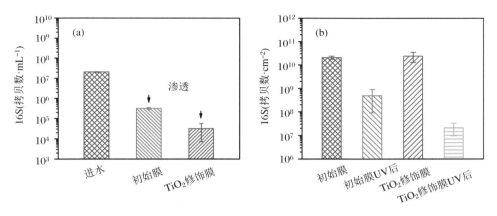

图 4.56　修饰膜在过滤(a)及 UV 处理(b)阶段对细菌 16S rRNA 的去除及降解情况

子水作为进水进行压实。随后继续 20 min 去离子水过滤过程,测定修饰前后 PVDF 超滤膜的稳定纯水通量。在同样的压力条件下,以实际水样为进水进行过滤,得到过滤通量。无菌水轻微清洗膜表面未黏附污染物,将膜片于 UV 灯下在相同条件下反应 1 h,之后再次在同样压力下测定膜通量并与初始膜通量对比,从而得到膜通量恢复性能。

在 Dead-end 过滤实验中,TiO_2 修饰后的膜具有更高的初始水通量(图 4.57)。在实际的废水过滤时,TiO_2 修饰前后膜都进入快速下降阶段,此阶段污染物迅速被膜截留形成污染层。TiO_2 修饰后 PVDF 膜具有较高的通量恢复性能,在 UV 光催化过程中,TiO_2 纳米颗粒带来的活性氧(Reactive Oxygen Species,ROS)能够在一定程度上降解膜表面的污染物。与此同时,PDA 层能够保护底膜免于 UV 光的侵害。[109]

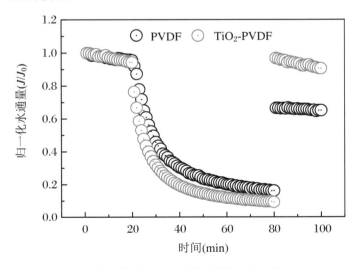

图 4.57　TiO_2 修饰前后 PVDF 膜的抗污染性能变化

4.3.2.2 电催化膜分离技术去除耐药性污染

电催化膜(Electrocatalytic Membrane,EM)具有同时膜过滤和电化学原位反应的特点,EM 能够降解污染物并将其转化为无毒物质,从而减少对滤液进行后续处理的操作,降低耐药性传播的风险。具体来说,除了通过空间位阻和电荷排斥的膜分离的性质,EM 膜还表现出了各种作用,包括电化学氧化和还原、静电吸附和截留、电泳和电穿孔。[110-113]因此,EM 可以有效地降解和/或转化污染物,并在过滤过程中增强对带电物质的排斥。除了去除污染物外,EM 还可以通过各种电化学方法减轻膜污染和结垢。[114-116]例如,有机和生物污染物可以通过电化学自清洗降解,基于原位生成强氧化自由基(如活性氧和活性氯)。[117]此外,可以通过控制 pH 和电解鼓泡来调节膜表面附近的化学和水动力环境,以减轻无机结垢(图 4.58)。[110,118]除了使用电化学反应来控制污染外,通过施加电压来改变膜的表面性质,如电荷、亲水性和界面纳米结构,可能提供了一种额外的方法来减少由天然有机物(Natural Organic Matter,NOM)、微生物和无机结垢造成的膜污染。[119]

电催化膜的制备需要具有高导电性和多孔性的膜活性层。近十几年用得最多的材料包括碳质材料、金属、金属氧化物和导电聚合物(图 4.59)。大多数 EM 是用碳质材料制备的,具有高导电性的碳质材料既可作为阳极,也可作为阴极。大多数碳质阳极被认为是活性阳极,其氧释放反应(Oxygen Evolution Reaction,OER)的过电势通常低于 0.4 V。用得最多的碳质材料包括碳纳米管、氧化石墨烯、还原氧化石墨烯、金刚石、Ti_4O_7 等,均能够提高电性能或产生自由基。导电聚合物聚吡咯(Polyphrrole,PPy)和聚苯胺(Polyaniline,PANI)因其在高压和化学暴露等恶劣条件下的稳定性而被广泛应用于电催化膜。然而,许多聚合物基电催化膜存在电导率低和水通量低的问题,可以通过结合碳基材料来提高其电催化能力。

电催化膜不仅减轻了固有的膜污染,而且显著提高了对水中微污染物的降解能力。EM 的去污机制主要是电化学氧化,而电吸附和电斥力也有助于污染物的去除。电化学氧化又分为直接氧化和间接氧化。直接氧化,即电子直接从污染物转移到阳极表面,对于选择性降解容易提供电子的有机物是有效的。相比之下,通过原位产生强氧化自由基间接氧化可非选择性地降解污染物。以电催化膜作为阳极,羟基自由基为介导的氧化是目前应用最广泛的途径。阳极膜过滤在不添加化学物质的情况下直接氧化水分子生成·OH。·OH 是强的活

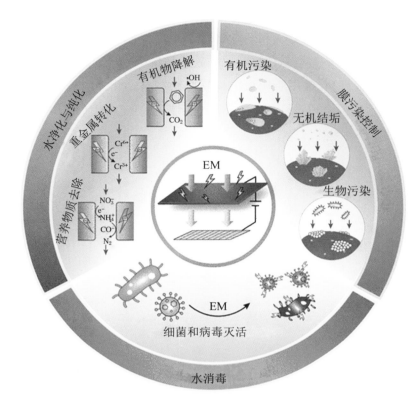

图 4.58 电催化膜(EMs)的潜在环境应用[120]

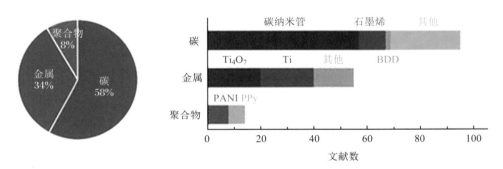

图 4.59 电催化膜(EM)材料

导电材料分为三类:碳、金属(包括金属和金属氧化物)和聚合物。这些材料包括碳纳米管(CNTs)、石墨烯和硼掺杂金刚石(BDD);亚氧化钛(Ti_4O_7)和多孔钛(Ti);聚苯胺(PANI)和聚吡咯(PPy)[120]

性氧(ROS),可使大多数有机污染物非选择性和完全氧化。这种电催化过滤体系性能取决于阳极膜材料的类型和施加的电压。此外,活性氯介导的氧化也是电催化的一种形式。由于氯离子在自然水体和废水中普遍存在,阳极膜过滤可以将氯氧化成活性氯,从而实现水的净化。电催化膜作为阴极,可以通过电芬顿反应间接产生·OH，并氧化去除有机污染物。但是电芬顿的去除污染物效率取决于·OH 的生成率，受 H_2O_2 和 Fe^{2+} 的控制。高效的 H_2O_2 的产生对于电芬顿过滤是非常重要的，一些合适的材料比如碳质材料（如石墨、碳纳米管、碳布）因价格优势和形貌可调，常用于阴极电催化膜的制备。此外阴极电势也会影响 H_2O_2 的产生。需要合理设计阴极电势，既能够高效产生 H_2O_2，又能够减少能耗，节约能源（图 4.60）。

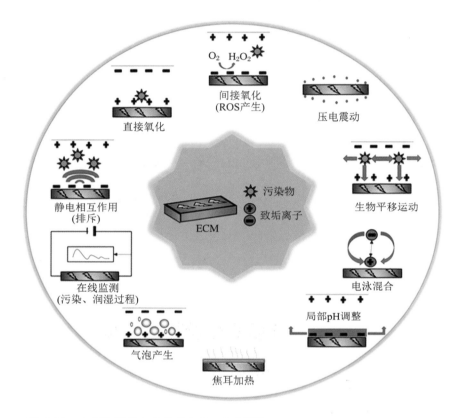

图 4.60　电催化膜的各种优势和作用机制[121]

此外，催化膜可直接回收利用。虽然目前的研究主要集中在催化膜水处理技术上，但还需要在以下几个方面进行进一步的探索[122]：

（1）目前，紫外光响应材料的催化膜已得到广泛的研究，而可见光却没有得到有效的利用。探索可见光驱动膜在水处理中的实际应用尤为重要，可以扩大催化膜的光响应范围。

（2）膜通量是催化膜最重要的特性之一。传统的催化膜制备方法往往导致膜通量降低，甚至导致膜孔堵塞，从而影响膜过滤效率。因此，需要在表面粗糙度、多孔结构和孔道上采用可控的方式制备催化膜。

（3）催化膜的稳定性决定了其在氧化系统中的使用寿命。为提高负载型催化剂的分散性和有机骨架催化膜的稳定性，该方面值得继续深入研究。

（4）简化和自动制备催化膜的方法是工业化应用的必要手段。目前，催化膜的制备方法还处于实验室阶段，催化膜的规模化生产还需要更多的投入。

参考文献

[1] ZHOU H, WU C, HUANG X, et al. Occurrence of selected pharmaceuticals and caffeine in sewage treatment plants and receiving rivers in Beijing, China[J]. Water Environment Research, 2010, 82(11): 2239-2248.

[2] ZHANG T, LI B. Occurrence, transformation, and fate of antibiotics in municipal wastewater treatment plants[J]. Critical Reviews in Environmental Science and Technology, 2011, 41(11): 951-998.

[3] SUN Y, SHEN Y X, LIANG P, et al. Linkages between microbial functional potential and wastewater constituents in large-scale membrane bioreactors for municipal wastewater treatment[J]. Water Research, 2014, 56: 162-171.

[4] AL-JASSIM N, ANSARI M I, HARB M, et al. Removal of bacterial contaminants and antibiotic resistance genes by conventional wastewater treatment processes in Saudi Arabia: is the treated wastewater safe to reuse for agricultural irrigation?[J]. Water Research, 2015, 73: 277-290.

[5] CALERO-CáCERES W, MELGAREJO A, COLOMER-LLUCH M, et al. Sludge as a potential important source of antibiotic resistance genes in both the bacterial and bacteriophage fractions[J]. Environmental Science & Technology, 2014, 48(13): 7602-7611.

[6] HARNISCH F, SCHRODER U. From MFC to MXC: chemical and biological cathodes and their potential for microbial bioelectrochemical systems[J]. Chemical Society Reviews, 2010, 39(11): 4433-4448.

[7] LOGAN B E, RABAEY K. Conversion of wastes into bioelectricity and chemicals by using microbial electrochemical technologies[J]. Science, 2012, 337(6095): 686-690.

[8] SLEUTELS T H, TER HEIJNE A, BUISMAN C J, et al. Bioelectrochemical systems: an outlook for practical applications[J].

ChemSusChem, 2012, 5(6):1012-1019.

[9] CHOPRA I, ROBERTS M. Tetracycline antibiotics: mode of action, applications, molecular biology, and epidemiology of bacterial resistance[J]. Microbiology and Molecular Biology Reviews, 2001, 65(2):232-260.

[10] CONNOR E E. Sulfonamide antibiotics[J]. Primary Care Update for OB/GYNS, 1998, 5(1):32-35.

[11] KING D E, MALONE R, LILLEY S H. New classification and update on the quinolone antibiotics[J]. American Family Physician, 2000, 61(9):2741-2748.

[12] DALHOFF A. Fifty years of penicillins: a review of structure-effect relationships of beta-lactamase antibiotics and their microbiological and clinical relevance (author's transl)[J]. Infection, 1979, 7(6):294.

[13] BLACK P N. Anti-inflammatory effects of macrolide antibiotics[J]. European Respiratory Journal, 1997, 10(5):971-972.

[14] KUBO H. Aminoglycoside antibiotics[J]. Nihon Rinsho Japanese Journal of Clinical Medicine, 1990, 48(10):2196.

[15] VAZQUEZ D. Binding of chloramphenicol to ribosomes: the effect of a number of antibiotics[J]. Biochimica et Biophysica Acta, 1966, 114(2):277-288.

[16] GUAN Y D, WANG B, GAO Y X, et al. Occurrence and fate of antibiotics in the aqueous environment and their removal by constructed wetlands in China: a review[J]. Pedosphere, 2017, 27(1):42-51.

[17] KüMMERER K. Antibiotics in the aquatic environment: a review-Part I [J]. Chemosphere, 2009, 75(4):417-434.

[18] KüMMERER K, HENNINGER A. Promoting resistance by the emission of antibiotics from hospitals and households into effluent[J]. Clinical Microbiology and Infection, 2003, 9(12):1203-1214.

[19] CROMWELL G L. Why and how antibiotics are used in swine production [J]. Animal biotechnology, 2002, 13(1):7-27.

[20] LI D, YANG M, HU J, et al. Determination of penicillin G and its degradation products in a penicillin production wastewater treatment plant and the receiving river[J]. Water Research, 2008, 42(1):307-317.

[21] LIANG B, CHENG H Y, KONG D Y, et al. Accelerated reduction of chlorinated nitroaromatic antibiotic chloramphenicol by biocathode[J].

Environmental Science & Technology, 2013, 47(10):5353-5361.

[22] LIN H, ZHU L, XU X, et al. Reductive transformation and dechlorination of chloronitrobenzenes in UASB reactor enhanced with zero-valent iron addition[J]. Journal of Chemical Technology & Biotechnology, 2011, 86(2):290-298.

[23] KONG F, WANG A, CHENG H, et al. Accelerated decolorization of azo dye Congo red in a combined bioanode-biocathode bioelectrochemical system with modified electrodes deployment[J]. Bioresource Technology, 2014, 151:332-339.

[24] SHEN J, XU X, JIANG X, et al. Coupling of a bioelectrochemical system for p-nitrophenol removal in an upflow anaerobic sludge blanket reactor[J]. Water Research, 2014,67:11-18.

[25] LIANG B, CHENG H Y, KONG D Y, et al. Accelerated reduction of chlorinated nitroaromatic antibiotic chloramphenicol by biocathode[J]. Environmental Science & Technology, 2013, 47(10):5353-5361.

[26] KONG D, LIANG B, YUN H, et al. Cathodic degradation of antibiotics: characterization and pathway analysis[J]. Water Research, 2015, 72:281-292.

[27] LIU R H, LI W W, SHENG G P, et al. Self-driven bioelectrochemical mineralization of azobenzene by coupling cathodic reduction with anodic intermediate oxidation[J]. Electrochimica Acta, 2015,154:294-299.

[28] BUSALMEN J P, DE SáNCHEZ S R. Electrochemical polarization-induced changes in the growth of individual cells and biofilms of pseudomonas fluorescens (ATCC 17552)[J]. Applied and Environmental Microbiology, 2005, 71(10):6235-6240.

[29] HIBINO M, SHIGEMORI M, ITOH H, et al. Membrane conductance of an electroporated cell analyzed by submicrosecond imaging of transmembrane potential[J]. Biophysical Journal, 1991, 59(1):209-220.

[30] CHENG Z, HU X, SUN Z R. Microbial community distribution and dominant bacterial species analysis in the bio-electrochemical system treating low concentration cefuroxime[J]. Chemical Engineering Journal, 2016, 303:137-144.

[31] ROZENDAL R A, HAMELERS H V M, RABAEY K, et al. Towards practical implementation of bioelectrochemical wastewater treatment[J].

Trends in biotechnology, 2008, 26(8):450-459.

[32] MCMAHON M A, XU J, MOORE J E, et al. Environmental stress and antibiotic resistance in food-related pathogens [J]. Applied and Environmental Microbiology, 2007, 73(1):211-217.

[33] MAO D, LUO Y, MATHIEU J, et al. Persistence of extracellular DNA in river sediment facilitates antibiotic resistance gene propagation [J]. Environmental Science & Technology, 2014, 48(1):71-78.

[34] SU J, WEI B, OU-YANG W, et al. Antibiotic resistome and its association with bacterial communities during sewage sludge composting [J]. Environmental Science & Technology, 2015, 49(12):7356-7363.

[35] MOHN W W, TIEDJE J M. Microbial reductive dehalogenation [J]. Microbiological Reviews, 1992, 56(3):482-507.

[36] AULENTA F, CANOSA A, REALE P, et al. Microbial reductive dechlorination of trichloroethene to ethene with electrodes serving as electron donors without the external addition of redox mediators [J]. Biotechnology and Bioengineering, 2009, 103(1):85-91.

[37] MU Y, RABAEY K, ROZENDAL R A, et al. Decolorization of azo dyes in bioelectrochemical systems [J]. Environmental Science & Technology, 2009, 43(13):5137-5143.

[38] NG K K, SHI X, NG H Y. Evaluation of system performance and microbial communities of a bioaugmented anaerobic membrane bioreactor treating pharmaceutical wastewater[J]. Water Research, 2015,81:311-324.

[39] AYDIN S, INCE B, INCE O. Development of antibiotic resistance genes in microbial communities during long-term operation of anaerobic reactors in the treatment of pharmaceutical wastewater[J]. Water Research, 2015, 83(4):337-344.

[40] GUO J, LI J, CHEN H, et al. Metagenomic analysis reveals wastewater treatment plants as hotspots of antibiotic resistance genes and mobile genetic elements[J]. Water Research, 2017,123:468-478.

[41] RYSZ M, MANSFIELD W R, FORTNER J D, et al. Tetracycline resistance gene maintenance under varying bacterial growth rate, substrate and oxygen availability, and tetracycline concentration[J]. Environmental Science & Technology, 2013, 47(13):6995-7001.

[42] FENG H, ZHANG X, GUO K, et al. Electrical stimulation improves

microbial salinity resistance and organofluorine removal in bioelectrochemical systems[J]. Applied and Environmental Microbiology, 2015, 81(11): 3737-3744.

[43] ZHANG J X, ZHANG Y B, QUAN X. Electricity assisted anaerobic treatment of salinity wastewater and its effects on microbial communities [J]. Water Research, 2012, 46(11): 3535-3543.

[44] LIANG B, KONG D, MA J, et al. Low temperature acclimation with electrical stimulation enhance the biocathode functioning stability for antibiotics detoxification[J]. Water Research, 2016, 100: 157-168.

[45] LIU Y, MA L, LI Y, et al. Evolution of heavy metal speciation during the aerobic composting process of sewage sludge[J]. Chemosphere, 2007, 67(5): 1025-1032.

[46] MENKISSOGLU O, LINDOW S E. Relationship of free ionic copper and toxicity to bacteria in solutions of organic compounds[J]. Phytopathology, 1991, 81(10): 1258-1263.

[47] TAO H, ZHANG L, GAO Z, et al. Copper reduction in a pilot-scale membrane-free bioelectrochemical reactor[J]. Bioresource Technology, 2011, 102(22): 10334-10339.

[48] LI J, SHAO B, SHEN J Z, et al. Occurrence of chloramphenicol-resistance genes as environmental pollutants from swine feedlots[J]. Environmental Science & Technology, 2013, 47(6): 2892-2897.

[49] ANDERSSON D I, HUGHES D. Evolution of antibiotic resistance at non-lethal drug concentrations[J]. Drug Resistance Updates, 2012, 15(3): 162-172.

[50] BAHL M I, SORENSEN S J, HANSEN L H, et al. Effect of tetracycline on transfer and establishment of the tetracycline-inducible conjugative transposon Tn916 in the guts of gnotobiotic rats [J]. Applied and Environmental Microbiology, 2004, 70(2): 758-764.

[51] ZHANG T, YANG Y, PRUDEN A. Effect of temperature on removal of antibiotic resistance genes by anaerobic digestion of activated sludge revealed by metagenomic approach[J]. Applied Microbiology and Biotechnology, 2015, 99(18): 7771-7779.

[52] HARDWICK S A, STOKES H W, FINDLAY S, et al. Quantification of class 1 integron abundance in natural environments using real-time

quantitative PCR[J]. FEMS Microbiology Reviews, 2008, 278(2):207-212.

[53] CHEN H, ZHANG M. Occurrence and removal of antibiotic resistance genes in municipal wastewater and rural domestic sewage treatment systems in eastern China[J]. Environment International, 2013,55:9-14.

[54] FERIS K, RAMSEY P, FRAZAR C, et al. Differences in hyporheic-zone microbial community structure along a heavy-metal contamination gradient [J]. Applied and Environmental Microbiology, 2003, 69(9):5563-5573.

[55] SONG J X, RENSING C, HOLM P E, et al. Comparison of metals and tetracycline as selective agents for development of tetracycline resistant bacterial communities in agricultural soil[J]. Environmental Science & Technology, 2017, 51(5):3040-3047.

[56] ZHANG J Y, SUI Q W, TONG J, et al. Sludge bio-drying: effective to reduce both antibiotic resistance genes and mobile genetic elements[J]. Water Research, 2016,106:62-70.

[57] MADHAIYAN M, POONGUZHALI S, SENTHILKUMAR M, et al. Methylobacillus rhizosphaerae sp. nov., a novel plant-associated methylotrophic bacterium isolated from rhizosphere of red pepper[J]. Antonie van Leeuwenhoek, 2012, 103(3):475-484.

[58] YONG Y, WU X, SUN J, et al. Engineering quorum sensing signaling of Pseudomonas for enhanced wastewater treatment and electricity harvest: a review[J]. Chemosphere, 2015,140:18-25.

[59] NANCHARAIAH Y V, VENKATA MOHAN S, LENS P N L. Metals removal and recovery in bioelectrochemical systems: a review [J]. Bioresource Technology, 2015,195:102-114.

[60] VENKATARAMAN A, ROSENBAUM M, ARENDS J B A, et al. Quorum sensing regulates electric current generation of *Pseudomonas aeruginosa* PA14 in bioelectrochemical systems[J]. Electrochemistry Communications, 2010, 12(3):459-462.

[61] ZHUANG X, HAN Z, BAI Z, et al. Progress in decontamination by halophilic microorganisms in saline wastewater and soil[J]. Environmental Pollution, 2010, 158(5):1119-1126.

[62] JIA S Y, SHI P, HU Q, et al. Bacterial community shift drives antibiotic resistance promotion during drinking water chlorination[J]. Environmental Science & Technology, 2015, 49(20):12271-12279.

[63] GUO N, WANG Y, YAN L, et al. Effect of bio-electrochemical system on the fate and proliferation of chloramphenicol resistance genes during the treatment of chloramphenicol wastewater[J]. Water Research, 2017, 117: 95-101.

[64] LIANG P, FAN M, CAO X, et al. Evaluation of applied cathode potential to enhance biocathode in microbial fuel cells[J]. Journal of Chemical Technology & Biotechnology, 2009, 84(5):794-799.

[65] ZHANG E, ZHAI W, LUO Y, et al. Acclimatization of microbial consortia to alkaline conditions and enhanced electricity generation[J]. Bioresource Technology, 2016,211:736-742.

[66] ZHENG Y, XIAO Y, YANG Z, et al. The bacterial communities of bioelectrochemical systems associated with the sulfate removal under different pHs[J]. Process Biochemistry, 2014, 49(8):1345-1351.

[67] WELLS G F, PARK H D, EGGLESTON B, et al. Fine-scale bacterial community dynamics and the taxa-time relationship within a full-scale activated sludge bioreactor[J]. Water Research, 2011, 45(17):5476-5488.

[68] SUN M, REIBLE D D, LOWRY G V, et al. Effect of applied voltage, initial concentration, and natural organic matter on sequential reduction/oxidation of nitrobenzene by graphite electrodes[J]. Environmental Science & Technology, 2012, 46(11):6174-6181.

[69] DONLON B A, RAZO-FLORES E, LETTINGA G, et al. Continuous detoxification, transformation, and degradation of nitrophenols in upflow anaerobic sludge blanket (UASB) reactors[J]. Biotechnology and Bioengineering, 1996, 51(4):439-449.

[70] JIANG X, SHEN J, HAN Y, et al. Efficient nitro reduction and dechlorination of 2,4-dinitrochlorobenzene through the integration of bioelectrochemical system into upflow anaerobic sludge blanket: a comprehensive study[J]. Water Research, 2016,88:257-265.

[71] AYDIN S, INCE B, INCE O. Application of real-time PCR to determination of combined effect of antibiotics on *Bacteria*, *Methanogenic Archaea*, *Archaea* in anaerobic sequencing batch reactors[J]. Water Research, 2015,76:88-98.

[72] LEAPHART A B, LOVELL C R. Recovery and analysis of formyltetrahydrofolate synthetase gene sequences from natural populations

of acetogenic bacteria[J]. Applied and Environmental Microbiology, 2001, 67(3):1392-1395.

[73] INCE B, KOKSEL G, CETECIOGLU Z, et al. Inhibition effect of isopropanol on acetyl-CoA synthetase expression level of acetoclastic methanogen, *Methanosaeta concilii*[J]. Journal of Biotechnology, 2011, 156(2):95-99.

[74] WANG Y, WANG D, LIU Y, et al. Triclocarban enhances short-chain fatty acids production from anaerobic fermentation of waste activated sludge[J]. Water Research, 2017,127:150-161.

[75] UEKI A, AKASAKA H, SUZUKI D, et al. Paludibacter propionicigenes gen. nov., sp. nov., a novel strictly anaerobic, Gram-negative, propionate-producing bacterium isolated from plant residue in irrigated rice-field soil in Japan[J]. International Journal of Systematic and Evolutionary Microbiology, 2006, 56(Pt 1):39-44.

[76] ZHANG K, SONG L, DONG X. Proteiniclasticum ruminis gen. nov., sp. nov., a strictly anaerobic proteolytic bacterium isolated from yak rumen[J]. International Journal of Systematic and Evolutionary Microbiology, 2010, 60(Pt 9):2221-2225.

[77] VAN DOESBURG W, VAN EEKERT M H A, MIDDELDORP P J M, et al. Reductive dechlorination of β-hexachlorocyclohexane (β-HCH) by a Dehalobacter species in coculture with a Sedimentibacter sp[J]. FEMS Microbiology Ecology, 2005, 54(1):87-95.

[78] MACY J M, RECH S F, AULING G, et al. Thauera selenatis gen. nov., sp. nov., a member of the beta subclass of *Proteobacteria* with a novel type of anaerobic respiration [J]. International Journal of Systematic Bacteriology, 1993, 43(1):135-142.

[79] MARSILI E, BARON D B, SHIKHARE I D, et al. *Shewanella* secretes flavins that mediate extracellular electron transfer[J]. Proceedings of the National Academy of Sciences of the United States of America, 2008, 105(10):3968-3973.

[80] YU Y, WU Y, CAO B, et al. Adjustable bidirectional extracellular electron transfer between *Comamonas* testosteroni biofilms and electrode via distinct electron mediators[J]. Electrochemistry Communications, 2015,59:43-47.

[81] GODOY F, VANCANNEYT M, MARTíNEZ M, et al. Sphingopyxis

chilensis sp. nov., a chlorophenol-degrading bacterium that accumulates polyhydroxyalkanoate, and transfer of *Sphingomonas alaskensis* to *Sphingopyxis alaskensis* comb. nov[J]. International Journal of Systematic and Evolutionary Microbiology, 2003, 53(Pt 2):473-477.

[82] SABER D L, CRAWFORD R L. Isolation and characterization of *Flavobacterium* strains that degrade pentachlorophenol[J]. Applied and Environmental Microbiology, 1985, 50(6):1512-1518.

[83] STOCK N L, LAU F K, ELLIS D A, et al. Polyfluorinated telomer alcohols and sulfonamides in the North American troposphere[J]. Environmental Science & Technology, 2004, 38(4):991-996.

[84] LUO Y, XU L, RYSZ M, et al. Occurrence and transport of tetracycline, sulfonamide, quinolone, and macrolide antibiotics in the haihe river basin, China[J]. Environmental Science & Technology, 2011, 45(5):1827-1833.

[85] BROWN K D, KULIS J, THOMSON B, et al. Occurrence of antibiotics in hospital, residential, and dairy effluent, municipal wastewater, and the Rio Grande in New Mexico[J]. Science of The Total Environment, 2006, 366(2/3):772-783.

[86] AL-SA'ED R, SAYADI S, GHATA A, et al. Advancing membrane technologies for wastewater treatment and reclamation in selected Arab MENA countries[J]. Desalination and Water Treatment, 2009, 4(1/3):287-293.

[87] GALAN M J G, DIAZ-CRUZ M S, BARCELO D. Removal of sulfonamide antibiotics upon conventional activated sludge and advanced membrane bioreactor treatment[J]. Analytical and Bioanalytical Chemistry, 2012, 404(5):1505-1515.

[88] ZAVISKA F, DROGUI P, GRASMICK A, et al. Nanofiltration membrane bioreactor for removing pharmaceutical compounds[J]. Journal of Membrane Science, 2013, 429:121-129.

[89] XIA S Q, JIA R Y, FENG F, et al. Effect of solids retention time on antibiotics removal performance and microbial communities in an A/O-MBR process[J]. Bioresource Technology, 2012,106:36-43.

[90] MARTíNEZ J L. Antibiotics and antibiotic resistance genes in natural environments[J]. Science, 2008, 321(5887):365-367.

[91] ZHU Y G, ZHAO Y, LI B, et al. Continental-scale pollution of estuaries

with antibiotic resistance genes [J]. Nature Microbiology, 2017, 2(4):16270.

[92] ZHENG J, SU C, ZHOU J W, et al. Effects and mechanisms of ultraviolet, chlorination, and ozone disinfection on antibiotic resistance genes in secondary effluents of municipal wastewater treatment plants[J]. Chemical Engineering Journal. 2017,317:309-316.

[93] LI D, ZENG S Y, HE M, et al. Water disinfection byproducts induce antibiotic resistance-role of environmental pollutants in resistance phenomena[J]. Environmental Science & Technology, 2016, 50(6):3193-3201.

[94] SINHA R P, HADER D P. UV-induced DNA damage and repair: a review [J]. Photochemical & Photobiological Sciences, 2002, 1(4):225-236.

[95] CHEN H, ZHANG M M. Effects of advanced treatment systems on the removal of antibiotic resistance genes in wastewater treatment plants from Hangzhou, China[J]. Environmental Science & Technology, 2013, 47(15):8157-8163.

[96] LEE J, JEON J H, SHIN J, et al. Quantitative and qualitative changes in antibiotic resistance genes after passing through treatment processes in municipal wastewater treatment plants [J]. Science of the Total Environment, 2017,605:906-914.

[97] DE VRIES J, WACKERNAGEL W. Integration of foreign DNA during natural transformation of Acinetobacter sp by homology-facilitated illegitimate recombination[J]. PNAS, 2002, 99(4):2094-2099.

[98] NIELSEN K M, JOHNSEN P J, BENSASSON D, et al. Release and persistence of extracellular DNA in the environment[J]. Environmental Biosafety Research, 2007, 6(1/2):37-53.

[99] BREAZEAL M V R, NOVAK J T, VIKESLAND P J, et al. Effect of wastewater colloids on membrane removal of antibiotic resistance genes[J]. Water Research, 2013, 47(1):130-140.

[100] CHENG H, HONG P Y. Removal of antibiotic-resistant bacteria and antibiotic resistance genes affected by varying degrees of fouling on anaerobic microfiltration membranes [J]. Environmental Science & Technology, 2017, 51(21):12200-12209.

[101] GUO M T, YUAN Q B, YANG J. Distinguishing effects of ultraviolet

exposure and chlorination on the horizontal transfer of antibiotic resistance genes in municipal wastewater[J]. Environmental Science & Technology, 2015, 49(9):5771-5778.

[102] TIAN J Y, ERNST M, CUI F Y, et al. Correlations of relevant membrane foulants with UF membrane fouling in different waters[J]. Water Research, 2013, 47(3):1218-1228.

[103] HABERKAMP J, ERNST M, BöCKELMANN U, et al. Complexity of ultrafiltration membrane fouling caused by macromolecular dissolved organic compounds in secondary effluents[J]. Water Research, 2008, 42(12):3153-3161.

[104] PAN H, JIAN Y F, CHEN C W, et al. Sphere-shaped Mn_3O_4 catalyst with remarkable low-temperature activity for methyl-ethyl-ketone combustion[J]. Environmental Science & Technology, 2017, 51(11):6288-6297.

[105] RIZZO L, SANNINO D, VAIANO V, et al. Effect of solar simulated N-doped TiO_2 photocatalysis on the inactivation and antibiotic resistance of an E. coli strain in biologically treated urban wastewater[J]. Applied Catalysis B-Environmental, 2014,144:369-378.

[106] FERRO G, FIORENTINO A, ALFEREZ M C, et al. Urban wastewater disinfection for agricultural reuse: effect of solar driven AOPs in the inactivation of a multidrug resistant E. coli strain[J]. Applied Catalysis B: Environmental, 2015,178:65-73.

[107] GENG Z, YANG X, BOO C, et al. Self-cleaning anti-fouling hybrid ultrafiltration membranes via side chain grafting of poly(aryl ether sulfone) and titanium dioxide[J]. Journal of Membrane Science, 2017,529:1-10.

[108] GAVEAU A, COETSIER C, ROQUES C, et al. Bacteria transfer by deformation through microfiltration membrane[J]. Journal of Membrane Science, 2017,523:446-455.

[109] CHEN Y, ZHAO S, CHEN M, et al. Sandwiched polydopamine (PDA) layer for titanium dioxide (TiO_2) coating on magnesium to enhance corrosion protection[J]. Chemical & Chemistry, 2015,96:67-73.

[110] TANG L, IDDYA A, ZHU X, et al. Enhanced flux and electrochemical cleaning of silicate scaling on carbon nanotube-coated membrane distillation membranes treating geothermal brines[J]. ACS Applied Materials &

Interfaces, 2017, 9(44):38594-38605.

[111] DUAN W, RONEN A, WALKER S, et al. Polyaniline-coated carbon nanotube ultrafiltration membranes: enhanced anodic stability for in situ cleaning and electro-oxidation processes[J]. ACS Applied Materials & Interfaces, 2016, 8(34):22574-22584.

[112] ZAKY A M, CHAPLIN B P. Mechanism of p-substituted phenol oxidation at a Ti_4O_7 reactive electrochemical membrane[J]. Environmental Science & Technology, 2014, 48(10):5857-5867.

[113] ZHU X, JASSBY D. Electroactive membranes for water treatment: enhanced treatment functionalities, energy considerations, and future challenges[J]. Accounts of Chemical Research, 2019, 52(5):1177-1186.

[114] FAN X, ZHAO H, QUAN X, et al. Nanocarbon-based membrane filtration integrated with electric field driving for effective membrane fouling mitigation[J]. Water Research, 2016, 88:285-292.

[115] GAO F, NEBEL C E. Electrically conductive diamond membrane for electrochemical separation processes[J]. ACS Applied Materials & Interfaces, 2016, 8(28):18640-18646.

[116] ABID H S, LALIA B S, BERTONCELLO P, et al. Electrically conductive spacers for self-cleaning membrane surfaces via periodic electrolysis[J]. Desalination, 2017, 416:16-23.

[117] WANG X, SUN M, ZHAO Y, et al. In Situ electrochemical generation of reactive chlorine species for efficient ultrafiltration membrane self-cleaning[J]. Environmental Science & Technology, 2020, 54(11):6997-7007.

[118] TRELLU C, COETSIER C, ROUCH J C, et al. Mineralization of organic pollutants by anodic oxidation using reactive electrochemical membrane synthesized from carbothermal reduction of TiO_2[J]. Water Research, 2018, 131:310-319.

[119] TAN X, HU C, ZHU Z, et al. Electrically pore-size-tunable polypyrrole membrane for antifouling and selective separation[J]. Advanced Functional Materials, 2019, 29(35):1903081.

[120] SUN M, WANG X, WINTER L R, et al. Electrified membranes for water treatment applications[J]. ACS ES & T Engineering, 2021, 1(4):725-752.

[121] BARBHUIYA N H, MISRA U, SINGH S P. Synthesis, fabrication, and

mechanism of action of electrically conductive membranes: a review[J]. Environmental Science: Water Research & Technology, 2021, 7(4): 671-705.

[122] LI N, LU X, HE M, et al. Catalytic membrane-based oxidation-filtration systems for organic wastewater purification: a review[J]. Journal of Hazardous Materials, 2021, 414: 125478.

第 5 章

新型电渗析技术回收水体中的资源

环境污染和资源短缺一直是制约社会可持续发展的关键问题。实现污水的达标排放及资源回收(如氮、磷等)是可持续发展的必然趋势,污水的"零排放"和资源回收等深度处理已成为近年来水资源管理领域的研究热点。

以离子交换膜为核心的电化学膜分离过程在污水处理中的应用,使得实现资源回收和污水再生成为可能。电渗析(Electro-Dialysis,ED)技术能有效地对海水或污水进行脱盐处理,实现水的淡化和再生,具有能耗较低、无二次污染等优点。因此,电渗析技术成为污水脱盐和资源回收利用的研究热点。目前电渗析主要应用于以下几个方面:一是含盐污水的脱盐处理;二是污水中重金属的去除;三是氮、磷等资源的回收等。因此,以电渗析为突破口,在此基础上结合其他工艺(如 MBR,BES 等),可以实现污水的多功能、高效处理。

5.1 电渗析技术概述

电渗析技术是在外加电场作用下,以电场力作为驱动力,利用离子交换膜的离子选择透过特性使溶液最终实现淡化和浓缩的膜分离技术。[1-5]离子的分离性主要通过阴离子交换膜(AEM)、阳离子交换膜(CEM)、单价阴离子交换膜和单价阳离子交换膜实现。电渗析技术在电场驱动力作用下,能够更节能地分离废水中的离子,从而获得更高的水回收率。在过去的几十年里,电渗析主要的研究集中在海水脱盐和尿液中氮、磷的回收,而在城市废水中营养素分离和回收方面的应用需要继续开发。

5.1.1 电渗析工艺原理

ED 技术的工作原理如图 5.1 所示。在电场作用下,阳离子和阴离子分别向阴极和阳极方向进行迁移。淡化室(Diluate Compartment)中阳离子在迁移过程中能透过 CEM，并被 AEM 截留在浓缩室（Concentrate Compartment）；同样地，阴离子通过 AEM，并被 CEM 阻挡而留在浓缩室。由于多个膜组件依次分布在阴、阳电极之间，通过阴、阳离子交换膜的交替排列，溶液在淡化室和浓缩室分别实现了淡化和浓缩。[6]

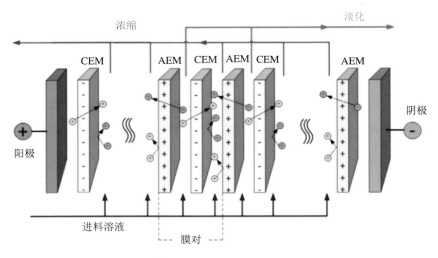

图 5.1　电渗析的工作原理[6]

在 ED 过程中，除了反离子透过膜进行迁移外，还会发生如下过程：电解、浓差扩散、电渗失水、渗透和浓差极化等。[7-9] 其中，浓差扩散是由膜两侧溶液浓度差作用离子向淡化室进行扩散的现象；电渗失水和渗透均指电渗析过程中水的迁移，电渗失水是指离子在迁移过程中以水合离子形式存在造成水分子的迁移，渗透是指为减小膜两侧的浓度差，淡化室中的水在渗透压作用下向浓缩室渗透的现象。

浓差极化（Concentration Polarization）主要由离子在膜内和溶液中的迁移数不同导致。[2,10] 由于离子交换膜（IEMs）的离子选择性，膜内反离子和同离子的迁移数相差巨大，而两者在溶液中几乎没有差别。如图 5.2(a)所示，以 CEM 为例，在膜表面的扩散边界层（Diffusion Boundary Layer，DBL）内，阳离子在膜内的迁移数比在溶液中大，造成了 CEM 表面与溶液中存在离子浓度差，为了维持 DBL 内的电荷平衡，溶液中的电解质需进行扩散迁移至膜表面。[2] 在 ED 过程中，离子在电场的作用下进行迁移形成电流，当 ED 两侧的电势差变大，离子的迁移速率变大，电流可随电压呈线性变化[11]，如图 5.2(b)中区域Ⅰ所示。在区域Ⅱ中，当达到极限电流（Limiting Current）时，电压的增大只会引起电流的小幅增加。而在区域Ⅲ中，DBL 中的离子浓度因离子的快速迁移而降低，由于电压的继续增加，水裂解（Water Dissociation）产生的 H^+ 和 OH^- 参与膜内离子迁移,使得电流快速增大。实际生产中电渗析装置的电流一般小于极限电流[11],因为水裂解反应会改变溶液的 pH,其不仅会增加系统电阻,增大能量消耗,降低反应效率[1],甚至导致 IEMs 上结垢等现象的发生,给电渗析器长期稳定运行带来非常不利的影响。

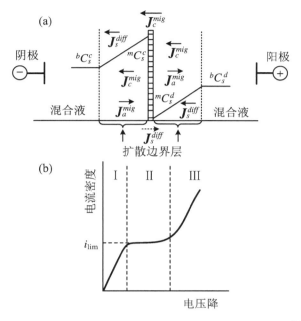

图 5.2　CEM 浓差极化示意图(a);ED 中电流-电压图(b)[11]

5.1.2

电渗析的计算方法

1. 脱盐率

脱盐率是指用离子交换法去除水中阴、阳离子的过程中,去除的量占原来量的百分数,计算公式如下:

$$D_i = \frac{C_{d,0} - C_{d,f}}{C_{d,0}} \times 100\% \tag{5.1}$$

式中,$C_{d,0}$ 和 $C_{d,f}$ 分别为淡化室中 i 离子的初始浓度(mg·L^{-1})和最终浓度(mg·L^{-1})。

2. 回收率

回收率一般用于资源回收的过程中,表示回收特定组分的能力,通常用百分数表示,计算公式如下:

$$R_i = \frac{C_{c,f} \times V_c}{C_{d,0} \times V_d} \times 100\% \tag{5.2}$$

式中，$C_{d,0}$ 为淡化室中 i 离子的最终浓度（mg·L^{-1}）；$C_{c,f}$ 为产品室或盐水室中离子的最终浓度（mg·L^{-1}）；V_c 和 V_d 分别为产品室和淡化室中溶液的体积（L）。

3．电流效率

电流效率（Current Efficiency，CE）是指在电极上实际消耗电量与按理论计算出的电量之比，通常用百分数表示，计算公式如下[12]：

$$CE = \frac{Q_i}{Q_{applied}} = \frac{z(C_{c,f} - C_{d,0})V_c F}{N \int I \mathrm{d}t} \tag{5.3}$$

式中，Q_i 和 $Q_{applied}$ 为 i 离子迁移电量和电渗析过程消耗的电量（C）；$C_{d,0}$ 为淡化室中 i 离子的最终浓度（mg·L^{-1}）；$C_{c,f}$ 为产品室或盐水室中离子的最终浓度（mg·L^{-1}）；V_c 为产品室中溶液的体积（L）；z 为离子的化合价；N 为膜堆数；F 为法拉第常数。

4．能耗

电渗析过程中单位体积消耗的能量（kWh·L^{-1}），可以用以下关系式表示[13]：

$$E = \frac{U \int_0^t I \mathrm{d}t}{V_d} \tag{5.4}$$

式中，U 为外加电压（V）；V_d 为淡化室中溶液的体积（L）；I 为电流（A）；t 是时间（h）。

5．电势差

由于实验刚开始时进水和产品室内溶液离子浓度不同，离子在电势差作用下能进行扩散，其电势差计算公式如下[14-16]：

$$E_{jct} = E_{CEM} + E_{AEM} \tag{5.5}$$

$$E_{CEM} = \alpha \frac{RT}{F} \ln \frac{a_{in}}{a_p} \tag{5.6}$$

$$E_{AEM} = \alpha \frac{RT}{F} \ln \frac{a_{in}}{a_p} \tag{5.7}$$

式中，E_{jct} 代表不同溶液的电势差，E_{CEM} 和 E_{AEM} 代表 CEM 和 AEM 两侧由溶液不同带来的电势差；R 为理想气体常数；T 为绝对温度；a 为离子的活度；α 为 IEM 的选择系数。

6．选择性

MVA 作为单价阴离子交换膜可以截留多价阴离子而允许单价阴离子穿过，来实现不同价态的阴离子的分离，在膜分离过程中，针对两种不同的离子（A

和 B)的选择性(S_B^A),计算公式如下[17]:

$$S_B^A = \frac{t_A}{t_B} \cdot \frac{C_B}{C_A} = \frac{J_A \cdot C_B}{J_B \cdot C_A} \quad (5.8)$$

$$t_A = \frac{J_A}{\sum J_i} \quad (5.9)$$

式中,C 为被稀释一侧腔室中该离子的浓度(mol);t 为 MVA 的离子迁移数;J 为离子通量。

7. 电流变化拟合

电流变化拟合是指通过数学拟合方法对其进行量化。为深入了解选择性电渗析过程中电流的变化,以进水室为例,假设溶液中含有 n 种阴离子,各离子在电场力的作用下进行迁移形成相应的电流回路,具体计算公式如下[18]:

$$I = \sum I_i \quad (5.10)$$

$$I_i = F \cdot J_i \cdot M_s \cdot |Z_i| \quad (5.11)$$

$$J_i = \frac{(C_i^{t_1} - C_i^{t_2}) \cdot V_f}{M_s \cdot N \cdot t} \quad (5.12)$$

式中,I 为电流(A);Z_i 为 i 的离子化合价;J_i 为 i 离子穿过 AEM 的离子通量;M_s 为 IEM 的有效面积;C_i 为 t 时刻进水室中的离子浓度;V_f 为进水池体积;F 为法拉第常数。

8. 电离平衡常数

弱电解质在一定条件下电离达到平衡时,溶液中电离出来的各离子浓度乘积与溶液中未电离的电解质分子浓度的比值是一个常数。磷酸盐电离平衡常数如式(5.13)所示,根据电离平衡方程,可以计算出当 pH 为 10.5 时,磷酸盐溶液中的 HPO_4^{2-} 占 99% 以上。

$$H_3PO_4 \xrightarrow[pKa = 2.12]{-H^+} H_2PO_4^- \xrightarrow[pKa = 7.21]{-H^+} HPO_4^{2-} \xrightarrow[pKa = 12.67]{-H^+} PO_4^{3-} \quad (5.13)$$

5.2
电渗析技术的应用

最初,电渗析主要用于含盐污水的脱盐处理[6],传统电渗析也被广泛用于乳清脱盐[19]、造纸业脱氯[20]和生产食盐等。针对日益增长的用水需求和水体污染问题,ED 技术成为污水脱盐和资源回收利用的研究热点。[21-22]电渗析技术相比于化学沉淀法,不产生沉淀和二次污染,回用水的纯度更高;相比于反渗透技术,在离子迁移过程中不依赖于离子的半径,不需要消耗大量能量以维持膜两侧的渗透压[5];而且,电渗析反应器体积较小且可控,可实现方便安置。电渗析过程通过离子交换膜的离子选择性能够实现特定离子在淡化室的去除,其独特的分离原理被应用于污水中重金属的去除[1,23-26];同时,电渗析可以利用离子在特定腔室进行浓缩这一特性对污水中的资源实现回收和利用,例如,Pronk 等通过对尿液处理实现了铵和钾的回收[27],Escher 等和 Mondor 等对尿液和发酵废液等污水进行处理,实现了氨和磷等资源的回收[28-30]。

针对电渗析技术而言,商品化的离子交换膜的离子选择性可达到 96%~99%[5],说明离子交换膜应用于电渗析过程中实现离子分离已非常成熟,但电渗析过程仍有一些待解决的缺点。首先,电渗析的电流效率(CE)在批处理操作(Batch Operation)后期由于淡化室离子浓度的降低而减小[31],电渗析过程会因不合理的流速和反应器构型导致成本的消耗,而连续流(Continuous-flow)电渗析需要多个电渗析反应器组合达到处理要求,使得泵耗能和膜的成本增加。其次,电渗析过程不能去除有机物、微生物等物质,需要对污水进行前处理以提高处理效率和避免膜污染。[5]因此,电渗析技术应用于污水治理和回收还需要进一步的研究。

5.3 新型电渗析技术的应用

为了发挥电渗析的高效分离和资源回收能力,一些新式电渗析技术涌现出来。电渗析通过与反渗透[29]、电氯化[22]、吸附[32]、生物电化学系统(BES)和膜生物反应器(MBR)等处理技术结合,对多种污水脱盐和资源回收进行研究。本章介绍了几种新型电渗析技术,包括选择性电渗析、电渗析膜生物反应器、微生物电解脱盐池和复合电催化-电渗析技术,用于处理不同类型的废水。

5.3.1
选择性电渗析技术在二级出水中的应用

社会生活节奏的加快导致大量的生活污水产生,在传统生化处理的基础上,实现污水达标排放及资源回收是可持续发展的必然要求。[33]为达到二级出水的"零排放"、再生利用和氮、磷的回收,一些新式的城市污水深度处理方法被广泛研究,例如化学沉淀法、反渗透和高级氧化技术[34]等,但其中一些工艺由于存在产生二次污染、能耗高[35]、占地面积较大等问题,在实际应用中受到制约。因此,开发一种低能耗的污水深度处理工艺,同时实现资源的回收,是一件非常有意义的事情。

电渗析作为一种电化学膜分离过程被广泛应用于海水脱盐[36]和饮用水生产中[6]。由于电渗析不需要消耗能量维持膜两侧的渗透压且无二次污染,电渗析技术已开始被应用于含盐和重金属污水[25,37]的处理中。选择性离子交换膜的出现使得电渗析对特定离子的去除和回收成为新的研究热点。[4,38-39] Zhang等人利用单价阴离子交换膜(Monovalent Selective Anion Exchange Membrane,MVA)放置在 CEM 和 AEM 之间,如图 5.3 所示,实现了多价阴离子(如 SO_4^{2-})和单价阴离子(如 Cl^-)的去除,以及在不同腔室的分别回收。[38]这为选择性电渗析在城市二级出水中实现氮、磷去除和分离回收提供了可能。因此在二级出水的处理过程中实现环境友好型、节能型的电渗析应用值得进一步的研究。

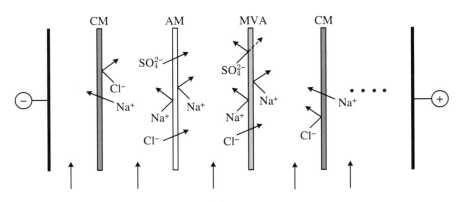

图 5.3 选择性电渗析(SED)示意图[38]

5.3.1.1 选择性电渗析的设计

电渗析膜堆是自行组装的(图 5.4),所用电极为钛涂钌片状电极。单膜堆实验中,在阴极室和阳极室之间依次放置 CEM,AEM 和 MVA,最后放置一片 CEM 防止阴离子进入阳极室,膜的有效面积为 25 cm²。相邻离子交换膜之间有 1 mm 厚硅胶垫片间隔密封形成 3 个独立的腔室,分别为进水室、产品室和盐水室(0.1 cm×5 cm×5 cm),分别外接一个蓝口瓶作为进水室、产品室和盐水室,具体腔室分布如图 5.4(a)所示。3 种离子交换膜(CEM,AEM 和 MVA)组成一个膜组件(Membrane Unit),如图 5.4(b)所示,3 个相同的膜组件放置在阴极室和阳极室之间形成三膜堆 SED 反应器,即模拟污水进入电渗析反应器会依次经过 3 个进水室进行脱盐,相应地,三膜堆反应器分别有 3 个产品室和盐水室。

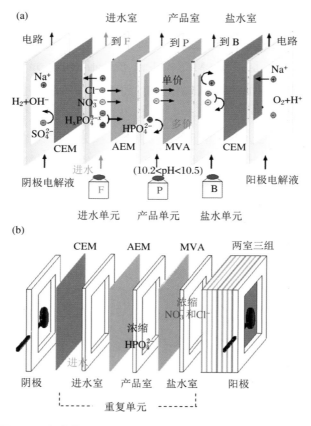

图 5.4 实验装置图:单膜堆 SED(a);三膜堆 SED(b)

5.3.1.2 选择性电渗析的运行

采用批次处理的操作方式进行 SED 实验。为保证 3 个腔室体积维持几何稳定性,电极室、进水室、产品室和盐水室的流速大小与方向保持一致,分别通过蠕动泵进行循环,流速分别为 8 mL·min^{-1} 和 16 mL·min^{-1}。在常见的恒电流模式下,当进水室中的电导率变小时,膜堆两侧电压会急剧增加,因此可以在二级出水的处理过程中使用恒电压方式以避免能量消耗。使用 CHI660e 电化学工作站为本实验 SED 反应器提供恒定电压;单膜堆实验电压设为 3～7 V,三膜堆实验电压分别为 9 V 和 15 V。在外加电场下,进水室中阳离子和阴离子分别向阴极和阳极方向移动;单价阴离子(Cl^- 和 NO_3^-)依次穿过 AEM、产品室和 MVA 进入盐水室进行浓缩;由磷酸盐的电离平衡可知,通过滴加 NaOH 溶液(0.5 mol·L^{-1})可控制产品室内溶液的 pH,使磷酸盐溶液以 HPO_4^{2-} 为主,磷酸盐从进水室穿过 AEM 进入产品室中,利用 MVA 选择性,可以使得磷酸盐被截留在产品室从而实现磷的富集与回收。离子的迁移过程如图 5.5 所示。当进水室中的电导率降至 1.5 μS·cm^{-1} 时,停止该批次实验,此时系统由于进水室离子浓度变低,电流效率非常低。

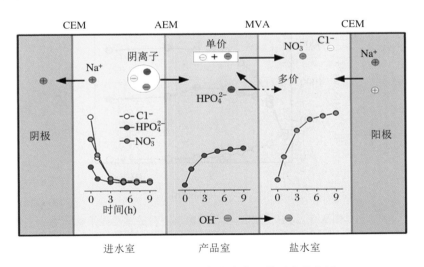

图 5.5 SED 中进水室、产品室和盐水室内离子的迁移示意图

5.3.1.3 选择性电渗析的脱盐性能

在电场力作用下,污水中的阴离子穿过 AEM 向阳极方向定向移动,在产品

室和盐水室内实现浓缩,得到了电导率在各腔室的变化曲线。从图 5.6 中可以看出,由于电场的增强,实验运行时间逐渐从 21 h 缩短到 13 h。在三种电压下,进水室中的电导率均从 $(1322\pm58)\mu S\cdot cm^{-1}$ 降至 $(1.56\pm0.36)\mu S\cdot cm^{-1}$,说明 SED 取得了良好的脱盐效果。

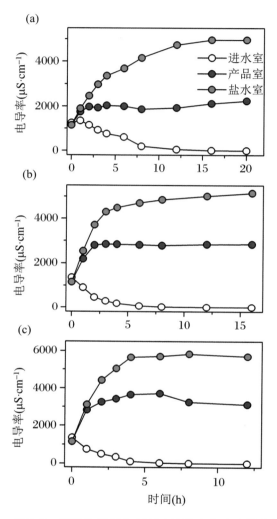

图 5.6 单膜堆 SED 在不同电压下各腔室电导率的
变化曲线:3 V (a);5 V (b);7 V (c)

由于氯离子在污水中的初始浓度($10\ mmol\cdot L^{-1}$)较高,所以其在电渗析过程中离子的迁移和脱盐效果影响最大。从图 5.7 中可以看出,进水中氯离子的浓度均可降至 $5\ mg\text{-}Cl\cdot L^{-1}$ 以下,去除率达到 98.6% 以上,三种电压下的去除速率分别为 16.65 $mg\text{-}Cl\cdot L^{-1}\cdot h^{-1}$(3 V),21.43 $mg\text{-}Cl\cdot L^{-1}\cdot h^{-1}$(5 V)和 28.43 $mg\text{-}Cl\cdot L^{-1}\cdot h^{-1}$(7 V)。其中,在较低电压下,氯离子在产品室中维持在一个相对稳定的浓度而不是迁移进入产品室内。这主要是由于产品室两侧均为阴离子交换膜,该腔室中的 Na^+ 并不能迁移进入其他腔室而维持原有浓度不变,产品室中的离子迁移遵守电荷平衡原理(Local Electroneutrality),即保证从产品室迁移出的阴离子物质的量等于其在电渗析过程中迁移进入产品室的量。所以在低电压下,产品室内氯离子的浓度相对稳定,与之相对应,产品室中的电导率亦保持在较高的水平(图 5.6)。但是当外加电场过大,氯离子在强电场力的驱动下会进入盐水室,由于溶液电导率过低,在 SED 中发生水的裂解反应,引入 OH^- 参与到离子的迁移过程,产品室内同样符合电荷平衡原理。

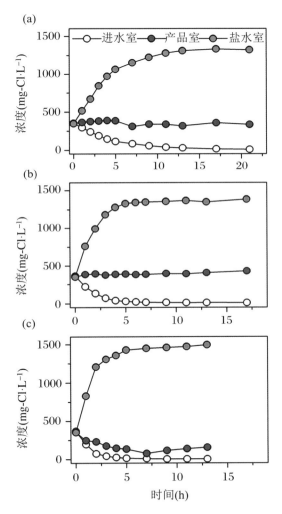

图 5.7 单膜堆 SED 在不同电压下各腔室氯离子的
浓度变化曲线:3 V (a);5 V (b);7 V (c)

5.3.1.4 选择性电渗析对氮、磷的去除和回收性能

在不同的电压下,单膜堆 SED 在二级出水处理中对氮、磷的去除和回收效果如图 5.8 所示。从实验结果来看,3 种电压下进水室中的氮磷去除率均较高(以氮元素和磷元素计算,下同),最终浓度为 $0.17±0.02$ mg-N·L^{-1} 和 $0.01±0.008$ mg-P·L^{-1};实验运行时间随电压的增大而减小,氮、磷的去除速率变大。通过 MVA 对单价阴离子的选择性通过特性,磷酸盐和硝酸盐分别在产品室和盐水室得到浓缩。当电压分别为 3 V 和 5 V 时,产品室中磷酸盐的回收速率分别为 0.767 mg-P·L^{-1}·h^{-1} 和 1.13 mg-P·L^{-1}·h^{-1},回收率分别为 77.4% 和 86.5%;盐水室中硝酸盐的回收速率分别为 1.75 mg-N·L^{-1}·h^{-1} 和 2.27 mg-N·L^{-1}·h^{-1},回收率分别为 67.2% 和 62.1%。SED 的氮、磷回收速率与电压呈正相关,这主要是由于 SED 的离子迁移能力随电场力的增加而增加。对图 5.8(e)的分析可知,当电压较大时(7 V),一部分磷酸盐穿过 MVA 进入盐水室,这主要归因为在 MVA 的产品室一端的边界层中发生了较强烈的水裂解反应,虽然产品室溶液的 pH 通过 NaOH 溶液控制,边界层中水裂解产生的 OH$^-$ 可穿过 MVA 进入盐水室,H$^+$ 的存在使边界层里一部分磷酸盐转变为可穿过 MVA 的 H$_2$PO$_4^-$,造成磷酸盐回收率的降低。通过分析可知,在一定范围内,SED 的离子迁移能力与外加电压大小呈正相关,当电压过大时,MVA 的扩散边界层内发生较强的水裂解反应而降低氮、磷的分离能力,使磷的回收率下降。在提高离子迁移能力的同时,如何抑制或减少扩散边界层中水裂解的发生是优化 SED 运行条件的关键。

5.3.1.5 选择性电渗析的影响因素

1. 流速对选择性电渗析的影响

在传统电渗析中,由于 DBL 的存在,浓差极化伴随水裂解反应的发生,增大了系统电阻,降低了电渗析过程的电流效率。为削弱浓差极化的影响,增大反应器内溶液的流速,可以使 SED 各腔室内溶液充分混匀,减小 DBL 的厚度。由图 5.9(a)和 5.9(b)可以看出,在 7 V 电压下,当流速由 8 mL·min^{-1} 增大到 16 mL·min^{-1} 时,在相同时间内进水室内离子去除率高,电导率下降速度快;根据之前的报道可知,在溶液较稀时电导率与离子浓度之间的数量关系为 $\kappa = aC - bC^{1.5}$(a,b 为常数),即溶液的电导率与离子浓度呈正相关。通过分析进水室中剩余离子浓度与溶液电导率随时间的变化关系可知,在相同时间内,流速较大时

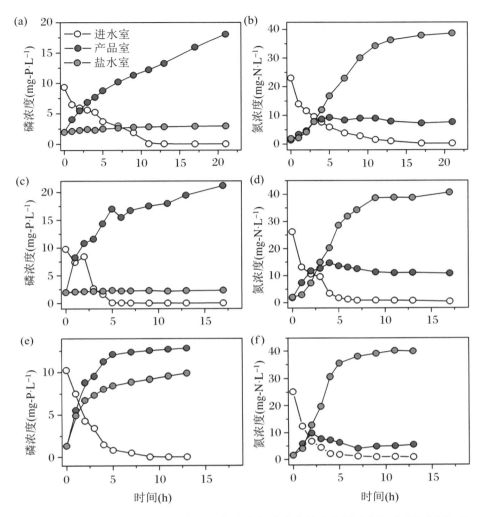

图 5.8　单膜堆 SED 在不同电压下各腔室氮磷浓度的变化图:3 V(a 和 b);5 V(c 和 d);7 V(e 和 f)

离子的去除效率更快;图 5.9(b)中,进水室中剩余单价离子浓度与溶液电导率之间的线性关系相比于流速低时更明显,说明实验过程中水裂解产生的 OH^- 对 SED 系统影响较小;流速较大时水裂解副反应的程度降低,消耗电量下降,电流效率从 53.9% 提高到 71.7%,具体如图 5.9(d)所示。由图 5.9(b)和图 5.9(c)对比可知,当流速为 16 mL·min^{-1} 时,随着进水室溶液逐渐被稀释(<1000 μS·cm^{-1}),在电导率大小(x 轴)相同时,5 V 电压下的氯离子和硝酸根浓度较高,说明溶液中 OH^- 浓度低,水裂解反应程度降低。相应地,消耗电量为 364.9 C,电流效率为 84%。

由图 5.9 可以看出,当电导率相同时,进水室中剩余磷酸盐的比例比单价阴离子更高,结合图 5.8 磷酸盐的浓度变化可以看出,磷酸盐的迁移比单价阴离子

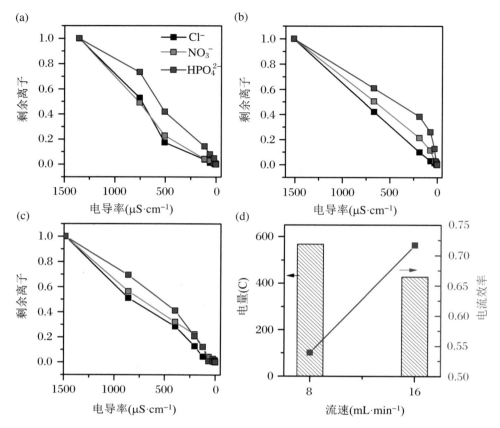

图 5.9 不同流速下进水室剩余离子比例与进水室电导率的关系：5 V,16 mL·min⁻¹ (a);7 V, 16 mL·min⁻¹(b);7 V, 8 mL·min⁻¹(c);在电压为 7 V 时,不同流速下消耗的电量和电流效率的对比(d)

的较慢。根据报道可知,溶液中自由离子的极限电导率较大时离子迁移速度较快。如表 5.1 所示,磷酸氢根极限电导率和扩散常数相比于硝酸根和氯离子较小,造成其在溶液中移动相对较慢；另外,磷酸根的水力半径要大于两种单价阴离子,造成其在溶液和离子交换膜中迁移速度较慢。

表 5.1 离子极限电导率和扩散常数

种类	电导率($10^{-4}·m^2·S·mol^{-1}$)	扩散常数($10^{-9}·m^2·S^{-1}$)
HPO_4^{2-}	57	0.759
NO_3^-	71.46	1.902
Cl^-	76.31	2.032

由图 5.9 可知,当流速增大时可以减小 DBL 的厚度而减弱水裂解反应的影响。如表 5.2 所示,实验运行时间随流速的增大而减少,这主要是由于较快的流

速可以使溶液充分混匀、DBL 厚度减小、离子与离子交换膜的接触概率增加。而在 7 V 电压下,浓差极化现象由于流速增大得到抑制,产品室中磷酸盐的回收得到改善,回收率达到 75.4%。

表 5.2　不同电压和流速下 SED 的效果分析

电压 (V)	流速 (mL·min^{-1})	运行时间 (h)	物料守恒(%)					
			N			P		
			进水室	产品室	盐水室	进水室	产品室	盐水室
3	8	21	3.3	13.2	67.2	0.2	77.4	12.6
5	8	16	0.1	16.4	62.1	0.1	86.5	9.5
	16	11	0.1	10.5	73.9	0	85.4	8.4
7	8	12	0.2	8.6	63.4	0	50.1	38.6
	16	7.5	0.1	6.6	74.5	0	75.4	16.6

2. 膜堆数对选择性电渗析的影响

单膜堆 SED 在处理城市二级出水中有着稳定的表现,传统电渗析在海水脱盐的应用中一般由几百个膜组件组成。为了评估特定工作条件下 SED 反应器对二级出水的能力,将 3 组 CEM-AEM-MVA 膜组件依次放置在两个电极室之间形成三膜堆反应器。把流速设为 8 mL·min^{-1},在电压为 9 V 和 15 V 条件下分别进行实验,实验分别运行 9 h 和 8 h 结束。如图 5.10 所示,进水室中氯离子在 9 V 时降至 3.38 mg-Cl·L^{-1},进水室中的氮降至 0.16 mg-N·L^{-1},磷的浓度低于检出限,去除率分别达到 98.9%,99.4% 和 100%。分析氮、磷在不同腔室的回收可知,在 9 V 电压下氮、磷的回收率达到 64.28% 和 73.67%;在 15 V 电压下回收率分别为 56.97% 和 67.42%。由表 5.3 可以看出,通过物料平衡计算,由于离子交换膜数量增加,氮、磷的流失比较严重。

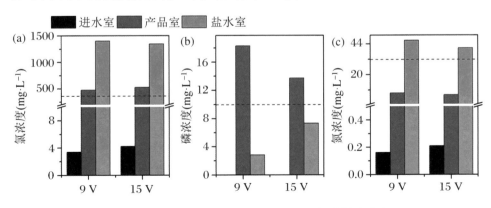

图 5.10　不同电压下三膜堆 SED 各腔室 Cl$^-$,NO$_3^-$ 和 HPO$_4^{2-}$ 的最终浓度图

表 5.3 三膜堆 SED 中氮、磷的物料平衡

电压(V)	N(%)				P(%)			
	进水室	产品室	盐水室	损失	进水室	产品室	盐水室	损失
9	0.6	11.9	62.7	24.8	0	74.6	11.5	13.9
15	0.7	10.2	55.4	33.7	0	67.3	29.5	3.2

如图 5.11 所示，在初始阶段，进水室三种离子在 15 V 电压下的去除速率较高，达到 241.9 mg-Cl·L^{-1}·h^{-1}，19.9 mg-N·L^{-1}·h^{-1} 和 6.2 mg-P·L^{-1}·h^{-1}，这主要是由于离子在较强的电场力作用下迁移速率更快。而实验运行 2 h 后，在 9 V 电压下实验去除速率更高，这是因为在 15 V 电压下进水室内由于初始离子去除速率高，离子浓度下降较快。根据单膜堆 SED 实验可知，磷酸盐在电渗析过程中迁移较慢，由去除速率的变化曲线可以看出，三膜堆 SED 实验中磷酸盐的迁移较慢，这与前文的描述是一致的。

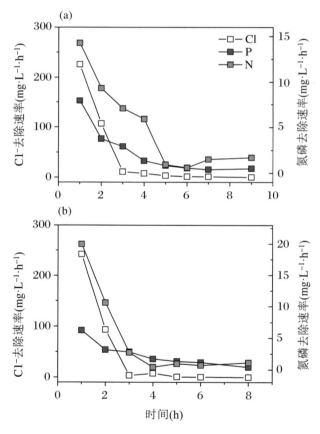

图 5.11 三膜堆 SED 在不同电压下进水室中三种离子的去除速率变化图

由于三膜堆 SED 离子交换膜的个数更多,离子进行迁移的有效面积更大。通过对离子通量进行标准化,可以发现,单膜堆 SED 在 3 V 电压下,硝酸盐和磷酸盐的标准离子通量分别为 73.6 mg-N·m^{-2}·h^{-1} 和 34.4 mg-P·m^{-2}·h^{-1};三膜堆 SED 在 9 V 电压下,标准离子通量分别为 62.6 mg-N·m^{-2}·h^{-1} 和 27.1 mg-P·m^{-2}·h^{-1},单膜堆 SED 拥有更大的离子通量,这主要是由于膜堆的增加导致反应器内离子的迁移更加复杂,膜堆的增多也导致系统的电阻增加,浓差极化现象更易发生。由图 5.12 可以看出,单膜堆 SED 在 3 V 电压下进水室电导率的降低速率比三膜堆 SED 在 9 V 电压下的小;体积消耗能量实验的进行逐渐增加,趋于平衡。图中虚线所指电导率变化与体积能量交叉处表示电导率随着实验进行几乎不再变化,不能继续改善实验效果,继续进行 SED 实验只会带来能量消耗。

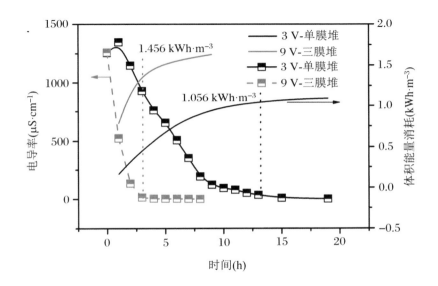

图 5.12 3 V 电压下单膜堆 SED 和 9 V 电压下三膜堆 SED 的电导率和体积能量消耗对比

表 5.4 单膜堆 SED 和三膜堆 SED 的对比

	电压 (V)	总库仑效率(%)	电量(C)	能源消耗量 (kWh·m^{-3})
单膜堆 IEM	3	87.3	329.6	1.10
	5	90.1	333.1	1.85
	7	53.9	568.1	4.42
三膜堆 IEM	9	61	163.1	1.63
	15	56.7	175.2	2.92

5.3.1.6 选择性电渗析分析

1. 电流分析

在电渗析过程中,溶液中的离子在电场力的作用下定向移动形成迁移电流。如图 5.13(a)所示,在 SED 中,进水室、产品室、盐水室以及离子交换膜依次放置,等化电路为闭合串联电路,可知在同一时间 SED 中任意位置的电流大小相同。对任意时刻的电流组成进行分析,以进水室为例,模拟污水中的阴离子穿过 AEM 进入产品室,如图 5.13(b)所示,电流分别由 Cl^-、NO_3^- 和 $H_xPO_4^{3-x}$ 的迁移组成,当水裂解发生时,OH^- 的迁移参与到等化电路电流的组成。

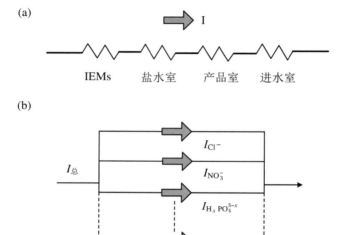

图 5.13 SED 电流构成示意图

在电渗析过程中,模拟污水中 Cl^-、NO_3^- 和 HPO_4^{2-} 在外加电场作用下进行迁移,由于进水室溶液中未引入其他种类阴离子,在没有副反应发生的情况下,三种离子迁移形成的迁移电流理论上与 SED 监测电流一致。如图 5.14(a)所示,当电压为 3 V,流速设为 8 mL·min^{-1} 时,迁移电流与监测电流拟合效果较好,说明电流效率较高,副反应影响较小;在实验后半段可以发现,迁移电流值大于监测电流数值,这主要是进水室溶液经 SED 处理后离子浓度降低,由于电压较小时离子迁移较慢,部分离子被 AEM 吸附。当电压增大时,初始电流密度随之增加,随着实验的进行(4 h 后),迁移电流在 5 V 电压下逐渐小于监测电流,而这种差异在电压为 7 V 时出现更早(1.5 h 前后)且更明显,具体如图 5.14(a)所示。迁移电流小于监测电流表明有 Cl^-、NO_3^- 和 HPO_4^{2-} 之外的阴离子加入电渗析过程,结合 SED 中 pH 的变化(图 5.15)和离子浓度与进水室电导率的变化(图 5.9)可知,当电压较大时,迁移电流的拟合结果表明在进水室中发生了较强的水裂解反应。

如图 5.14(b)所示,将流速设为 16 mL·min^{-1},在 7 V 电压下,电流密度比在 8 mL·min^{-1}时大,说明流速增大有助于加快离子迁移。对在 7 V 电压下较大流速的实验电流进行数学拟合,并与两种不同流速的实验监测电流对比,可以发现,迁移电流与监测电流出现差异的时间点延长(2 h 后),且迁移电流与流速较大的实验检测电流曲线差异更小,表明较大的流速有助于抑制水裂解现象的发生。

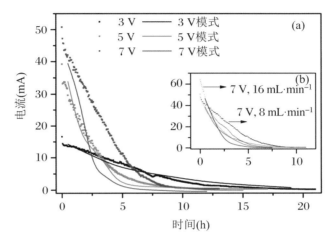

图 5.14 单膜堆 SED 在不同电压下的监测电流变化和拟合曲线:流速为 8 mL·min^{-1}(a);流速为 16 mL·min^{-1}(b)

2. 溶液 pH 分析

不同电压下单膜堆 SED 各腔室中 pH 的变化如图 5.15 所示。

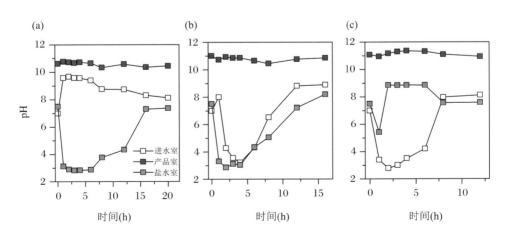

图 5.15 单膜堆 SED 在不同电压下各腔室 pH 的变化:3 V(a);5 V(b);7 V(c)

为了保证 MVA 对 HPO_4^{2-} 的良好选择性，产品室中的 pH 维持在 10.2～10.5。由于 SED 阴、阳极室均用 CEM 与膜堆隔开，当电压较低(3 V 和 5 V)时，在阳极发生氧化反应产生的 H^+ 能在电场力作用下进入盐水室，使得盐水室中的 pH 降低，具体如图 5.15(a)所示；而当电压较高(7 V)时，当进水室中的离子浓度随电渗析过程而降低时，水裂解产生的 OH^- 参与到离子的迁移过程中，使得盐水室中的 pH 增加(图 5.15(c))。同样地，水的裂解反应产生的 H^+ 使得进水室中的 pH 降低(图 5.15(b)和图 5.15(c))。

3. 氮、磷的选择性分析

在单膜堆 SED 中，硝酸盐和磷酸盐在 MVA 作用下在不同的腔室分别得到浓缩。如图 5.16 所示，在三种电压下，初始 S_P^N 均大于 1，说明 MVA 对硝酸根有很好的选择性。S_P^N 随着实验进行而逐渐减小，这主要是由于磷酸盐和硝酸盐分别在产品室和盐水室中不断浓缩，MVA 两侧磷酸盐和硝酸盐的浓度差(Concentration Gradient)均变大，使得磷酸盐更易而硝酸盐更难进入盐水室。当电压为 3 V 和 5 V 时，S_P^N 在实验前 3 个小时内大于 1，说明 MVA 对氮、磷分离的效果较好；而在 7 V 电压下，由于强烈的水裂解反应导致部分磷酸盐进入盐水室(图 5.8(e))，S_P^N 值较小。在电场较强时，S_P^N 呈现负值主要是由于产品室中的硝酸盐浓度在电场力的作用下先增加后降低(图 5.8(b)，图 5.8(d)和图 5.8(f))。

因为在模拟污水的阴离子组成中，氯离子的浓度较高(10 mmol·L^{-1})，所以 SED 中的电流主要由氯离子的迁移组成。为了进一步分析不同价态的阴离子在 SED 中的离子迁移过程，对不同电压下进水室中磷酸盐和硝酸根的电流效率进行计算。如图 5.16 所示，当电压较低(3 V 和 5 V)时，硝酸盐(2.14 mmol·L^{-1})的电流效率在实验初始阶段较大，达到 20% 左右；磷酸盐由于浓度较低(0.3 mmol·L^{-1})，电流效率较低，而磷酸盐电流效率在不同电压下随着实验进行均有不同程度地增加。

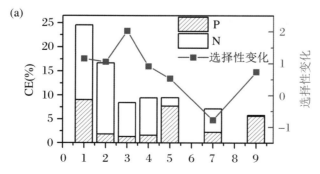

图 5.16 硝酸根和磷酸根在不同电压下的不同时刻的电流效率和 MVA 选择性变化

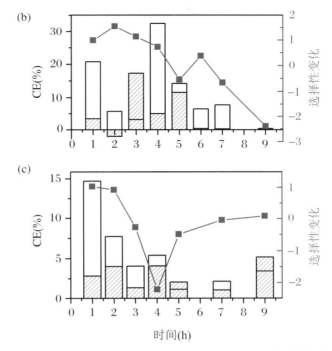

图 5.16 硝酸根和磷酸根在不同电压下的不同时刻的电流效率和 MVA 选择性变化（续）

5.3.2
电渗析膜生物反应器在资源回收中的应用

近些年，尿液源分离的概念逐渐受到关注[40-41]，采取这种策略不仅可以回收尿液中的氮、磷、钾等营养物质，同时可以简化后续污水处理工艺[42-43]。目前，有几种工艺适合用于源分离尿液中营养物质的回收，如氨氮吹脱-吸附、鸟粪石沉淀、纳滤、蒸馏和电渗析等。但采用鸟粪石沉淀回收氮、磷资源也存在一些缺点，例如氮资源的回收依赖于大量磷酸盐的投加，从而也导致出水中残留较多的磷。

微生物电解池（Microbial Electrolysis Cell，MEC）的出现进一步丰富了电渗析技术，同时也拓宽了其应用范围。基于 MEC 技术原理，研发了一种新型电渗析膜生物反应器（EDMBR）[44-45]，并用于尿液的原位处理和资源回收，探索利用系统产生电能，实现尿液中磷酸盐的原位分离与富集。

5.3.2.1 电渗析膜生物反应器的设计

EDMBR 装置如图 5.17 所示，其包含一个阳极室（5 cm×5 cm×5 cm）、两个阴极室(5 cm×5 cm×5 cm),阴、阳极室内充满石墨粒(直径为3~5 mm)。阳极室两侧和阴极室接触空气的一侧置入石墨毡(厚度为3 mm),并与石墨粒充分接触形成三维电极,石墨毡内插入钛丝,并与外电阻相连,阳极室和阴极室的有效体积分别为55 mL和60 mL。阳极室与阴极室之间依次放置阳离子交换膜(CEM)、阴离子交换膜(AEM)和单价选择性阴离子交换膜(MVA)。离子交换膜(5 cm×5 cm)之间用2 mm厚硅胶板隔开,并加1 mm厚硅胶垫层防止渗漏。由此,在CEM与MVA之间形成盐水室(0.3 cm×5 cm×5 cm),在MVA与AEM之间形成产品室(0.3 cm×5 cm×5 cm)。

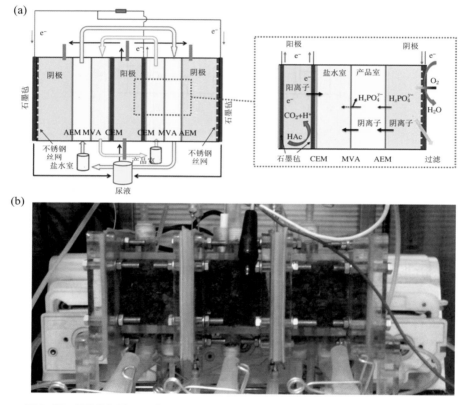

图5.17 EDMBR原理示意图(a)和装置图(b)

5.3.2.2 电渗析膜生物反应器的运行

先在EDMBR阳极室中加入30 mL实验室其他微生物燃料电池(MFC)阳极室出水,然后运行3个月用于富集阳极和阴极微生物。实验过程中EDMBR在25 ℃培养箱中恒温运行。运行过程中,在产品室循环液内放入pH探头,通过Labview程序在线控制加入0.1 mol·L^{-1} NaOH,使产品室中的pH维持在10.5。

用吹脱后的尿液和去离子水按体积比 1∶1 稀释后作为 EDMBR 的进水。采用循环式批次实验模式，尿液通过蠕动泵以 16 mL·min^{-1} 的流量进入阳极室，其中有机物经阳极微生物降解，并在电极上释放电子，然后处理液从阳极室顶端流入阴极室，再依次通过 400 目不锈钢丝网、石墨毡阴极过滤后回流至进水瓶。阳极上的电子通过外电路导至阴极，并与空气扩散来的氧气反应生成水。取 250 mL 去离子水作为盐水室和产品室的循环液，循环流量为 80 mL·min^{-1}。这样，在阴、阳极电势差的作用下，阳极液内阳离子通过 CEM 进入盐水室，阴极液内阴离子通过 AEM 进入产品室，其中多价态的磷酸盐被 MVA 截留，其他单价阴离子通过 MVA 进入盐水室，进而实现了磷酸盐的选择性分离和脱盐。

5.3.2.3　电渗析膜生物反应器的脱盐性能

EDMBR 也具有脱盐功能，如图 5.18 所示，盐水室中的电导率持续升高，运行阶段 1 盐水室的电导率在 19 天的运行周期内升至 6.5 mS·cm^{-1}，而运行阶段 2 在 12 天的运行周期内升至 10.4 mS·cm^{-1}。由此也说明，运行阶段 2 中的电流主要是由其他离子迁移造成的，导致了较低的磷酸盐回收效率。

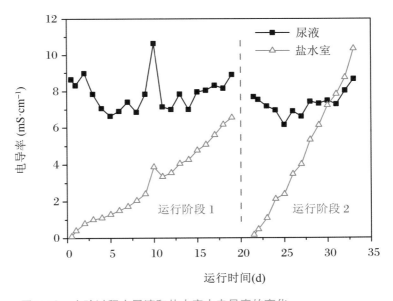

图 5.18　实验过程中尿液和盐水室内电导率的变化

5.3.2.4　新型电渗析膜生物反应器对磷的选择性分离与回收性能

电渗析膜生物反应器(EDMBR)从尿液中分离和回收磷酸盐的性能如图 5.19

所示。运行开始后,尿液中的磷酸盐持续降低至 7—8 mg·L^{-1},而产品室中的磷酸盐则一直升高。在运行阶段 1 中,产品室中的磷酸盐可以升高到近 27 mg·L^{-1},但运行阶段 2 中只有 19 mg·L^{-1}。在两个运行周期中,盐水室中磷酸盐的浓度均低于 1 mg·L^{-1},由此也说明了此单价选择性膜对磷酸盐的高效选择性分离、截留。

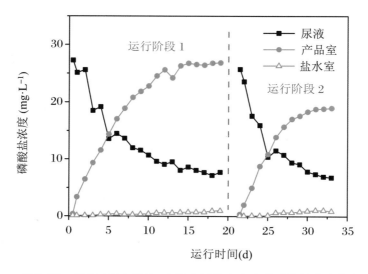

图 5.19　实验过程中尿液、产品室及盐水室内磷酸盐的浓度变化情况

EDMBR 外电阻的不同导致反应器输出电流和电压的不同,进而也造成了磷酸盐回收率的不同。如表 5.5 所示,在外电阻较大的条件下,输出电压高、输出电流小,但电流效率却有 7.7%,而在外电阻较小时相应的电流效率只有 1.6%。同样,在 1000 Ω 外电阻条件下的磷酸盐回收率为 65%,也高于 50 Ω 下的 44.6% 的回收率。但是,整个周期内,两个运行条件下的磷酸盐回收速率相差无几,分别为 93.2 mg·m^{-2}·d^{-1} 和 95.4 mg·m^{-2}·d^{-1}。

表 5.5　不同实验条件下系统的性能特征

运行阶段	运行时间(d)	外电阻(Ω)	输出电压(V)	电流密度(A·m^{-2})	最大功率密度(W·m^{-3})	库仑效率(%)	电流效率(%)	回收率(%)	回收速率(mg·m^{-2}·d^{-1})
1	1—19	1000	0.43±0.12	0.17±0.05	23.5	6.4	7.7	65	93.2
2	21—33	50	0.11±0.03	0.85±0.24	5	9.1	1.6	44.6	95.4

5.3.2.5 电渗析膜生物反应器的氮去除性能

如图 5.20 所示，EDMBR 表现出较高的氮去除能力。在两个运行周期内，5 天左右的时间，尿液中的氨氮和总氮均降至较低的水平。相应地，产品室和盐水室中的氨氮和总氮水平也迅速升高，但随后又慢慢降至较低的水平。产品室和盐水室内的硝氮水平虽然也增加了一些，但量相对较低。这说明阴极硝化、反硝化虽然也有发生，但 EDMBR 中氮的去除主要是靠在较高产品室和盐水室内的 pH 条件下氨的挥发。

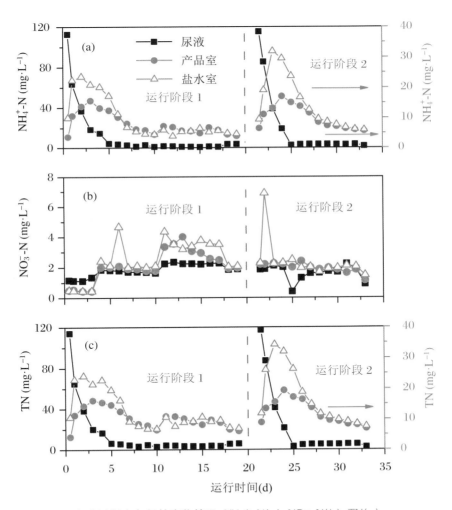

图 5.20 实验过程中各氮的变化情况：NH_4^+-N(a)；NO_3^--N(b)；TN(c)

5.3.2.6 电渗析膜生物反应器的性能分析

1. 吸附-吹脱对氨氮的回收

尿液收集后先进行充分水解,然后取上清液 5 倍稀释后进行氨氮吹脱-吸附实验。取 1.5 L 稀释后的尿液置于 2 L 蓝口瓶中,用 1 mol·L^{-1} NaOH 调节 pH 至 11,控制温度在 40 ℃;吸收瓶中加入 1 mol·L^{-1} H$_2$SO$_4$ 吸收液,用隔膜泵进行循环曝气,曝气量为 0.5 m^3·h^{-1},运行 10 h。吹脱前后尿液性质特征变化如表 5.6 所示。吹脱实验后尿液中氨氮的浓度从 1292.2 mg·L^{-1} 降至 235.1 mg·L^{-1},氨氮的吹脱去除率为 81.8%,其中 86.4% 的氨氮可以被 H$_2$SO$_4$ 溶液吸收。另外,从表中可以看出,吹脱实验对化学需氧量(Chemical Oxygen Demand,COD)和磷酸盐(Phosphate)的影响不大,由于调节 pH 的缘故,溶液 pH 从 8.66 升至 10.15,其电导率从 11.49 mS·cm^{-1} 升至 18.24 mS·cm^{-1}。

表 5.6 吹脱实验前后尿液性质特征

	NH$_3$-N (mg·L^{-1})	PO$_4^{2-}$-P (mg·L^{-1})	COD (mg·L^{-1})	电导率 (mS·cm^{-1})	pH
实验前	1292.2	56.9	485.5	11.49	8.66
实验后	235.1	54.5	469.4	18.24	10.15

2. 产电特征分析

采用循环式批次运行模式,每当阳极电势出现快速升高时,说明阳极室有机物消耗完,我们将投加少量 COD 浓缩液。在运行阶段 1 中分 33 次共投加 0.9266 g COD;在运行阶段 2 中分 17 次共投加 1.8684 g COD。如图 5.21 所示,在长期运行中,EDMBR 产电相对稳定。在 1000 Ω 和 50 Ω 外电阻时,平均电压分别为 (0.43±0.12) V 和 (0.11±0.03) V,相应的电流密度分别为 (0.17±0.05) A·m^{-2} 和 (0.85±0.24) A·m^{-2}。外电阻对库仑效率也有较大的影响,在 1000 Ω 和 50 Ω 外电阻条件下,对应的库仑效率分别为 5.9% 和 8.7%。这些结果也说明了较低的电阻有利于细菌往电极上传递电子,从而增加电流的产生。

外电阻对 EDMBR 产电能力的影响可以通过极化曲线进行分析。如图 5.22 所示,在外电阻为 1000 Ω 和 50 Ω 时,对应的开路电压分别为 0.680 V 和 0.258 V,相应的最大功率密度分别为 23.5 W·m^{-3} 和 5.0 W·m^{-3}。在外电阻为 1000 Ω 的条件下获得的功率密度要远远高于在外电阻为 50 Ω 的条件下,这归因于在较大的外电阻条件下更利于产电菌在阳极的增殖,从而增加其功率输出。而根据输出功率最大时,电池内阻与外电阻相等的原理,可以计算出 EDMBR 在 1000 Ω 和 50 Ω 的外电阻下,相应的内阻分别为 135.3 Ω 和 80.8 Ω。

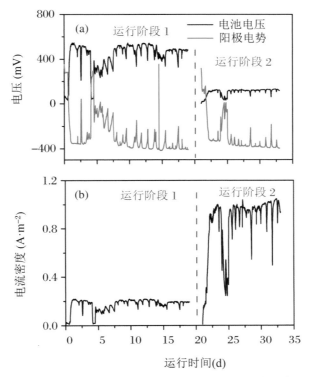

图 5.21　实验过程中 EDMBR 电压、电势(a)和电流密度(b)变化图

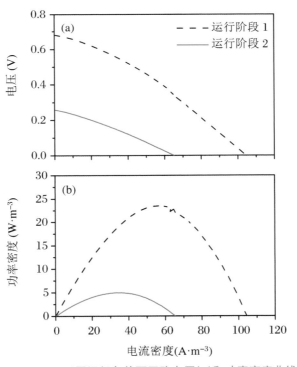

图 5.22　不同运行条件下开路电压(a)和功率密度曲线(b)

3. 磷平衡分析

对运行阶段 2 进行了磷平衡计算。从表 5.7 中可以看出，产品室回收了 44.6% 的磷，尿液中剩余了 19.2% 的磷。而盐水室和阴极表面的磷约占 1%。三种离子交换膜用 5% 的 HCl 清洗，但其磷含量均不到 1%。前面所有的磷加起来占进水的 67.4%。而微生物在吸收 COD 时同样也消耗磷酸盐，按 100∶1 的比例，假设系统内消耗 20% 的 COD 用于微生物合成代谢，则微生物吸收了 3.1 mg 的磷，占总量的 24.4%，由此磷总量可以占到进水的 91.8%。

表 5.7 运行阶段 2 中磷的质量平衡分析

	原液	处理液	产品室	盐水室	阴极	单选膜	阴离子膜	阳离子膜	微生物
磷(mg)	12.8	2.5	5.7	0.16	0.15	0.05	0.08	0.02	3.1
百分比(%)	100	19.2	44.6	1.3	1.1	0.38	0.65	0.13	24.4

5.3.3 微生物电解脱盐池技术在废水处理中的应用

由于人类对水环境的使用率低和缺乏管理，产生了大量的污水[46]，过度的开采也使得淡水资源和磷等资源短缺成为全球面临的两个主要挑战[47-48]。在实现污水处理的同时实现资源回收则被认为是一种能同时解决这两个问题的重要途径。

生物电化学技术可在有效处理废弃物或生物质的同时，回收电能、生产高附加值产品、实现脱盐等，是解决能源危机和环境污染问题的有效手段之一。通过 ED 和 BES 的结合，微生物电解脱盐池（Microbial Electrolysis and Desalination Cell，MEDC）能够在 BES 实现污水处理的同时对海水和含盐污水进行脱盐，是一种兼具解决水污染和资源回收潜力的有效污水治理手段。

5.3.3.1 微生物电解脱盐池的设计

如图 5.23 所示，MEDC 反应器由有机玻璃材料加工而成，被 CEM 和 AEM 分成阳极室（5 cm×5 cm×7 cm）、产品室和阴极室（5 cm×5 cm×1 cm），CEM 和 AEM 分别靠近阳极室和阴极室；离子交换膜之间用硅胶片（2 mm 厚）隔开形成产品室（5 cm×5 cm×0.2 cm），膜的有效面积为 25 cm²。在阴、阳极室之间放置 1 组或 n 组 IEM 膜堆，对应的产品室体积分别为 2.5 cm³ 和 2.5 n cm³。生物阳极为用钛丝连起来的碳毡（2 片，5 mm 厚，面积为 16 cm²），使用前在马弗炉内将温度设为 450 ℃ 预处理 30 min；阴极为不锈钢网电极（面积为 16 cm²，100 目），未做任何催化处理。

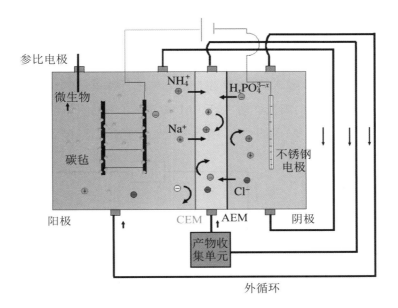

图 5.23　MEDC 的结构示意图

5.3.3.2　微生物电解脱盐池运行

生物碳毡阳极使用污水处理厂的厌氧污泥和实验室运行的成熟 MFC 出水进行混合接种。将污水和适量接种物的混合溶液（200 mL）加入 MEC 反应器中，加入反应器之前，用工业氮气吹脱 15 min 以消除氧气，反应器连接处均用石蜡封闭营造绝对厌氧环境。初始阶段为阳极产电微生物富集阶段，阳极室和阴极室用 CEM 隔开，MEDC 以连续流方式运行，污水通过蠕动泵先后通过阳极室和阴极室；电化学工作站提供恒定电压（0.8 V），同时对电流进行记录，采样间隔为 30 s，当反应器的电流密度达到稳定状态后富集阶段结束，后续阶段只加入模拟污水不再添加接种物。

反应期间，反应器放置于恒温培养箱中在 30 ℃ 条件下运行。如图 5.23 所示，在单膜堆实验中，阳极室和阴极室用硅胶管连接形成闭合回路，污水以循环流的方式在 MEDC 中流动，可以避免系统因电极反应和缺乏缓冲溶液形成酸性阳极和碱性阴极而导致体系 pH 失衡,影响反应器内微生物的正常生长。产品室利用硅胶管外接蓝口瓶,形成闭合回路以固定流速不断循环,离子在外加电场的作用下迁移进入该腔室。当多组膜堆实验时,如图 5.24 所示,待处理污水从阴极室出来后先经过膜堆中的脱盐室再进入阳极室被阳极微生物消耗其中的有机物,然后流入阴极室形成内循环,蓝口瓶中的溶液按图 5.24(c)中的箭头(红色)所示依次经过 MEDC 中的产品室后流回外接蓝口瓶形成循环回路。在 MEDC 中,阳极微生物通过自身生长氧化有机物后将电子胞外传递给阳极,电子再经外电路到达阴极,在外加电场的作用下,阳极室中的阳离子(Na^+,NH_4^+)穿过 CEM 向阴极移动,被 AEM 截留在产品室中进行浓缩;阴极室中的阴离子受电场作用穿过 AEM 向阳极移动,被 CEM 截留而在产品室中浓缩,从而实现了模拟污水中有机物和氮、磷的去除,以及在产品室中回收氮、磷等资源。

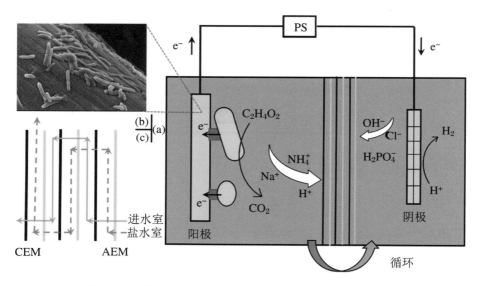

图 5.24　MEDC 的多膜堆结构示意图(a—c)

5.3.3.3　微生物电解脱盐池的废水处理效果

在不同电压下,单膜堆的微生物电解脱盐池的 COD 去除率均超过 80%(图 5.25(a))。随着离子交换膜堆数的增加,COD 去除率呈下降趋势(Eap = 1.5 V,单-IEM 对 COD 的去除率为 86.9%;2-IEM 对 COD 的去除率为 74.7%,如表 5.8 所示)。这主要是由于膜堆的增加使得阴阳电极距离增加,系统内阻变大使得电流效率变小。虽然 COD 去除率随离子交换膜数量的增加而下降,但多膜堆微生物电解脱盐池的去除率也高于 74%(图 5.25(b)),这表明

MEDC 具有较好的有机物去除率。

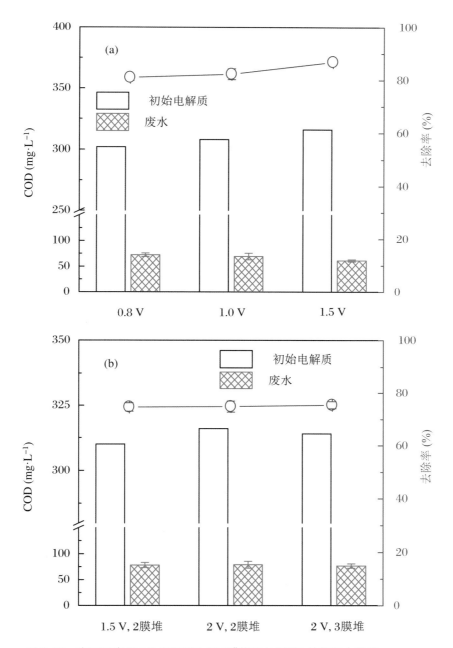

图 5.25 在不同电压下(a)和不同 IEM 膜堆下(b)COD 的值和去除率

表 5.8 不同膜堆 MEDC 的性能特征

IEM 膜堆	电压(V)	进水(mg·L^{-1})			去除率(%)					库仑效率(%)
		COD	N	P	COD	N	P	N	P	
1	0.8	302	27.5	9.7	81±3.5	25.8±15.9	19.1±6.5	3.4±2	21.5±3.5	5.4±0.01
	1	308	28.6	10.5	82.3±4.4	35.9±2.6	35±12.9	10±0.1	20.2±5.3	7.5±3.4
	1.5	316	26.7	9.4	86.9±0.7	36.1±4	30.1±11.3	11.3±5.1	36.6±3.9	8.5±0.23
2	1.5	310	29.4	9.6	74.7±1.6	43.4±13.7	34.8±2.1	21.4±2.5	29.6±0.1	10.2±0.3
	2	316	28.8	9.2	75±2.1	41.6±5.1	49.7±4	29±4.2	37.5±3.3	8.4±1.2
3	2	314	29.4	8.8	75.5±1.4	79.2±5.8	79.2±5.8	66±5.3	66.7±4.7	8.5±1.1

5.3.3.4 微生物电解脱盐池的脱盐性能

MEDC 出水电导率下降，产品室中总溶解性固体（Total Dissolved Solids，TDS）浓度随着实验进行而逐渐增加。分析可知，TDS 的增长速率随电压的升高而升高，这主要是由于在较强电场的作用下离子迁移更快，大量离子迁移进入产品室也使得最终 TDS 较高（图 5.26）。在开路电压下，产品室内 TDS 几乎没有变化，这证实了离子的迁移是外加电场的作用。

由图 5.26 可以发现，多膜堆实验出水中电导率较单膜堆实验低，说明实验的脱盐效果好。双膜堆实验产品室中的 TDS 随着实验进行而不断增加，电压越高，增加速率越快。与单膜堆 MEDC 实验对比可看出，在相同电压下，双膜堆实验产品室中的 TDS 含量更高，说明双膜堆 MEDC 能更好地富集浓缩污水中的离子。同样地，三膜堆 MEDC 中产品室中 TDS 的变化速率更快，最终浓度更高。因此，在相同的有机负荷下，膜堆数越多越有利于污水中离子的迁移。

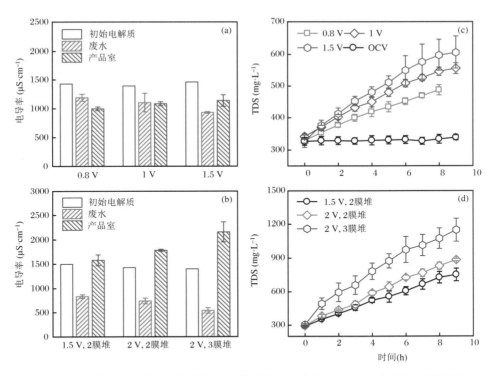

图 5.26 溶液电导率的变化：单膜堆(a)和多膜堆(b)；产品室中 TDS 的变化：单膜堆(c)和多膜堆(d)

5.3.3.5 微生物电解池在资源回收方面的应用

在单膜堆 MEDC 中，阳离子（Na^+ 和 NH_4^+）和阴离子（HPO_4^{2-} 和 Cl^-）在外加电场作用下分别穿过 CEM 和 AEM 进入产品室中进行浓缩，可以实现污水中营养元素的去除和部分回收。如图 5.27(a) 和图 5.27(b) 所示，在开路情况下，出水中氮、磷含量几乎没有减少，说明极少量离子迁移进入产品室。当在反应器两端施加电压时，有机物可以被阳极微生物消耗进行电子传递，Na^+，NH_4^+，Cl^- 和 PO_4^{3-} 等在电场作用下开始进行迁移。随着电压增大，反应器出水中氮、磷浓度变得越小，产品室中氮、磷最终浓度越大。当电压为 0.8 V 时，出水中氨氮浓度为 (20.4 ± 4.38) mg-N·L^{-1}，磷的最终浓度为 (7.85 ± 0.64) mg-P·L^{-1}，氮、磷的去除率分别为 $(25.8\pm15.9)\%$ 和 $(19.1\pm6.5)\%$，回收率分别为 $(3.4\pm2)\%$ 和 $(21.5\pm3.5)\%$；当电压为 1.5 V 时，氮、磷的最终浓度分别为 (17.07 ± 1.06) mg-N·L^{-1} 和 (6.57 ± 1.06) mg-P·L^{-1}，去除率分别达到 $(36.1\pm4)\%$ 和 $(30.1\pm11.3)\%$，回收率分别达到 $(11.3\pm5.1)\%$ 和 $(36.6\pm3.9)\%$。尽管单膜堆 MEDC 中氮、磷元素的去除率和回收率随电压变大而增大，但出水中氮、磷含量依然很大，回收率也较低。

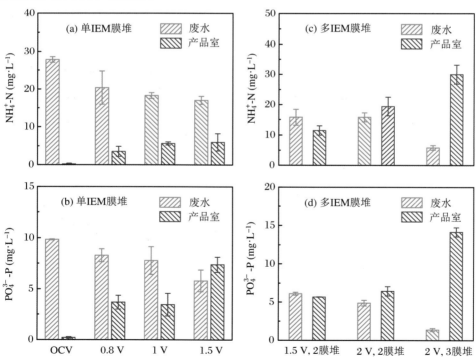

图 5.27 电压和离子交换膜堆数对氮、磷分离和回收率的影响：单膜堆（a 和 b）；多膜堆（c 和 d）

如图 5.27(c)和(d)所示,在多膜堆 MEDC 实验中,实验最终出水的氮、磷浓度比单膜堆 MEDC 实验的低,且最终浓度随电压的增大而减小;在三膜堆实验中,当电压为 2 V 时,出水中氨氮和磷浓度分别降至 5 mg-N·L^{-1} 和 0.8 mg-P·L^{-1}。同样地,在三膜堆实验中,产品室的氮、磷浓度随电压的增加而增加。在相同电压下,三膜堆实验产品室中氮磷浓度更高,产品室中氮的浓度可达到(30.0±3.11) mg-N·L^{-1},回收率为 50.1%;磷的最终浓度为(14.2±0.8) mg-P·L^{-1},回收率为 72.4%。

5.3.3.6　高有机负荷对微生物电解脱盐池性能的影响

根据电荷平衡(电中性)原理可知,当生物阳极每传递 1 mol 电子进入外电路,溶液中会有相应物质的量的正电荷向阴极移动,当用单膜堆 MEDC 处理废水时,较低浓度的 COD 可能是导致脱盐效果较差的原因。为验证此假设,当进水 COD 浓度为 1200 mg·L^{-1}、体积为 200 mL,产品室为 5 mmol·L^{-1} NaCl 溶液、体积为 50 mL 时,电压分别设为 1 V 和 1.5 V 进行实验。由于有充足的有机物,实验周期延长至(29.7±0.2) h 和(24.5±0.7) h,且运行时间随电压变大而缩短。如图 5.28 所示,电流峰值明显比 COD 为 300 mg·L^{-1} 时大,因为 MEDC 在高有机负荷情况下可以保持较长时间的稳定电流,所以库仑效率相比于低浓度污水高,在 1 V 和 1.5 V 时库仑效率分别可达到(9.75±0.54)% 和(11.44±0.1)%,消耗电量分别为(240±13.2) C 和(296.4±5.1) C。

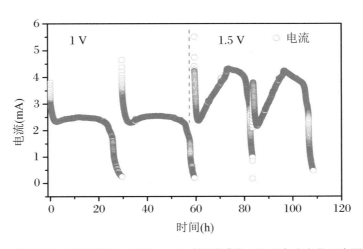

图 5.28　COD 浓度为 1200 mg·L^{-1} 时单膜堆 MEDC 电流变化示意图

在高有机负荷下,微生物电解脱盐池 COD 的去除率均达到 90% 以上。通过对比不同电压下阳极室出水和产品室中的离子浓度变化,如图 5.29 所示,相比于低浓度 COD 污水,在相同电压下,由于电流较大、实验周期较长,出水中氯离子、氮磷浓度最终较低,污水的脱盐效果较好。其中,在 1 V 电压下,Cl^- 的去除率达到 50.7%,氮、磷的去除率分别为 89.4% 和 45.5%;当电压为 1.5 V 时,Cl^-、氮、磷的去除率分别可达到 71%,95% 和 84.8%。由此可见,碳源不足是限制 MEDC 处理污水达标排放的重要因素。如图 5.30 所示,产品室中氮、磷浓度随实验进行而逐渐增加。当电压为 1 V 时,氮、磷浓度分别达到 (19.4 ± 1.5) mg-N·L^{-1} 和 (14.6 ± 1.5) mg-P·L^{-1},回收率分别达到 (17.3 ± 1.3)% 和 (60.1 ± 0.7)%。当底物较充分时,MEDC 能维持较长时间的大电流,因此污水中离子去除率较高,氮、磷的回收率也较高。但是在污水处理中,投加碳源既消耗物资又可能造成二次污染,与污水处理厂的深度处理理念背道而驰。因此需要研究其他的方式用于对系统碳源不足进行补偿。

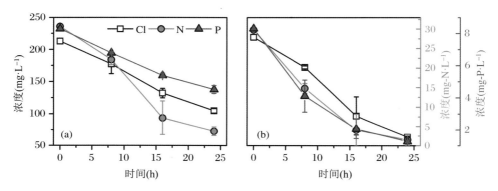

图 5.29　1 V 和 1.5 V 电压下出水中的离子浓度变化

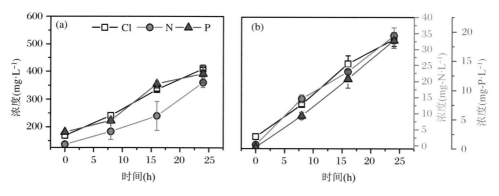

图 5.30　1 V 和 1.5 V 电压下产品室中的离子浓度变化

5.3.3.7 微生物电解脱盐池性能分析

1. 电流分析

如图 5.31 所示,当电压为 0.8 V 时,批实验电流峰值在 (1.5 ± 0.15) mA,消耗电量为 (31.65 ± 0.22) C,库仑效率为 $(5.44\pm0.01)\%$;当电压为 1 V 时,消耗电量为 (44.75 ± 3.23) C,库仑效率为 $(7.49\pm3.42)\%$;而当电压升至 1.5 V 时,实验电流峰值达到 (2.4 ± 0.32) mA,消耗电量为 (54.94 ± 1.99) C,库仑效率为 $(8.54\pm0.27)\%$,具体见图 5.32。MEDC 实验消耗的电量随着电压的增加而增加,这主要是由于电流较大,库仑效率相应地增加。当阳极为未富集生物膜的碳毡电极时,电流值非常低,几乎不存在迁移电流,说明生物膜促进了 BES 过程中的电子传递。从图中可以看出,随着电压增加,电流由于离子在较大电场力作用下迁移较快而增大,从而导致消耗电量增加;由于 BES 需要一定浓度的底物才能维持稳定的电流生成[49],如图 5.31 所示,电流在批实验后期急速降低,库仑效率较低。

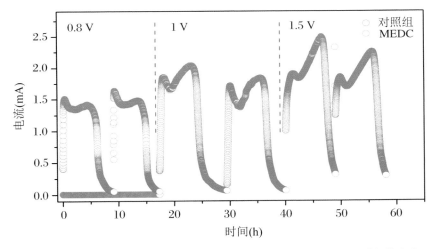

图 5.31 空白碳毡电极实验和单膜堆 MEDC 在不同电压下电流随时间的变化

值得注意的是,MEDC 在启动阶段电流均出现先增加后降低的现象。分析可知,在实验初始阶段,污水和产品室中的 NaCl 溶液存在液接电势(Junction Potential)使得溶液离子进行扩散。在本实验中,IEM 离子选择性设为 1,由于进水中离子成分较为复杂,α 为溶液 TDS 大小,经计算可知,液接电势为 0.05 V。而且在批次处理过程中,每次投加底物之后,阳极微生物需要进行自身的新陈代谢和生长;IEMs 每次都要拆洗以避免膜污染造成的离子迁移的不稳定性,这些不稳定性因素会造成电流在启动阶段先增加后降低。

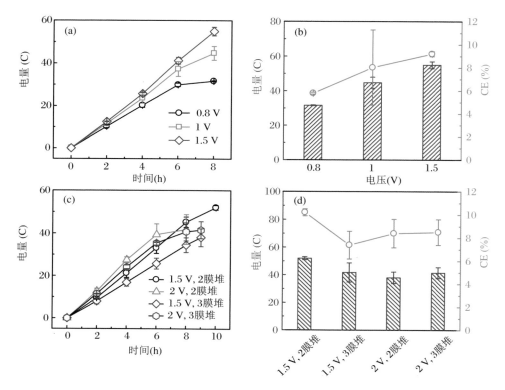

图 5.32　不同条件下的耗电量和库仑效率：单膜堆(a 和 b)；多膜堆(c 和 d)

如图 5.33 所示，将双膜堆和三膜堆 MEDC 分别在 1.5 V 和 2 V 电压下进行实验。分析可知，在 1.5 V 电压下相比于单膜堆 MEDC 实验，多膜堆实验的电流较低，且随膜堆增加呈减小趋势，这主要是由于膜堆的增加使得阴阳电极距离增加、系统内阻变大，从而导致电流变小。当电压不同时，1.5 V 电压下实验运行时间比在 2 V 下的较长。由于进水中 CH_3COO^- 也可穿过 AEM 进入产品室造成电极室底物的量减少，随着离子交换膜的有效面积增大，产品室中 COD 的迁移量增加，其浓度随电压和膜堆数增加亦有上升趋势。但多膜堆 MEDC 的 COD 去除率也达到了 74.8% 以上，产品室中所占比例为 6%～11%。

2. 溶液 pH 分析

从图 5.34 可以看出，在缺乏缓冲溶液的情况下，由于阴极室和阳极室形成内循环，溶液 pH 基本维持在中性，一方面，避免了 H^+ 在阳极室的聚集影响阳极微生物的正常生长和 OH^- 在阴极室的聚集；另一方面，H^+ 和 OH^- 可以穿过 IEMs 进入产品室，避免了其在电极室内的浓缩。pH 在批实验过程中呈下降趋势，这主要是由于微生物消耗有机物产生了 H^+，但溶液中其他阳离子（Na^+，NH_4^+）浓度较大，贡献了大部分迁移电流的组成，H^+ 在溶液中有小幅的浓缩导致 pH 的降低；因为电压促进微生物的电子传递，所以电压越大，pH 的降低幅度越大。

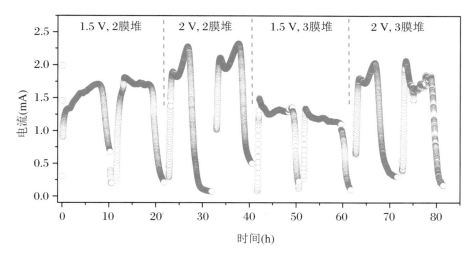

图 5.33　多膜堆 MEDC 实验电流变化图

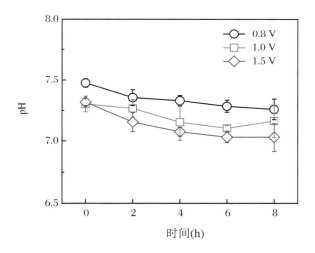

图 5.34　单膜堆实验 pH 变化

3. 氧化还原性能分析

空白碳毡电极 CV 曲线较为平坦，电流密度较低，没有出现氧化还原峰，说明没有明显的电流产生，空白电极不能氧化污水中的有机物。取 MEDC 中附着生物的碳毡电极在相同条件下进行循环伏安扫描，结果显示生物阳极相比于原始碳毡电极电化学响应强烈，电流密度大幅增加，说明生物阳极的氧化还原能力大幅增强（图 5.35）。分析其 CV 曲线可知，阳极生物膜有一个氧化峰，从 0 V 开始，在 0.17 V 达到峰值，进一步证明电极表面生物膜的电子传递作用，对比空白电极 CV 曲线证明了生物膜中的微生物具有氧化有机物的作用。

在 MEDC 系统中，碳毡阳极微生物在污水有机物的去除中发挥着重要的作用。碳毡阳极上生物膜的形态如图 5.35 所示，可以看到，阳极表面分布着致密的生物膜，而微生物镶嵌于胞外聚合物中[50]，微生物将底物氧化，释放的电子通过胞外电子传递媒介传递至电极，并通过外部电路到达阴极被加以利用。

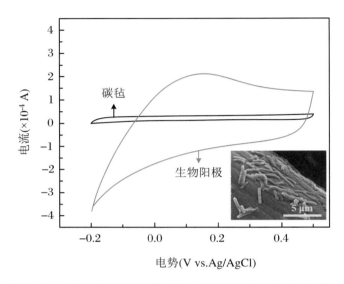

图 5.35　生物阳极的 CV 曲线（插图：生物阳极表面的 SEM 图像）

4. 微生物分析

MEDC 生物阳极反应中最重要的催化剂是产电微生物，即能进行胞外电子传递的微生物。通过对原始污泥和阳极生物膜进行 DNA 提取检测、PCR 扩增和测序等操作，基于有效数据进行 OTUs（Operational Taxonomic Units）聚类和物种分类分析，对每个 OTU 的代表序列做物种注释，得到对应的物种信息和基于物种的丰度分布情况。Chao1、ACE 物种丰度指数和 Shannon 多样性指数被用来评价群落的丰度和多样性。原始污泥物种丰度和生物多样性都要高于生物阳极（表 5.9）。从样品 OTU 序列注释结果的 Heatmap 与群落层序聚类分析图可以直观地看出（图 5.36），MEDC 生物阳极微生物群落物种分布更为集中，其中 *Proteobacteria* 门类细菌在样品中的序列数目最多。较低的生物多样性说明这是由产电功能菌的富集造成的，厌氧污泥中其他类微生物可能由于不适应环境而被逐渐淘汰。

表 5.9　阳极生物膜微生物群落及物种丰度和多样性评估

	物种数目	Shannon	Chao 1	ACE
厌氧污泥	534	5.514	558.1	560.2
阳极生物膜	424	4.457	458.5	466.4

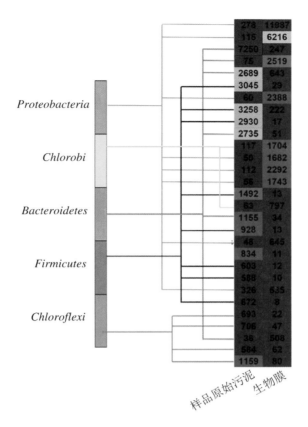

图 5.36 样品原始污泥和生物膜 OTU 序列注释结果的 Heatmap 与群落层序聚类分析(颜色代表该 OTU 在样品中的序列数目,蓝色表示数目少,红色表示数目多)

为研究微生物群落的系统发育,通过将序列与数据库比对后在门和属的水平上进行分类,根据物种注释结果,选取每个样品在门水平上最大丰度排名前 10 的物种,物种相对丰度如柱形图 5.37 所示。两个微生物群落在门的水平上差异很大,厌氧污泥以 *Firmicutes*, *Bacteroidetes*, *roteobacteria* 和 *Chloroflexi* 为优势菌群,微生物群落结构呈现多样性。阳极生物膜主要以 *Proteobacteria*, *Bacteroidetes* 和 *Chlorobi* 为优势菌群,其他的细菌门只占总细菌数很小的比例,其中,β-*Proteobacteria* 纲相对丰度最高,达到 62.7%,阳极生物膜有选择性地富集 *Proteobacteria* 说明其可能具有将电子传递到电极的作用。测序结果说明 MEDC 接种厌氧污泥后,在外加电压作用下对微生物种类进行了选择,由于在外加电场作用下,能进行电子传递的 *Proteobacteria* 菌含量增加(从 7.64% 到 74.04%),发酵细菌 *Firmicutes* 含量有所减小(从 39.2% 到 1.72%);由于底物浓度较低和严格厌氧环境,生物多样性进一步减小。

将微生物序列在属的水平上进行分类能够在细菌功能的角度上进一步研究

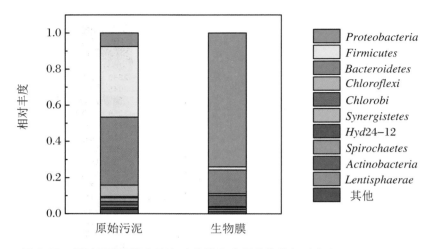

图 5.37　原始厌氧污泥和阳极生物膜门水平的物种相对丰度

阳极生物膜的作用。如图 5.38 所示，分析原始厌氧污泥和 MEDC 阳极生物膜门水平的物种相对丰度，相比于在原始污泥中，生物膜中 *Proteobacteria* 门内 *Rhodocyclaceae*、*Zoogloea*、*Azospira* 和 *Geobacter* 丰度较大，而 *Rhodocyclaceae* 和 *Geobacter* 等是典型的利用不同的有机底物作碳源和电子供体进行厌氧生长的产电菌。

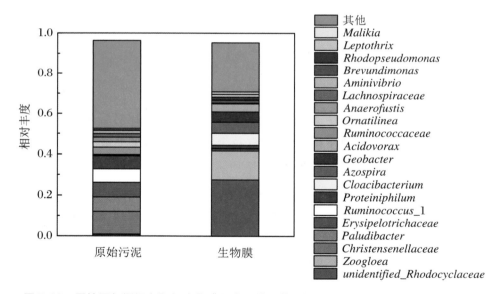

图 5.38　原始厌氧污泥和阳极生物膜属水平的群落结构分析

5. 膜污染分析

IEMs 在 MEDC 通过对不同离子的选择透过特性实现了污水的脱盐和营养元素的回收，由于 IEMs 与含有机物的污水直接接触，有机物在穿过 IEM 时会产生膜污染现象。通过 SEM 分析，由图 5.39 和图 5.40 可知，在 MEDC 中 CEM 和

AEM 均附着一层生物膜,通过 EDS 分析可知,CEM 使用前后 N,Na 和 Ca 含量升高,说明离子迁移过程中部分阳离子停留在 CEM 内,同样地,AEM 中 P 含量上升。膜污染会降低 IEMs 的离子通量,使得 MEDC 的脱盐效率降低。接下来需要针对膜污染现象对 IEMs 的离子交换能力及如何抑制膜污染作进一步的研究。

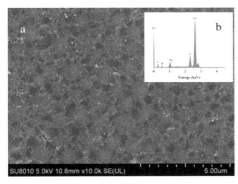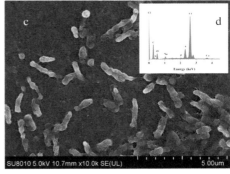

图 5.39　阳离子交换膜 SEM 和 EDS 分析:使用前膜的 SEM(a)与 EDS(b),使用后膜的 SEM(c)和 EDS(d)

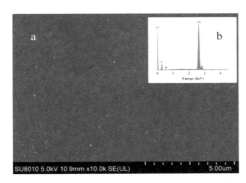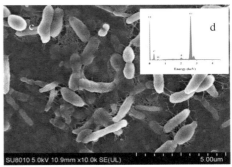

图 5.40　阴离子交换膜实验使用前后对比 SEM 和 EDS 图:使用前膜的 SEM(a)与 EDS(b),使用后的膜 SEM(c)和 EDS(d)

6. MEDC 物料平衡和能量消耗分析

通过分析不同膜堆 MEDC 实验,从表 5.10 可以发现,由于膜堆数的增加,系统 COD 的去除率有所下降,这可能是由于系统的电阻增大使得电子传递效率下降。较多的膜堆增加了离子与 IEMs 的接触,在双膜堆实验中,理想情况下,阴极每接受 1 mol 电子,有 2 mol 阴离子迁移进入产品室,从而提高了脱盐效率。但多膜堆 MEDC 在阳极室直接处理有机污水的弊端在于随着离子迁移效率的提高,较多的乙酸根等有机阴离子也进入产品室中,造成有机物在产品室的富集。在本实验中,通过分析溶液中不同离子的极限电导率和扩散常数(表 5.11),溶液离子的极限电导率与离子扩散常数成正比,可见乙酸根在电场作用下相较于其他离子迁移较慢,对实验影响相对较小,但后续实验应对如何减小有机物迁移给予关注。

表 5.10 不同膜堆 MEDC 的性能特征

膜堆	电压 (V)	进水(mg·L^{-1})				去除率(%)				回收率(%)		库仑效率 (%)
		COD	Cl	N	P	COD	Cl	N	P	N	P	
1	0.8	302	181.2	27.5	9.7	81±3.5	26±2.8	25.8±15.9	19.1±6.5	3.4±2	21.5±3.5	5.4±0.01
1	1	308	202.6	28.6	10.5	82.3±4.4	32.2±2.2	35.9±2.6	35±12.9	10±0.1	20.2±5.3	7.5±3.4
1	1.5	316	194.4	26.7	9.4	86.9±0.7	41.6±2.2	36.1±4	30.1±11.3	11.3±5.1	36.6±3.9	8.5±0.23
2	1.5	310	178.6	29.4	9.6	74.7±1.6		43.4±13.7	34.8±2.1	21.4±2.5	29.6±0.1	10.2±0.3
2	2	316	190.5	28.8	9.2	75±2.1		41.6±5.1	49.7±4	29±4.2	37.5±3.3	8.4±1.2
3	2	314	184.2	29.4	8.8	75.5±1.4		79.2±5.8	79.2±5.8	66±5.3	66.7±4.7	8.5±1.1

表 5.11 离子极限电导率和扩散常数

种类	电导率(10^{-4} $m^2S \cdot mol^{-1}$)	扩散常数(10^{-9} $m^2 \cdot s^{-1}$)
HPO_4^{2-}	57	0.759
NO_3^-	71.46	1.902
Cl^-	76.31	2.032
CH_3COO^-	40.9	1.089
NH_4^+	73.5	1.957
Na^+	50.08	1.334

通过表 5.10 可以看出,在进行氮磷的物料平衡分析时,氨氮和磷酸盐均存在不同程度的流失,这可能是由于磷酸氨镁沉淀造成部分氮磷的流失,但系统中镁仅作为基本元素,其含量很低,推测物料损失的原因是由于系统内微生物进行生长和新陈代谢消耗了部分氨氮和磷。

5.3.4
复合电催化-电渗析技术在含砷废水中的应用

砷(As)因其对环境质量和人体健康有重大影响而引起人们的广泛关注。[51-53] 自然水体和地下水的砷污染问题是全世界面临的巨大挑战和共同难题。[54,55] 一般受砷污染的水体多采用混凝沉淀[56]、吸附[57-59]、离子交换[60]等方法除砷,亦可通过两种或多种工艺相结合,共同实现砷的去除。

电渗析技术作为一种高效的电解质分离和提纯方法,亦可用于离子型污染物的去除,如电解质中砷的去除。[61] 基于此,复合电催化-电渗析(Electrocatalysis-Electrodialysis,EED)技术用于受砷污染水体的原位处理,它在实现 As(3 价)的氧化和 As(4 价)选择性分离及回收的同时,对受污染水体进行脱盐处理。

5.3.4.1 电催化简述

1. 电催化氧化

电化学阳极催化氧化可以分为直接氧化和间接氧化。阳极直接氧化是指污染物在阳极表面氧化而转化成毒性较低的物质或易生物降解物质,甚至是无机物质,从而达到消减污染物的目的。[62-63] 间接氧化是指在电化学反应过程中,电极表面产生一些活性中间产物,如·OH,OCl$^-$,H$_2$O$_2$,O$_3$等,这些中间产物参与氧化污染物,使污染物得以氧化去除。[64]

在电催化氧化过程中,最为关键的影响因素是电极材料,因为阳极材料直接影响着电催化活性、选择性和电流效率,因此,具备较高的活性和稳定性是阳极材料所必备的两个必要条件。常用的电极材料有 Pt,PbO$_2$,IrO$_2$,SnO$_2$ 以及导电性金刚石薄膜等。[65]氧化物薄膜电极材料(PbO$_2$,SnO$_2$)因表面污染或者使用寿命较短,而限制了其应用。[66]金属氧化物电极,例如行稳性阳极(DSA,如 RuO$_2$,IrO$_2$),具有较高的电极活性和长的电极使用寿命,且相对廉价,因此适用于工业生产中。[67]硼掺杂金刚石电极(BDD)因其具有高活性、长的使用寿命和较好的机械强度,是废水电催化处理中一个相对理想的阳极材料[68],但也存在着应用成本高的问题。

电催化氧化技术除了用于复杂有机废水(如印染废水、造纸废水、含油废水、含酚废水、烃类或有机酸废水、垃圾渗滤液和抗生素废水等)的降解外,也被用于无机污染物(如氰化物、亚砷酸盐等)的氧化。Kim 等人用 BiO$_x$-TiO$_2$ 电催化阳极和不锈钢丝网阴极同时实现了 As(3 价)到 As(4 价)的氧化和氢能的产生,并且发现阳极 As(3 价)的氧化对阴极产氢有促进作用。[69]

因此,对于电催化氧化而言,针对不同的污染物开发合适的阳极材料,对污染物的去除至关重要。

2. 电催化还原

阴极还原水处理方法是在适当电极和外加电压下,通过阴极的直接还原作用(如还原脱氯、脱硝)降解有机物的过程[70-71];也可以利用阴极的还原作用,产生 H$_2$O$_2$,利用 H$_2$O$_2$ 的强氧化性或者再通过外加试剂发生电 Fenton 反应产生·OH[72]来降解有机污染物。

5.3.4.2 复合电催化-电渗析的设计

EED 装置如图 5.41 所示,其包含一个阳极室(4.2 cm×4.2 cm×0.49 cm)和一个阴极室(4.2 cm×4.2 cm×0.49 cm),阴极为碳纸电极,阳极室内放置自制 TiO$_2$ 沉积碳纸电极,电极两端与外电路电化学工作站相连。阳极室与阴极室之间依次放置 CEM,AEM 和 MVA。离子交换膜(4 cm×4 cm)之间用 2 mm 厚硅胶板隔开,并加 0.1 mm 厚硅胶垫层防止渗漏。由此,从阳极到阴极,在 CEM 与 MVA 之间形成盐水室(4 cm×4 cm×0.22 cm),MVA 与 AEM 之间形成产品室(4 cm×4 cm×0.22 cm),AEM 与 CEM 之间形成进水室 (4 cm×4 cm×0.22 cm)。

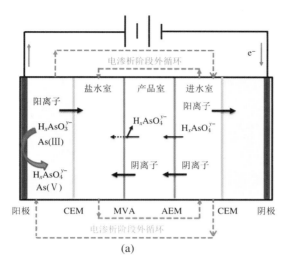 

图 5.41 EED 示意图(a);EED 装置照片(b)

5.3.4.3 电催化阳极制备

在 EED 系统中,阳极使用单晶 TiO_2 沉积碳纸电极。单晶 TiO_2 来自于 Ti 电极阳极氧化制备 TiO_2 纳米管所产生的废弃阳极电解液,超声后在 600 ℃ 下烧 3 h,然后以 3 ℃·min^{-1} 的速率进行梯度降温,冷却到室温后得到白色粉末。电极尺寸为 $(4×4)\ cm^2$,阳极上 TiO_2 的负载量为 0.2 mg·cm^{-2}。其电极制备过程如下:按照需要取适量 TiO_2 与去离子混合成悬浊液,超声 30 min 分散均匀后,分三次涂至电极表面。每次涂完后,先在 105 ℃ 烘箱中放置 15 min 烘干,再进行下一次。三次涂完后,再把电极放入 400 ℃ 马弗炉中煅烧 30 min。

5.3.4.4 选择性电渗析运行

将含砷废水分为高、低两个浓度进行处理,对应为运行阶段 1 和运行阶段 2,其含 As(总)浓度分别约为 30 mg·L^{-1} 和 3 mg·L^{-1}。如图 5.41(b)所示,阳极室、盐水室、产品室和阴极室分别通过上下端接口各自与 250 mL 试剂瓶相连,并通过蠕动泵以 0.134 L·min^{-1} 的流速进行循环。阳极室连接试剂瓶内含砷废水的体积为 150 mL,盐水室、产品室和阴极室对应试剂瓶内的电解质体积均为 100 mL,且每个试剂瓶内均含有 10 mmol·L^{-1} NaCl。实验分为两个阶段:电催化氧化阶段和电渗析阶段。前 6 h 为电催化阶段,此时进水室与盐水室相连,以提高进水室电导率、降低内阻,进而提高 As(Ⅲ)电催化氧化效果;电催化氧化阶段结束后,断开进水室与盐水室的连接,同时把阳极室与进水室相连,开始电渗析阶段。在电催化阶段,通过加入 0.1 mol·L^{-1} NaOH 控制阳极室的 pH 为 9 左右;在电渗析阶段,亦用 0.1 mmol·L^{-1} NaOH 控制产品室的 pH 为 10 左右,以提高砷酸盐的截留。整个实验过程中,外加电压为 5 V。

5.3.4.5 砷的去除和回收性能

各室 As(Ⅲ)和 As(总)的变化如图 5.42 所示。电催化氧化阶段,在较高进水浓度的运行阶段 1 中,阳极室内 As(Ⅲ)的浓度在 3 h 内从初始的 26 mg·L^{-1} 降至 8.7 mg·L^{-1},然后基本保持不变,此时 As(Ⅲ)到 As(Ⅴ)的氧化效率约为 67%;而在较低进水浓度的运行阶段 2 中,阳极室内 As(Ⅲ)的浓度在 40 min 内从初始的 2.8 mg·L^{-1} 降至约 0.7 mg·L^{-1},然后基本保持不变,此时 As(Ⅲ)到 As(Ⅴ)的氧化率约为 75%。由运行阶段 2 的结果也可以推断出,如果进一步延长电催化氧化阶段的运行时间,运行阶段 1 中的阳极室内残留的 As(Ⅲ)亦可以进一步被氧化,从而提高其去除率。在电催化氧化阶段,产品室和盐水室内 As 的浓度为零。

在电渗析阶段,阳极室与进水室连通,在外加电压条件下,开始电渗析过程。对比图 5.42(a)和图 5.42(b)可以看出,在电渗析阶段,各室 As(Ⅲ)和 As(总)的变化趋势基本相同。电渗析开始后,进水室内 As 的浓度迅速降低,而产品室内的 As 的浓度随之升高。在电渗析进行 16 h 后,进水室内的 As 被去除干净,浓度变为零,但产品室内 As 的浓度却在变化,一直到运行 40 h,电渗析实验结束,产品室内 As 的浓度仍在缓慢升高。同时,在整个电渗析过程中,盐水室内也出现少量 As,但浓度非常低。这是由于电渗析阶段控制产品室内的 pH 维持在 10 左右,从而使产品室内的砷酸盐和残留的少量亚砷酸盐多以多价离子形态存在,而无法透过 MVA,被截留在产品室内,从而实现了 As 的选择性分离,由此也说明 MVA 具有良好的选择性。

5.3.4.6 电催化-电渗析的脱盐性能

受砷污染的水体盐度往往也偏高,因此在对污染水体除砷的同时,如能去除其盐度,将是比较理想的选择。EED 的脱盐性能可以通过阳极室内电导率的变化来说明。实验过程中,运行阶段 1 和运行阶段 2 进水室内电导率的变化如图 5.43 所示。从图中可以看出,虽然运行阶段 1 和运行阶段 2 中 As 的浓度略有

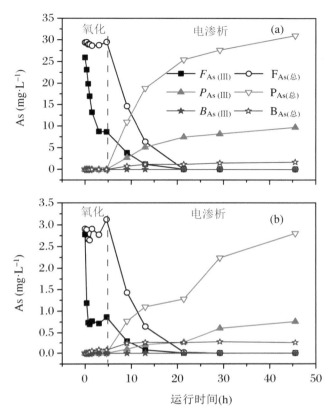

图 5.42 运行阶段 1 中各室 As 浓度的变化(a);运行阶段 2 中各室 As 浓度的变化(b)

$F_{As(Ⅲ)}$ 在氧化阶段表示阳极室内 As 浓度的变化,在电渗析阶段表示进水室内 As 浓度的变化;$P_{As(Ⅲ)}$ 为产品室内 As 浓度的变化;$B_{As(Ⅲ)}$ 为盐水室内 As 浓度的变化

不同,但电解质中 NaCl 的浓度相对较高,使得整个实验过程中运行阶段 1 和运行阶段 2 进水室内的电导率变化几乎完全同步。在电催化氧化阶段,由于阳极室内控制 pH 在 9 左右,加入了少量 NaOH 而使其电导率略有升高。在电渗析阶段,结合图 5.42 分析可以得出,在电渗析进行 16 h 后,阳极室内的 As 基本都被去除,而此时的电导率也降至 10 $\mu S \cdot cm^{-1}$ 左右。然后,随着时间的延长,阳极室电导率继续降至 3 $\mu S \cdot cm^{-1}$ 左右。由此也可以看出,EED 具有良好的脱盐性能。

5.3.4.7 复合电催化-电渗析分析

1. 单晶 TiO₂ 沉积碳纸阳极表征

为探究单晶 TiO_2 沉积碳纸阳极的表面形貌和结构特征,对其进行 SEM 分

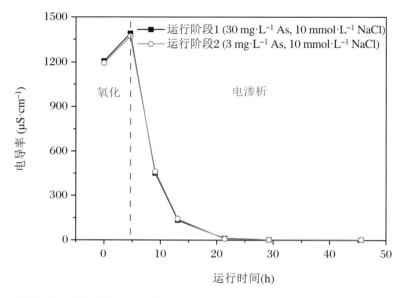

图 5.43　运行阶段 1 和运行阶段 2 中阳极室内电导率的变化

析。如图 5.44(a)和图 5.44(b)所示,对比空白碳纸和 TiO_2 沉积碳纸,可以看出沉积 TiO_2 的碳纸表面负载了一层膜状物质。对电极表面进行进一步放大,如图 5.44(c)和图 5.44(d)所示,电极表面的膜状物质为 TiO_2 单晶形成的膜状团簇,由轮廓鲜明的矩形十面体(如削尖双锥体)单晶 TiO_2 粒子组成。

图 5.44　空白碳纸电极(a);单晶 TiO_2 沉积碳纸电极(b~d)

2. 电流效率分析

在实验过程中,电极两端加 5 V 的恒定电压,其电流变化如图 5.45 所示。与阳极室电导率变化类似,运行阶段 1 和运行阶段 2 的电流变化亦几乎同步,只是运行阶段 2 电流值略低。从图中可以看出，在氧化阶段，氧化电流大约为 10 mA，由此可以计算出在运行阶段 1 和运行阶段 2 中，As(Ⅲ)氧化至 As(Ⅴ)的电流效率分别为 3.8%和 0.47%，因此，可以推测阳极亦发生其他电化学氧化反应，如析氧反应或者 Cl^- 氧化反应。

在电渗析阶段，随着实验的进行，渗析电流也逐渐降至 0.1 mA 以下，其趋势与阳极内 As 的浓度变化以及进水室电导率的变化趋势相同。通过对电流积分计算可得在运行阶段 1 和运行阶段 2 的电渗析阶段，砷的电流效率分别为 6.5%和 0.69%。若再进一步把脱盐效率考虑在内，则在运行阶段 1 和运行阶段 2 的电渗析阶段总的电流效率分别为 89.9%和 89.5%。

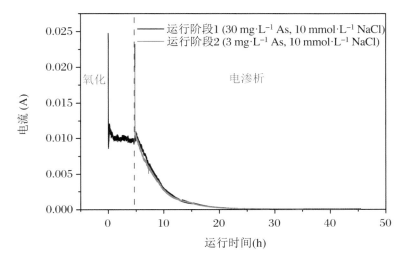

图 5.45　运行阶段 1 和运行阶段 2 中电流随时间的变化

3. 砷平衡分析

实验结束后，我们对运行阶段 1 和运行阶段 2 的 As 平衡进行了分析。从表 5.12 可以看出，经过电催化氧化和电渗析处理后，进水室内检测不到 As 的存在，说明在运行阶段 1 和运行阶段 2 中 As 均得到 100%的去除。同时，运行阶段 1 和运行阶段 2 中产品室分别回收了进水中 61.9%和 56.8%的 As。盐水室中亦有少量 As，分别占进水中的 3.5%和 5.2%。同时有部分 As 吸附在阴离子交换膜上，实验结束后对 AEM 用 10% NaCl 进行再生，可得到一定量的 As，以 As(Ⅴ)为主，其量分别占进水的 15.4%和 10.6%。结合图 5.43 电渗析阶段 As 浓度的变化进行分析，在进水室内的 As 浓度已降为零时产品室内的 As 浓度仍持续增加，这是因为在 5 V 电压下，吸附在 AEM 上的 As 亦可被慢慢脱附下来，因此，延长电渗析时间会进一步降低 AEM 膜表面的 As 浓度，进而增加产品室对 As 的回收。如果再把样品分析损耗考虑进去，在运行阶段 1 和运行阶段 2 实验结束后,得到的 As 总量可以分别达到进水总 As 的 88.7%和 80.2%。

表 5.12 实验过程中 As 的质量平衡分析

		原液	处理水	产品室	盐水室	阴离子膜	取样
运行阶段 1	砷(μg)	4402.9	0	2724.5	152.2	677.8	344.5
	百分比(%)	100	0	61.9	3.5	15.4	7.9
运行阶段 2	砷(μg)	435.8	0	246.6	22.5	46.4	33.2
	百分比(%)	100	0	56.8	5.2	10.6	7.6

参考文献

[1] ALVARADO L, CHEN A. Electrodeionization: principles, strategies and applications[J]. Electrochimica Acta, 2014, 132:583-597.

[2] STRATHMANN H. Electrodialysis, a mature technology with a multitude of new applications[J]. Desalination, 2010, 264(3):268-288.

[3] PERAKI M, GHAZANFARI E, PINDER G F, et al. Electrodialysis: an application for the environmental protection in shale-gas extraction[J]. Separation and Purification Technology, 2016, 161:96-103.

[4] GALAMA A H, DAUBARAS G, BURHEIM O S, et al. Fractioning electrodialysis: a current induced ion exchange process[J]. Electrochimica Acta, 2014, 136:257-265.

[5] KWAK R, GUAN G, PENG W K, et al. Microscale electrodialysis: concentration profiling and vortex visualization[J]. Desalination, 2013, 308:138-146.

[6] NEZUNGAI C D, MAJOZI T. Optimum synthesis of an electrodialysis framework with a background process—I: a novel electrodialysis model[J]. Chemical Engineering Science, 2016, 147:180-188.

[7] ORTIZ J M, SOTOCA J A, EXPóSITO E, et al. Brackish water desalination by electrodialysis: batch recirculation operation modeling[J]. Journal of Membrane Science, 2005, 252(1):65-75.

[8] NIKONENKO V V, PISMENSKAYA N D, BELOVA E I, et al. Intensive current transfer in membrane systems: modelling, mechanisms and application in electrodialysis[J]. Advances in Colloid and Interface Science,

2010, 160(1):101-123.

[9] SATA T. Ion exchange membranes and separation processes with chemical reactions[J]. Journal of Applied Electrochemistry, 1991, 21(4):283-294.

[10] NIKONENKO V V, PISMENSKAYA N D, BELOVA E I, et al. Intensive current transfer in membrane systems: modelling, mechanisms and application in electrodialysis[J]. Advances in Colloid and Interface Science, 2010, 160(1/2):101-123.

[11] STRATHMANN H, GRABOWSKI A, EIGENBERGER G. Ion-exchange membranes in the chemical process industry[J]. Industrial & Engineering Chemistry Research, 2013, 52(31):10364-10379.

[12] TAKAGI R, VASELBEHAGH M, MATSUYAMA H. Theoretical study of the permselectivity of an anion exchange membrane in electrodialysis[J]. Journal of Membrane Science, 2014, 470:486-493.

[13] YAN H, XU C, LI W, et al. Electrodialysis to concentrate waste ionic liquids: optimization of operating parameters[J]. Industrial & Engineering Chemistry Research, 2016, 55(7):2144-2152.

[14] KIM Y, LOGAN B E. Microbial desalination cells for energy production and desalination[J]. Desalination, 2013, 308:122-130.

[15] MEHANNA M, KIELY P D, CALL D F, et al. Microbial electrodialysis cell for simultaneous water desalination and hydrogen gas production[J]. Environmental Science & Technology, 2010, 44(24):9578-9583.

[16] KIM Y, LOGAN B E. Hydrogen production from inexhaustible supplies of fresh and salt water using microbial reverse-electrodialysis electrolysis cells [J]. Proceedings of the National Academy of Sciences, 2011, 108(39): 16176-16181.

[17] ABDU S, MARTI-CALATAYUD M C, WONG J E, et al. Layer-by-layer modification of cation exchange membranes controls ion selectivity and water splitting[J]. ACS Applied Materials & Interfaces, 2014, 6(3): 1843-1854.

[18] KIKHAVANI T, ASHRAFIZADEH S N, VAN DER BRUGGEN B. Nitrate selectivity and transport properties of a novel anion exchange membrane in electrodialysis[J]. Electrochimica Acta, 2014, 144:341-351.

[19] DIBLíKOVá L, ČURDA L, HOMOLOVá K. Electrodialysis in whey desalting process[J]. Desalination and Water Treatment, 2010, 14(1/3):

208-213.

[20] NATARAJ S K, SRIDHAR S, SHAIKHA I N, et al. Membrane-based microfiltration/electrodialysis hybrid process for the treatment of paper industry wastewater[J]. Separation and Purification Technology, 2007, 57(1):185-192.

[21] ZHANG Y, GHYSELBRECHT K, MEESSCHAERT B, et al. Electrodialysis on RO concentrate to improve water recovery in wastewater reclamation[J]. Journal of Membrane Science, 2011, 378(1/2):101-110.

[22] LLANOS J, COTILLAS S, CAñIZARES P, et al. Novel electrodialysis-electrochlorination integrated process for the reclamation of treated wastewaters[J]. Separation and Purification Technology, 2014, 132:362-369.

[23] MAHMOUD A, HOADLEY A F. An evaluation of a hybrid ion exchange electrodialysis process in the recovery of heavy metals from simulated dilute industrial wastewater[J]. Water Research, 2012, 46(10):3364-3376.

[24] MENDOZA R M, KAN C C, CHUANG S S, et al. Feasibility studies on arsenic removal from aqueous solutions by electrodialysis[J]. Journal of Environmental Science and Health, 2014, 49(5):545-554.

[25] GHERASIM C-V, K ŘIV ČíK J, MIKULášEK P. Investigation of batch electrodialysis process for removal of lead ions from aqueous solutions[J]. Chemical Engineering Journal, 2014, 256:324-334.

[26] SADRZADEH M, MOHAMMADI T, IVAKPOUR J, et al. Separation of lead ions from wastewater using electrodialysis: comparing mathematical and neural network modeling[J]. Chemical Engineering Journal, 2008, 144(3):431-441.

[27] PRONK W, BIEBOW M, BOLLER M. Electrodialysis for recovering salts from a urine solution containing micropollutants[J]. Environmental Science & Technology, 2006, 40(7):2414-2420.

[28] ESCHER B I, PRONK W, SUTER M J F, et al. Monitoring the removal efficiency of pharmaceuticals and hormones in different treatment processes of source-separated urine with bioassays[J]. Environmental Science & Technology, 2006, 40(16):5095-5101.

[29] MONDOR M, MASSE L, IPPERSIEL D, et al. Use of electrodialysis and reverse osmosis for the recovery and concentration of ammonia from swine

manure[J]. Bioresource Technology, 2008, 99(15):7363-7368.

[30] LEE H J, OH S J, MOON S H. Recovery of ammonium sulfate from fermentation waste by electrodialysis[J]. Water Research, 2003, 37(5): 1091-1099.

[31] HEINER S. Chapter 2 Electrochemical and thermodynamic fundamentals [J]. Membrane Science and Technology, 2004:23-88.

[32] ABOU-SHADY A, PENG C, BI J, et al. Recovery of Pb (II) and removal of NO_3^--from aqueous solutions using integrated electrodialysis, electrolysis, and adsorption process[J]. Desalination, 2012, 286:304-315.

[33] LI Q, XU Z, PINNAU I. Fouling of reverse osmosis membranes by biopolymers in wastewater secondary effluent: role of membrane surface properties and initial permeate flux[J]. Journal of Membrane Science, 2007, 290(1):173-181.

[34] KRALCHEVSKA R P, PRUCEK R, KOLARIK J, et al. Remarkable efficiency of phosphate removal: ferrate(VI)-induced in situ sorption on core-shell nanoparticles[J]. Water Research, 2016, 103:83-91.

[35] VASELBEHAGH M, KARKHANECHI H, TAKAGI R, et al. Surface modification of an anion exchange membrane to improve the selectivity for monovalent anions in electrodialysis-experimental verification of theoretical predictions[J]. Journal of Membrane Science, 2015, 490:301-310.

[36] SADRZADEH M, MOHAMMADI T. Sea water desalination using electrodialysis[J]. Desalination, 2008, 221(1):440-447.

[37] MAHMOUD A, HOADLEY A F A. An evaluation of a hybrid ion exchange electrodialysis process in the recovery of heavy metals from simulated dilute industrial wastewater[J]. Water Research, 2012, 46(10):3364-3376.

[38] ZHANG Y, PAEPEN S, PINOY L, et al. Selectrodialysis: fractionation of divalent ions from monovalent ions in a novel electrodialysis stack[J]. Seperation and Purification Technology Technol, 2012, 88:191-201.

[39] VAN DER BRUGGEN B, KONINCKX A, VANDECASTEELE C. Separation of monovalent and divalent ions from aqueous solution by electrodialysis and nanofiltration[J]. Water Research, 2004, 38(5): 1347-1353.

[40] PILTZ B, MELKONIAN M. Immobilized microalgae for nutrient recovery from source-separated human urine[J]. Journal of Applied Phycology, 2018,

30(1):421-429.

[41] ETTER B, TILLEY E, KHADKA R, et al. Low-cost struvite production using source-separated urine in Nepal[J]. Water Research, 2011, 45(2): 852-862.

[42] Larsen T A, Peters I, Alder A, et al. Peer reviewed: re-engineering the toilet for sustainable wastewater management[J]. Environmental Science & Technology, 2001, 35(9):192A-197A.

[43] WILSENACH J A, VAN LOOSDRECHT M C M. Effects of separate urine collection on advanced nutrient removal processes[J]. Environmental Science & Technology, 2004, 38(4):1208-1215.

[44] WANG Y, SHENG G, LI W, et al. Development of a novel bioelectrochemical membrane reactor for wastewater treatment[J]. Environmental Science & Technology, 2011, 45(21):9256-9261.

[45] WANG Y, SHENG G, SHI B, et al. A novel electrochemical membrane bioreactor as a potential net energy producer for sustainable wastewater treatment[J]. Scientific Reports, 2013, 3(1):1864.

[46] GRANT S B, SAPHORES J D, FELDMAN D L, et al. Taking the "waste" out of "wastewater" for human water security and ecosystem sustainability [J]. Science, 2012, 337(6095):681.

[47] VAN VUUREN D P, BOUWMAN A F, BEUSEN A H W. Phosphorus demand for the 1970—2100 period: a scenario analysis of resource depletion [J]. Global Environmental Change, 2010, 20(3):428-439.

[48] NEZUNGAI C D, MAJOZI T. Optimum synthesis of an electrodialysis framework with a background process II: optimization and synthesis of a water network[J]. Chemical Engineering Science, 2016, 147:189-199.

[49] TICE R C, KIM Y. Energy efficient reconcentration of diluted human urine using ion exchange membranes in bioelectrochemical systems[J]. Water Research, 2014, 64:61-72.

[50] LIU X W, WANG Y P, HUANG Y X, et al. Integration of a microbial fuel cell with activated sludge process for energy-saving wastewater treatment: taking a sequencing batch reactor as an example[J]. Biotechnology and Bioengineering, 2011, 108(6):1260-1267.

[51] BERG M, TRAN H C, NGUYEN T C, et al. Arsenic contamination of groundwater and drinking water in vietnam: a Human Health Threat[J].

[52] NORDSTROM D K. Worldwide occurrences of arsenic in ground water[J]. Science, 2002, 296(5576):2143.

[53] SMITH A H, LOPIPERO P A, BATES M N, et al. Arsenic epidemiology and drinking water standards[J]. Science, 2002, 296(5576):2145.

[54] JAIN C K, ALI I. Arsenic: occurrence, toxicity and speciation techniques [J]. Water Research, 2000, 34(17):4304-4312.

[55] RODRíGUEZ-LADO L, SUN G, BERG M, et al. Groundwater arsenic contamination throughout China[J]. Science, 2013, 341(6148):866.

[56] TONG M, YUAN S, ZHANG P, et al. Electrochemically induced oxidative precipitation of Fe(II) for As(III) oxidation and removal in synthetic groundwater[J]. Environmental Science & Technology, 2014, 48(9): 5145-5153.

[57] LUO T, CUI J, HU S, et al. Arsenic removal and recovery from copper smelting wastewater using TiO_2[J]. Environmental Science & Technology, 2010, 44(23):9094-9098.

[58] SINGER D M, FOX P M, GUO H, et al. Sorption and redox reactions of As(III) and As(V) within secondary mineral coatings on aquifer sediment grains[J]. Environmental Science & Technology, 2013, 47(20): 11569-11576.

[59] TRESINTSI S, SIMEONIDIS K, ESTRADé S, et al. Tetravalent manganese feroxyhyte: a novel nanoadsorbent equally selective for As(III) and As(V) removal from drinking water[J]. Environmental Science & Technology, 2013, 47(17):9699-9705.

[60] ANIRUDHAN T S, UNNITHAN M R. Arsenic(V) removal from aqueous solutions using an anion exchanger derived from coconut coir pith and its recovery[J]. Chemosphere, 2007, 66(1):60-66.

[61] ALI I, KHAN T A, ASIM M. Removal of arsenic from water by electrocoagulation and electrodialysis techniques[J]. Separation & Purification Reviews, 2011, 40(1):25-42.

[62] SáNCHEZ-SáNCHEZ A, TEJOCOTE-PéREZ M, FUENTES-RIVAS R M, et al. Treatment of a textile effluent by electrochemical oxidation and coupled system electooxidation:salix babylonica[J]. International Journal of Photoenergy, 2018, 2018:3147923.

[63] TSANTAKI E, VELEGRAKI T, KATSAOUNIS A, et al. Anodic oxidation of textile dyehouse effluents on boron-doped diamond electrode[J]. Journal of Hazardous Materials, 2012, 207/208:91-96.

[64] MARTíNEZ-HUITLE C A, FERRO S. Electrochemical oxidation of organic pollutants for the wastewater treatment: direct and indirect processes[J]. Chemical Society Reviews, 2006, 35(12):1324-1340.

[65] SHESTAKOVA M, SILLANPää M. Electrode materials used for electrochemical oxidation of organic compounds in wastewater[J]. Reviews in Environmental Science and Bio/Technology, 2017, 16:1-16.

[66] PéREZ G, FERNáNDEZ-ALBA A R, URTIAGA A M, et al. Electro-oxidation of reverse osmosis concentrates generated in tertiary water treatment[J]. Water Research, 2010, 44(9):2763-2772.

[67] TURRO E, GIANNIS A, COSSU R, et al. Electrochemical oxidation of stabilized landfill leachate on DSA electrodes[J]. Journal of Hazardous Materials, 2011, 190(1):460-465.

[68] YU H, MA C, QUAN X, et al. Flow injection analysis of chemical oxygen demand (COD) by using a boron-doped diamond (BDD) electrode[J]. Environmental Science & Technology, 2009, 43(6):1935-1939.

[69] KIM J, KWON D, KIM K, et al. Electrochemical production of hydrogen coupled with the oxidation of arsenite[J]. Environmental Science & Technology, 2014, 48(3):2059-2066.

[70] DUCA M, KOPER M T M. Powering denitrification: the perspectives of electrocatalytic nitrate reduction[J]. Energy & Environmental Science, 2012, 5(12):9726-9742.

[71] LI A, ZHAO X, HOU Y, et al. The electrocatalytic dechlorination of chloroacetic acids at electrodeposited Pd/Fe-modified carbon paper electrode[J]. Applied Catalysis B: Environmental, 2012, 111/112:628-635.

[72] LEDEZMA ESTRADA A, LI Y Y, WANG A. Biodegradability enhancement of wastewater containing cefalexin by means of the electro-Fenton oxidation process[J]. Journal of Hazardous Materials, 2012, 227/228:41-48.

第 6 章

疏松纳滤膜制备及污染物去除

6.1
纳滤膜概述

纳滤(NF)是一种介于超滤(UF)和反渗透(RO)之间的压力驱动膜分离工艺。[1]其操作压力通常在0.3~2 MPa范围,截留分子量为200~2000 Da,孔径在1 nm左右。纳滤膜主要通过相转化法、界面聚合法、逐层自组装法制备。[2]由于适中的工作压力和相对较高的小分子保留率,其已被广泛应用于废水处理及其资源化、海水淡化、饮用水净化和液体浓缩等生产生活领域。

6.1.1
基本原理和应用

在诸多膜分离技术中,超滤膜孔径较大,主要通过孔径筛分作用实现溶质分离。[3]反渗透膜结构致密,其传质机理主要为溶解扩散。[4]纳滤膜介于超滤膜和反渗透膜之间,但其分离机理更为复杂,由于纳滤膜表面通常带有电荷,可对带电溶质产生静电相互作用,即静电排斥增强溶质截留,静电吸引削弱溶质截留,这一分离机理被称为Donnan效应。[5]而对于不带电的溶质,纳滤膜主要依靠对不同大小溶质的孔径筛分作用实现选择性分离。[6]

由于纳滤膜具有可调的孔径和表面电性,基于孔径筛分作用和Donnan效应,可以实现溶液中不同性质溶质的选择性分离,其应用包括寡糖纯化[7]、多肽多级分离[8]、盐/染料分离、重金属回收以及废水污染物去除等[2]。

6.1.2
疏松纳滤膜

目前大多数市售纳滤膜具有低于500 Da的截留分子量,这些膜的特点是孔径小、静电排斥能力强,因此被称为致密纳滤膜[9],对大多数有机溶质和盐都有较高的截留率。这不仅会导致严重的浓差极化和膜污染,还限制了纳滤膜在废水资源回收中的应用[10],使其很难通过致密纳滤膜实现小分子溶质和盐的分离,以及从生物大分子中分离有机小分子。这导致大量成分复杂的纳滤浓缩物的产生,从而带来严重的环境负担。[11]而结构较为松散的疏松纳滤膜(Loose Nanofiltration,LNF)一方面具有相对较大的孔径,另一方面保持了其静电排斥能力,可以很好地应用于这些溶质的选择性分离。[2]这种疏松纳滤膜可以在截留大分子的同时,透过盐离子和小分子,并且具有更高的水通量。[12]目前,常用的致密纳滤膜,如 NF90、NF270,具有优异的稳定性和分离性能,是水处理应用中的主导产品[13],相比之下,由于缺乏有竞争力的商业化疏松纳滤膜,疏松纳滤还未在实际应用中得到广泛应用[14]。因此,开发选择性分离能力强、抗污染效果好的新型疏松纳滤膜对满足日益增长的应用需求具有重要意义。[15]

如图 6.1 所示,从 2015 年开始,在数据库 Scopus 上检索到的"疏松纳滤膜"相关文献数量迅速增长[2],疏松纳滤膜已被应用于小分子有机物纯化、染料纯化除盐[16]、纺织废水处理等各个领域[17]。其高选择分离能力和低操作压力的特点使其具有广阔的应用前景,在学术研究和工业应用中日益受到重视。

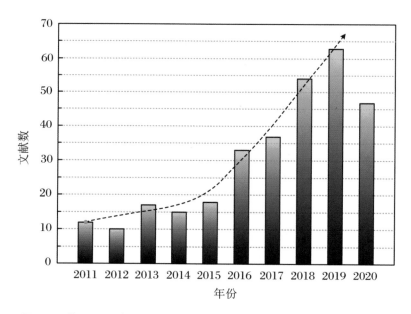

图 6.1　截至 2020 年 7 月 22 日,Scopus 上基于"疏松纳滤膜"的文献数量[2]

6.1.3
疏松纳滤膜的制备方法

膜材料和制备方法直接决定疏松纳滤膜的性质和过滤性能,如图 6.2 所示,疏松纳滤膜常用的制备方法包括相转化法[18]、涂覆法[19]、贻贝启发的仿生黏附法[20]、接枝聚合法[21]、界面聚合法[22]和逐层自组装法等[2]。

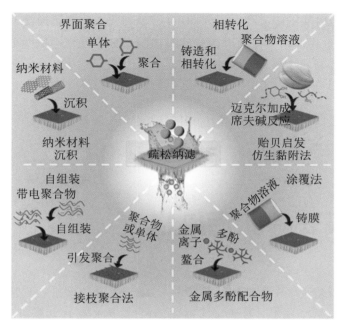

图 6.2 疏松纳滤膜的制备方法[2]

相转化法是最常用的制备超滤膜的方法。[16]一些研究使用相转化法实现了纳滤膜的制备,相转化法制备的纳滤膜具有更大的孔径,允许盐离子透过的同时,可截留小分子溶质,但由于其亲水性差、活性层较厚、孔径分布较宽的缺点,导致其易产生污染、水通量低、选择性分离能力弱,因此在疏松纳滤膜的应用中受到诸多限制。[23]

界面聚合法是用于生产薄膜复合膜最常用、最先进的技术。[24]传统的界面聚合工艺以超滤膜为支撑层,以哌嗪或间苯二胺为水相单体,以均苯三甲酰氯为有机相单体,通过单体分子在水相和有机相界面间的聚合反应,制备出具有超滤基底和聚酰胺活性层结合的复合结构。[1]界面聚合法用于制备纳滤膜具有反应快、截留性能强、通量相对较高、表面亲水抗污染能力强、易于规模化等优点,因此是疏松纳滤膜最有潜力的制备方法。[25]通过寻找新的反应单体或者进行支撑层改性等方法,可以降低聚酰胺交联度,增加聚酰胺选择性分离层自由体积。[26] 这会改善分离层理化性质,制备出具有良好分离能力和抗污染特性的疏松纳滤膜。[27]

逐层自组装法利用分子或纳米尺寸的物质在基底上通过静电吸附、π-π 堆积、氢键结合、疏水吸附等各种非共价相互作用来制备疏松纳滤膜选择性分离层,是制备疏松纳滤膜的一种重要方法。[28] 逐层自组装具有选择性分离层理化性质简单、易控的优点。[29] 例如利用聚阳离子电解质和聚阴离子电解质在表面荷负电的聚醚砜(PES)超滤基底上的交替沉积可以制备出纳滤选择性分离层,通过调节聚电解质的浓度和沉积周期,可以很方便地控制选择性分离层的孔径和表面电荷,这种简单易控的可调节性对于制备具有良好选择性分离性能的疏松纳滤膜非常有利。[30]

6.2 纳滤膜去除新污染物

工业和市政废水中污染物种类繁多,若未经妥善处理排放到环境中将会导致水资源的进一步污染。如表 6.1 所示,常见污染物包括药物[31]、个人护理产品、农药[32]、全氟烷基物质等化学品[33],它们被统称为新兴有机污染物(Emerging Organic Contaminants,EOC)[34]。尽管 EOC 在自然水体中浓度相对较低,但它们依然对人体健康和水生生态系统构成了潜在威胁。[35] 而且,EOC 的环境归宿、迁移以及毒性尚未被充分了解。[32]

表 6.1 几种具有代表性的新污染物的理化性质

污染物	化学结构	相对分子量 ($g \cdot mol^{-1}$)	酸度系数 (pK_a)
全氟辛酸 (PFOA)	F F F F F F F O F-C-C-C-C-C-C-C-C-O F F F F F F F	414	-0.1—2.8[45]

续表

污染物	化学结构	相对分子量 (g·mol^{-1})	酸度系数 (pK_a)
全氟辛烷磺酸（PFOS）		538	−3.3[53]
阿莫西林三水合物（AMT）		419	2.7—9.6[54]
盐酸四环素（THE）		480	3.3—9.7[55]

其中抗生素和全氟烷基物质是两类重要的 EOC，广泛应用于各种生产生活中。[36] 全氟烷基物质是用于生产消防泡沫、驱脂剂和湿润剂的氟化有机化学物质[37]，很难通过化学和生物过程被降解，它们的广泛使用导致饮用水资源的污染[38]。抗生素是一种被广泛应用于抑菌或杀菌的药物，通过生活废水和医疗废水的排放、下水道溢流和垃圾渗滤液等多种途径被排入自然水体。[39] 水体中残留的抗生素会刺激抗生素抗性细菌的产生，给人体健康带来严重的潜在威胁。现有的生物废水处理方法对这些新污染物的去除效果不佳，这些污染物的存在对下游供水构成重大风险[40]，因此迫切需要开发从复杂废水介质中去除这些新污染物的有效策略[41]。

通过膜分离去除 EOC 的方法已成为人们日益关注的研究课题。[42] 研究表明，纳滤膜可通过孔径筛分和静电相互作用有效去除全氟烷基物质和抗生素。[43] 由于大多数 EOC 具有相对较高的分子量，大于典型纳滤膜的截留分子量，可通过孔径筛分机制被去除。[44] 而且这些污染物在天然水体 pH 条件下通常带负电[45]，有望通过膜和污染物分子间的静电排斥进一步增强 EOC 的去除效果[46]。

商用纳滤膜可提供较高的全氟烷基物质和抗生素截留率。但其对盐离子/小分子物质的选择性有限[47]，因此不适合应用于盐水、地下水和废水中的新污染物去除[48]。由于这些水体中含有大量的钙和溶解性二氧化硅,典型的纳滤膜对这些结垢物质表现出较高的截留[49],被截留的结垢离子在膜表面上的积累以及形成的无机水垢是阻碍纳滤有效运行的关键障碍[50]。为了克服这些局限性,提供能选择性分离新兴有机污染物,同时允许结垢物质通过的新型纳滤膜至关重要。[51]

这种新型纳滤膜需要具备合适的孔径和表面电荷。其中界面聚合法和逐层组装法是制备这种性能可调疏松纳滤膜最具代表性的方法,在盐/染料[52]、盐/抗生素[43]等选择性分离应用中已有许多案例。

界面聚合是制造商用纳滤膜的最新技术,通过选用合适的单体可以制备出性能可调的选择性疏松纳滤膜,以实现对新污染物的选择性分离。逐层自组装是另一种常用的制备疏松纳滤膜的方法。该方法可利用水溶性聚电解质在超滤膜表面的逐层沉积实现疏松纳滤膜的制备。通过对聚电解质浓度、沉积顺序和聚电解质多层膜沉积周期的系统设计,可以直接控制膜的选择性分离层特性。通过这两种方法制备的新型疏松纳滤膜,对于缓解纳滤膜结垢、强化纳滤膜的使用具有重要意义。

6.2.1
界面聚合法和逐层组装法制备疏松纳滤膜

用界面聚合法和逐层组装法制备对新兴有机污染物和结垢离子具有选择透过性的新型疏松纳滤膜。第一种方法是采用界面聚合法在聚醚砜(PES)基底表面形成聚酰胺(Polyamide)选择性分离层(图6.3),制备薄膜复合纳滤膜。分别使用质量浓度为1.0%的PIP和0.5%PIP+0.5%BP的水相溶液来构建致密和松散的选择性分离层。并在两种水相溶液中分别加入质量浓度为0.5%的TEA和0.15%的NaOH作为催化剂。

在界面聚合反应过程中,首先将聚醚砜支撑膜活性层朝上用防水胶带紧密地粘在一个干净的玻璃板上。取约15 mL的胺溶液均匀涂覆在支持膜的表面,使两者接触90 s后将胺溶液倒掉,用气刀去除残留溶液。然后将支撑膜在0.15%质量浓度的酰氯(TMC)溶液中浸泡30 s,形成聚酰胺薄膜复合层。然后将复合膜风干120 s,彻底冲洗后置于4℃的DI水中储存。

第二种方法是利用逐层组装法在聚醚砜超滤支撑层上制备疏松纳滤膜(图6.4)。首先用异丙醇清洗聚醚砜支撑层,然后用去离子水洗去残留的异丙

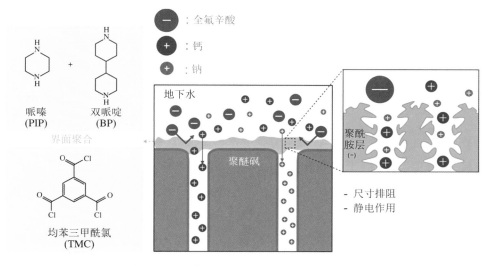

图 6.3 界面聚合法制备疏松纳滤膜选择性截留全氟磺酸示意图

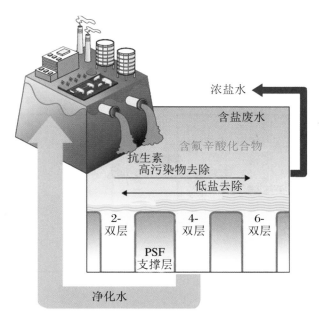

图 6.4 逐层组装法制备选择性截留新兴有机污染物疏松纳滤膜示意图

醇,在去离子水中于 4 ℃ 储存过夜。之后将聚醚砜基底活性层朝上固定,将 $0.1\ g\cdot L^{-1}$ 的 PDADMAC 和 PSS 分别溶解在 $0.2\ mol\cdot L^{-1}$ 的 NaCl 溶液中制备聚阳离子和聚阴离子电解质涂覆溶液。在逐层组装过程中,将聚阳离子电解质和聚阴离子电解质溶液交替涂覆在表面带负电的聚醚砜基底上,并用 $0.2\ mol\cdot L^{-1}$ 的 NaCl 溶液清洗掉未吸附的聚电解质。在 25 ℃ 的室温下重复上述涂覆过程,制备涂覆有两层、四层和六层双分子层的聚电解质多层纳滤膜。

6.2.2
界面聚合纳滤膜对全氟烷基类物质的选择性去除

纳滤膜的厚度、孔径、表面电性等性质综合影响膜的选择性分离性能，以下是界面聚合法制备的疏松纳滤膜的 Zeta 电位、表面羧基密度、活性层厚度、膜孔径等相关表征数据和不同纳滤膜对多种盐的截留性能。

纳滤膜的表面电性特征直接决定静电排斥作用对带电溶质的去除性能。通过测定聚酰胺分离层的 Zeta 电位和羧基密度，科学家们研究了 PIP+BP，PIP 和 NF270 膜的电荷特性。如图 6.5(a)所示，在溶液 pH 为 7 和 10 时，所有 NF 膜均表现出负表面电位。这是因为在界面聚合反应中，未反应的酰氯(TMC)水解为羧基而形成了带负电荷的表面层。Zeta 负电位的大小遵循 NF270＞PIP＞PIP+BP 的顺序。聚酰胺薄膜的羧基解离常数(pK_a 值)约为 5.2。在所研究的 pH 范围内，PIP+BP，PIP 和 NF270 膜电位均为负值，这与膜表面羧基离子化有关。

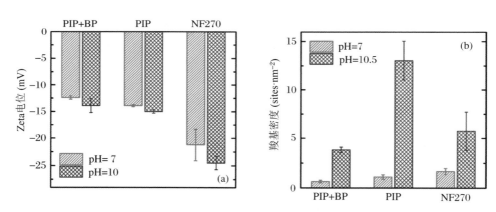

图 6.5　PIP+BP，PIP 和 NF270 的 Zeta 电位(a)；膜表面羧基密度(b)

进行 STEM-EDX 表征，获得了不同膜的横截面图像(图 6.6(a-1)～图 6.6(a-3))。聚酰胺选择层富含氮，超滤支撑层含硫而不含氮。STEM-EDX 测得 NF270 膜的 PA 层厚度在 20—30 nm 的范围内(图 6.6(a-3))，类似于其他高分辨率显微镜和表面特征研究报告中的数值。结果表明，PIP 膜的氮信号相对较高，且信号密集，表明 PIP 膜可能具有比其他两种膜更厚的 PA 选择性层。

为了对活性层厚度进行更准确的定量分析，利用原子力显微镜(AFM)对 PA 层进行了成像。PIP+BP 膜、PIP 膜和 NF270 膜的 PA 层平均厚度分别为 (43±2)nm、(61±7)nm 和(29±4)nm。与 STEM-EDX 元素分析结果一致，

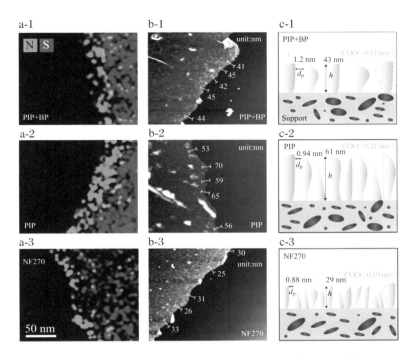

图 6.6 PIP 聚酰胺膜、PIP+BP 膜、NF270、聚砜超滤膜的氮和硫的 STEM-EDX 元素分布图(a);由 AFM 确定的 PA 选择层的厚度(b);PIP+BP,PIP 和 NF270 膜的聚酰胺选择性层特性的示意图(c)

PIP 膜的 PA 层比 PIP+BP 和 NF270 膜的 PA 层厚。

PIP+BP 膜、PIP 膜和 NF270 膜的结构和电荷特性如图 6.6 所示。PIP+BP 膜的孔径大小为 1.2 nm,远大于 PIP 的 0.94 nm 和 NF270 的 0.80 nm 孔径。所有的膜都具有负表面电荷,这归因聚酰胺膜表面的羧基。将 pH 为 10.5 时的总羧基密度除以 AFM 测量的 PA 层平均厚度,得到归一化后的羧基密度,羧基基团密度最高的是 PIP 膜($0.21\ nm^{-1}$),其次是 NF270($0.19\ nm^{-1}$)和 PIP+BP 膜($0.11\ nm^{-1}$)。

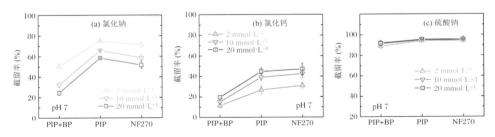

图 6.7 PIP+BP,PIP 和 NF270 膜对不同浓度单种盐类氯化钠(a),氯化钙(b)和硫酸钠(c)的截留性能

如图 6.7 所示，分别用浓度为 2 mmol·L^{-1}、10 mmol·L^{-1} 和 20 mmol·L^{-1} 的氯化钠、氯化钙和硫酸钠测试 PIP+BP，PIP 和 NF270 膜对盐的截留性能。随着盐浓度的增加，三种膜对 NaCl 的截留率都降低，这是因为对于像 NaCl 这样的对称盐，与膜电荷相同的离子和膜之间的静电排斥在盐离子的截留中起主导作用。因此，盐浓度较高时，由于盐离子对膜表面电荷的屏蔽作用增强，导致 NaCl 截留率下降。PIP+BP 膜对 NaCl 的截留率比 PIP 和 NF270 要低很多，这主要是由于其表面电荷较少，同时孔径更大。反常的是，尽管与 NF270 相比，PIP 膜的孔径更小、膜表面电位更高，但其对 NaCl 的截留率高于 NF270 膜。这可以通过聚酰胺活性层的厚度来解释。如图 6.6(c-2)所示，PIP 膜的聚酰胺层厚度为 61 nm，NF270 膜厚度为 29 nm，这会使离子穿过活性层的阻力增加。该结果表明，除了膜孔径和电荷性质外，活性层的厚度在控制 NF 膜的离子截留/选择性以及水渗透性中起着至关重要的作用。

观察到 CaCl$_2$ 截留率随盐浓度变化的趋势与 NaCl 相反，对于所有 NF 膜，CaCl$_2$ 截留率均随浓度升高而增加（图 6.7(b)）。对于电荷不对称的盐（如 CaCl$_2$ 和 Na$_2$SO$_4$），此类离子和膜之间的静电相互作用，其截留率主要取决于其中较高价态的离子，因此在相对较低的 CaCl$_2$ 浓度（2 mmol·L^{-1}）下，Ca^{2+} 与膜负电荷之间的静电吸引促进了 Ca^{2+} 的运输，导致 CaCl$_2$ 截留率较低。当盐浓度增加，由于钙离子的静电屏蔽作用，静电吸引作用被减弱，考虑到 Ca^{2+} 离子水合半径约为 0.41 nm，PIP 膜孔半径为 0.47 nm，NF270 孔半径为 0.41 nm，钙离子也可以依靠孔径筛分作用被截留，因此在高离子强度溶液中，CaCl$_2$ 的截留率提升。相对而言，PIP+BP 膜对 CaCl$_2$ 的截留率比 PIP 和 NF270 膜低得多（<20%），这是因为 PIP+BP 膜的疏松结构可以无视电荷之间的相互作用而使钙离子通过。

纳滤膜对 Na$_2$SO$_4$ 的截留率最高，三种膜的排斥率都达到了 90% 以上，因为二价硫酸根离子水合半径为 0.38 nm，孔径筛分和静电排斥都可以对其贡献一定的截留率。并且当盐浓度变化时，硫酸钠截留率无显著变化。与 CaCl$_2$ 截留不同，Ca^{2+} 可以有效地中和膜表面电荷，而一价钠离子对膜表面的电荷屏蔽作用有限，因此对 Na$_2$SO$_4$ 的截留率相对稳定。而发现 PIP+BP 膜对 Na$_2$SO$_4$ 的排斥效果与 PIP 和 NF270 膜相当。这一结果表明，尽管 PIP+BP 膜的活性层比较疏松，但依靠孔径筛分和静电排斥的综合作用还是能有效地截留 SO$_4^{2-}$。

通过测试界面聚合法制备的疏松纳滤膜对 PFOA 的截留性能，证明疏松纳滤膜的成功制备，并且孔径较大的疏松纳滤膜在截留污染物的同时允许钙离子通过，这种选择性对于疏松纳滤膜在实际水体体系中的应用具有重要意义。

NF 膜对 PFOA 的截留受膜孔径、膜电荷以及 PFOA 理化性质的影响。使用含 1 mg·L^{-1} PFOA 的去离子水或混合盐溶液测试 PIP+BP,BP 和 NF270 膜对 PFOA 的截留性能。在去离子水体系中,三种 NF 膜均有较高的 PFOA 去除效率(约为 90%)(图 6.8(a))。由于 PFOA 具有相对较高的分子量(414 g·mol^{-1}),孔径筛分将在其截留中起重要作用。此外,在我们的研究中,当溶液 pH 为 7 时,NF 膜和 PFOA 均由于其羧基官能团而带负电。因此,带负电荷的 PIP+BP,PIP 和 NF270 膜可通过静电排斥作用有效地增强对 PFOA 的截留效果。

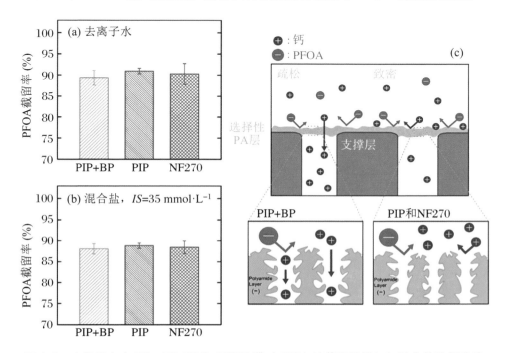

图 6.8 去离子水中 PIP+BP,PIP 和 NF270 膜对 PFOA 的截留性能(a);混合盐进料溶液中 PIP+BP,PIP 和 NF270 膜对 PFOA 的截留性能(b)

图示说明了与致密 PIP 和 NF270 膜相比,疏松的纳米多孔 PIP+BP 膜通过结垢的钙离子选择性除去 PFOA,而对 PFOA 和钙均具有高截留率(c)

制备溶解有 NaCl,CaCl$_2$ 和 Na$_2$SO$_4$ 各 5 mmol·L^{-1} 的混合盐溶液用来进一步评估 PFOA 的截留效果,以研究溶液离子强度和组成对 PFOA 截留效率的影响。如图 6.8(b)所示,在混合盐溶液或去离子水溶液中,三种 NF 膜对 PFOA 均有相似的截留率。该结果表明,孔径筛分是三种 NF 膜去除 PFOA 的主要作用机制。通过对三种膜 PFOA 截留率的比较表明,PIP+BP 膜的疏松纳米孔选择性层能够选择性地将 PFOA 与形成水垢的阳离子(即 Ca^{2+})进行选择性分离,而其他两种膜不能达到这种效果。这种选择性对于降低过滤过程中的无机性结垢风险至关重要。

6.2.3
逐层组装纳滤膜对新污染物的选择性去除

通过测试逐层组装法制备的具有不同聚电解质层数的纳滤膜的孔径、Zeta 电位、水通量及水接触角、表面硫/氮元素比和盐截留性能,证实了聚电解质疏松纳滤膜的成功制备。

逐层组装法可通过对聚电解质溶液、沉积顺序和聚电解质多层(PEM)沉积周期的调控制备具有可控孔径和表面电荷的 NF 膜。使用 PDADMAC 和 PSS 分别制备具有两个、四个和六个聚电解质双层的 PEM 来调整孔径,以便改善 PEM 对盐和 EOCs 的选择性。所有 PEM NF 膜均以 PSS 其终止层,从而使膜表面带负电(图 6.9(c))。

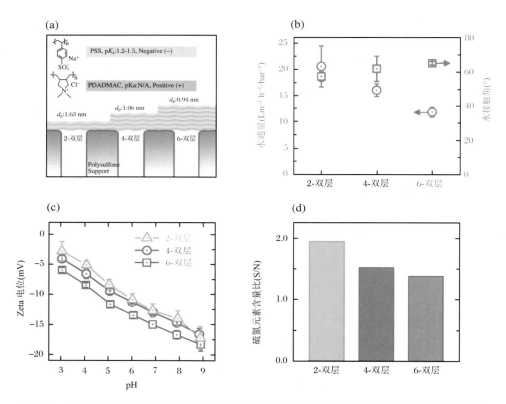

图 6.9 通过 PDADMAC 和 PSS 的逐层(LbL)组装制备聚电解质多层(PEM)NF 膜的示意图(a);PEM NF 膜的纯水通量和水接触角(b);PEM NF 膜的 Zeta 电位(c);X 射线光电子能谱(XPS)表征 PEM NF 膜中硫(S)与氮(N)的元素含量之比(d)

使用不同分子量的中性不带电小分子,通过流体动力学孔隙传输模型,估算了涂覆不同数量双分子层的 PEM NF 膜的平均孔径。如图 6.8(a)所示,PEM NF 膜的平均孔径随着双分子层沉积循环次数的减少而降低:两层、四层、六层双分子层膜的孔径分别为 1.63 nm,1.06 nm 和 0.94 nm。随着双分子层层数的增加,PEM NF 膜的孔径减小,这归因于由聚阴离子和聚阳离子交织的聚合物层交联度的提升。

在 6.9 bar(100 psi)的压力下,具有两层、四层、六层双分子层 PEM 膜的透水率分别为 20.6 L·m^{-2}·h^{-1}·Bar^{-1},16.1 L·m^{-2}·h^{-1}·Bar^{-1} 和 11.8 L·m^{-2}·h^{-1}·Bar^{-1}(空心圆,图 6.9(b)中的左垂直轴)。这些膜的水渗透性比 PSF 基材小 10 倍以上,与 NF270 膜相当。随着双分子层数的增加,观察到水渗透性下降的趋势,这归因于较小的孔径(图 6.9(a))和增加的厚度。所有 PEM 膜的水接触角都是相似的,而与双分子层数无关(图 6.9(b)),并且显著低于聚醚砜基底,这表明 PEM 膜的表面润湿性不受沉积循环次数的影响。

通过测量膜表面的 Zeta 电位评估 PEM NF 膜的表面电荷特性。如图 6.9(c)所示,在溶液 pH 范围从 3 到 9 的情况下,所有 PEM 膜均显示负表面电荷,对于具有更大双层数的膜,观察到的 Zeta 电位略高。所有 PEM 膜的一致负表面电荷可归因于终止层聚阴离子电解质 PSS 的负电荷特征,进一步证明了 LbL 组装对膜表面电性的调节能力。

使用 X 射线光电子能谱(XPS),对通过 LbL 组装的 PEM 进行元素组成分析。随着双分子层数从两层、四层增加到六层,硫与氮的元素分数比 S/N 从 1.95,1.52 降低到 1.38(图 6.9(d))。当 PEM 比较薄时(即双分子层数较少),来自 PSF 基底的硫的影响相对较强;随着更多的双分子层沉积,该影响逐渐减弱。此外,随着双分子层数的增加,S/N 值接近 1,这与分别来自 PSS 和 PDADMAC 的硫(S)和氮(N)的一比一经验化学计量一致,因此,这表明双分子层数的增加降低了来自 PSF 基底的干扰。

分别使用浓度为 10 mmol·L^{-1} 的硫酸钠、氯化钙和氯化钠来评估 PEM 和 NF270 膜对单一盐的截留率。所有三种 PEM 膜的 NaCl 截留率均相当,为 13%—15%(图 6.9(a))。由于所有 PEM 膜都具有相似的负表面电荷特性(图 6.8(c)),在溶液 pH 为 7 时,两层、四层和六层双分子层 PEM 膜的 Zeta 电位值分别为 −12.7 mV,−13.0 mV 和 −15.0 mV。基于电荷的 NF 分离机制,我们预测带电荷的 NF 膜对对称盐(如 NaCl)的截留性能由离子的静电排斥(即带负电的 PEM 膜对氯离子的截留)控制。三种 PEM 膜的 NaCl 截留率几乎相当,这归因于它们相似的表面电性。对于这些膜,相比于静电排斥作用,孔径筛分在 NaCl 的截留中只起很小的作用。

与 PEM 膜相比,NF270 膜表现出了更高的 NaCl 截留率(58%)。我们将这一结果归因于:与 PEM 膜相比,NF270 膜在 pH 约为 7 时的负表面电位更高,导致更强的静电排斥作用。孔径筛分也可能在 NF270 对 NaCl 的截留中起到一定的作用,因为相对于 PEM 膜,其孔径较小(0.41 nm),但是静电排斥的机理占主导地位,因为 NF270 的孔径仍然比钠离子(0.36 nm)和氯离子(0.33 nm)的水合半径大得多。

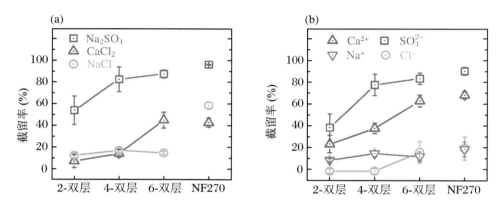

图 6.10　检测 PEM 和 NF270 膜对单一盐/混合盐的截留率:以 10 mmol·L^{-1} 硫酸钠、氯化钙或氯化钠为进料溶液(a);以混合盐为进料溶液(b)

通过混合 5 mmol·L^{-1} Na$_2$SO$_4$,NaCl 和 CaCl$_2$(总离子强度为 35 mmol·L^{-1})来制备混合盐进料溶液(b)

NF 膜对不对称的 CaCl$_2$ 和 Na$_2$SO$_4$ 盐的截留性能主要受 Ca^{2+} 和 SO$_4^{2-}$ 离子的迁移控制,因为它们的价态和水合尺寸均比较高。PEM 膜的带负电荷的 PSS 终止层通过静电吸引促进了 Ca^{2+} 离子的运输,而 SO$_4^{2-}$ 离子被静电排斥,这导致较低的 CaCl$_2$ 和较高的 Na$_2$SO$_4$ 截留率(图 6.10(a))。相比之下,随着双层数的增加,CaCl$_2$ 和 Na$_2$SO$_4$ 的截留率都有升高趋势,这表明孔径筛分作用也在 Ca^{2+} 和 SO$_4^{2-}$ 离子的截留中发挥作用。重要的是,四层膜表现出高达 82% 的 Na$_2$SO$_4$ 截留率,但 CaCl$_2$ 的截留率却只有 14%,这种选择性对于有效去除实际废水中的 EOC 具有重要意义。

使用同时含有 5 mmol·L^{-1} Na$_2$SO$_4$,NaCl 和 CaCl$_2$,总离子强度(IS)为 35 mmol·L^{-1} 的混合盐溶液作为进料溶液,研究了 PEM 膜对不同离子的截留行为。与在 IS = 10 mmol·L^{-1} 时的单一 NaCl 截留率相比,在混合盐溶液中,所有膜对 Cl$^-$ 离子的截留率都降低(图 6.10(b))。随着双分子层数的增加,在混合盐溶液中观察到了更高的钙离子截留率。NF 膜对硫酸根的截留行为与通过单一盐截留实验获得的 Na$_2$SO$_4$ 的行为相似。该观察结果符合我们先前的推测,即限速离子(具有较高价和较大水合尺寸的输运)决定了不对称盐(Na$_2$SO$_4$)

的截留。该结果进一步表明,溶液离子强度和电解质组成基本上不影响硫酸根的截留。

通过测试逐层组装法制备的聚电解质纳滤膜对几种新污染物的截留性能,证明疏松纳滤膜具有比商用纳滤膜 NF270 更强的污染物/结垢离子选择性分离性能,通过膜孔径、膜表面电性及新兴有机污染物理化性质的分析,推测截留机理。

通过测试界面聚合法制备的疏松纳滤膜对 PFOA 的截留性能,证明疏松纳滤膜的成功制备,并且孔径较大的疏松纳滤膜在截留污染物的同时允许钙离子通过,这种选择性对于疏松纳滤膜在实际水体体系中的应用具有重要意义。

分别将 1 mg·L^{-1} 的全氟烷基物质和抗生素溶解在去离子水或混合盐溶液中,测试 PEM 和 NF270 膜对全氟烷基物质(PFOA 和 PFOS)和抗生素(阿莫西林三水合物和盐酸四环素)的截留性能。图 6.11(a)显示了在去离子水体系中新兴有机污染物(EOC)的截留效率。除了两层膜的去除率相对较低(为 60%—70%)外,所有膜均表现出较高的 EOC 截留率(>85%)。实验中使用的 EOC 具有相对较高的相对分子量(414—538 g·mol^{-1}),并且由于带有不同的官能团而显示出不同的电性。由于结构中含有羧基和磺酸基官能团,PFOA 和 PFOS 在天然水体的 pH 条件下均带负电荷。与 PFOA 和 PFOS 不同的是,抗生素分子是两性的。具体而言,如表 6.1 所示,阿莫西林三水合物包含羧基(pK_{a1} = 2.7)、氨基(pK_{a2} = 7.5)和羟基(pK_{a3} = 9.6)官能团,而四环素盐酸盐包含三羧基(pK_{a1} = 3.2—3.3)、酚 β-二酮(pK_{a2} = 7.3—7.7)和二甲胺(pK_{a3} = 9.1—9.7)官能团。

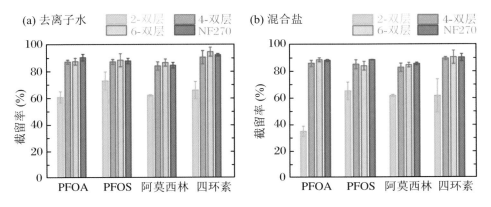

图 6.11 PEM 和 NF270 膜对 PFOA,PFOS,阿莫西林三水合物和盐酸的截留效果。以去离子水溶液为进料溶液(a);以混合盐溶液为进料溶液(b)

与 NF270 膜相比,尽管它们的电荷性质不同,四层、六层双分子层膜在所有

EOC 上均表现出较高的截留率（>85%，图 6.11(a)）。该结果表明，无论其电荷性质如何，尺寸排阻是四层、六层双分子层 PEM 膜对 EOC 的主要截留机制。而对于孔径较大的双层双分子层膜，即使带负电的膜表面可以通过静电排斥增强 EOC 的截留，薄且稀疏的双层双分子层的孔径筛分作用较弱，对 EOC 仍然只有较低的截留性能。

为了进一步评估溶液离子强度和成分对 EOC 去除率的影响，我们使用混合盐溶液（含 $NaCl$，Na_2SO_4，$CaCl_2$ 各 5 mmol·L^{-1} 制备）进行了 NF 分离实验。如图 6.11(b)所示，在混合盐溶液中，四层和六层双分子层膜对 EOC 的去除率与去离子水进料溶液中的 EOC 的去除率相似。该结果证明孔径筛分在四层、六层 PEM 膜去除 EOC 的过程中起主要作用。此外，与去离子水制备的溶液相比，两层双分子层膜在混合盐溶液中的 EOC 截留值通常较低，特别是对于带负电荷的 PFOA 和 PFOS。这是因为在较高的溶液离子强度条件下，膜表面的电荷被屏蔽，对 PFOA 和 PFOS 的静电排斥作用减弱并导致截留率降低。

在去离子水和混合盐溶液中评估的四层和六层双分子层膜相似的 EOC 截留值表明，增加聚电解质双分子层的层数并不一定能导致更高的 EOC 截留率，但是四层膜比六层膜能更有效地通过 Ca^{2+}。因此，与更厚的六层双分子层聚电解质膜相比，四层双分子层聚电解质膜对结垢阳离子和 EOC 的选择性更高。这种选择性对于 NF 工艺过程中浓差极化和无机结垢的缓解至关重要。

参考文献

[1] MOHAMMAD A W，TEOW Y H，ANG W L，et al. Nanofiltration membranes review：recent advances and future prospects[J]. Desalination，2015，356：226-254.

[2] GUO S，WAN Y，CHEN X，et al. Loose nanofiltration membrane custom-tailored for resource recovery[J]. Chemical Engineering Journal，2021，409：127-376.

[3] GUILLEN G R，PAN Y，LI M，et al. Preparation and characterization of membranes formed by nonsolvent induced phase separation：a review[J]. Industrial & Engineering Chemistry Research，2011，50(7)：3798-3817.

[4] LIU C，WANG W，YANG B，et al. Separation，anti-fouling，and chlorine resistance of the polyamide reverse osmosis membrane：from mechanisms to mitigation strategies[J]. Water Research，2021，195：116976.

[5] LIU Y L, WANG X M, YANG H W, et al. Preparation of nanofiltration membranes for high rejection of organic micropollutants and low rejection of divalent cations[J]. Journal of Membrane Science, 2019, 572:152-160.

[6] PAUL M, JONS S D. Chemistry and fabrication of polymeric nanofiltration membranes: a review[J]. Polymer, 2016, 103:417-456.

[7] SALEHI F. Current and future applications for nanofiltration technology in the food processing[J]. Food and Bioproducts Processing, 2014, 92(2):161-177.

[8] NATH K, DAVE H K, PATEL T M. Revisiting the recent applications of nanofiltration in food processing industries: progress and prognosis[J]. Trends in Food Science & Technology, 2018, 73:12-24.

[9] CHEN Z, LUO J, HANG X, et al. Physicochemical characterization of tight nanofiltration membranes for dairy wastewater treatment[J]. Journal of Membrane Science, 2018, 547:51-63.

[10] ZHANG W, ZHANG X. Effective inhibition of gypsum using an ion-ion selective nanofiltration membrane pretreatment process for seawater desalination[J]. Journal of Membrane Science, 2021, 632:119358.

[11] ZHAO Y, TONG T, WANG X, et al. Differentiating solutes with precise nanofiltration for next generation environmental separations: a review[J]. Environmental Science & Technology, 2021, 55(3):1359-1376.

[12] TIAN J, CHANG H, GAO S, et al. Direct generation of an ultrathin (8.5 nm) polyamide film with ultrahigh water permeance via in-situ interfacial polymerization on commercial substrate membrane[J]. Journal of Membrane Science, 2021,634:119450.

[13] GUO S, CHEN X, WAN Y, et al. Custom-tailoring loose nanofiltration membrane for precise biomolecule fractionation: new insight into post-treatment mechanisms[J]. ACS Applied Materials & Interfaces, 2020, 12(11):13327-13337.

[14] SONG X, GAN B, QI S, et al. Intrinsic nanoscale structure of thin film composite polyamide membranes: connectivity, defects, and structure-property correlation[J]. Environmental Science & Technology, 2020, 54(6):3559-3569.

[15] TONG T, ELIMELECH M. The global rise of zero liquid discharge for wastewater management: drivers, technologies, and future directions[J].

Environmental Science & Technology, 2016, 50(13):6846-6855.

[16] THONG Z, GAO J, LIM J X Z, et al. Fabrication of loose outer-selective nanofiltration (NF) polyethersulfone (PES) hollow fibers via single-step spinning process for dye removal [J]. Separation and Purification Technology, 2018, 192:483-490.

[17] HAN G, CHUNG T S, WEBER M, et al. Low-Pressure nanofiltration hollow fiber membranes for effective fractionation of dyes and inorganic salts in textile wastewater[J]. Environmental Science & Technology, 2018, 52(6):3676-3684.

[18] LI X L, ZHU L P, ZHU B K, et al. High-flux and anti-fouling cellulose nanofiltration membranes prepared via phase inversion with ionic liquid as solvent[J]. Separation and Purification Technology, 2011, 83:66-73.

[19] LI P, WANG Z, YANG L, et al. A novel loose-NF membrane based on the phosphorylation and cross-linking of polyethyleneimine layer on porous PAN UF membranes[J]. Journal of Membrane Science, 2018, 555:56-68.

[20] QIU W Z, YANG H C, XU Z K. Dopamine-assisted co-deposition: an emerging and promising strategy for surface modification[J]. Advances in Colloid and Interface Science, 2018, 256:111-125.

[21] LIU F, MA B R, ZHOU D, et al. Positively charged loose nanofiltration membrane grafted by diallyl dimethyl ammonium chloride (DADMAC) via UV for salt and dye removal[J]. Reactive and Functional Polymers, 2015, 86:191-198.

[22] GU K, WANG S, LI Y, et al. A facile preparation of positively charged composite nanofiltration membrane with high selectivity and permeability [J]. Journal of Membrane Science, 2019, 581:214-223.

[23] YU L, DENG J, WANG H, et al. Improved salts transportation of a positively charged loose nanofiltration membrane by introduction of poly (ionic liquid) functionalized hydrotalcite nanosheets[J]. ACS Sustainable Chemistry & Engineering, 2016, 4(6):3292-3304.

[24] GOHIL J M, RAY P. A review on semi-aromatic polyamide TFC membranes prepared by interfacial polymerization: potential for water treatment and desalination[J]. Separation and Purification Technology, 2017, 181:159-182.

[25] ZHANG Q, FAN L, YANG Z, et al. Loose nanofiltration membrane for

[26] SUN S P, HATTON T A, CHAN S Y, et al. Novel thin-film composite nanofiltration hollow fiber membranes with double repulsion for effective removal of emerging organic matters from water[J]. Journal of Membrane Science, 2012, 401/402:152-162.

[27] ZHANG Z, KANG G, YU H, et al. Fabrication of a highly permeable composite nanofiltration membrane via interfacial polymerization by adding a novel acyl chloride monomer with an anhydride group[J]. Journal of Membrane Science, 2019, (570/571):403-409.

[28] NG L Y, MOHAMMAD A W, NG C Y. A review on nanofiltration membrane fabrication and modification using polyelectrolytes: effective ways to develop membrane selective barriers and rejection capability[J]. Advances in Colloid and Interface Science, 2013, 197/198:85-107.

[29] DUCHANOIS R M, EPSZTEIN R, TRIVEDI J A, et al. Controlling pore structure of polyelectrolyte multilayer nanofiltration membranes by tuning polyelectrolyte-salt interactions[J]. Journal of Membrane Science, 2019, 581:413-420.

[30] WANG Y, ZUCKER I, BOO C, et al. Removal of emerging wastewater organic contaminants by polyelectrolyte multilayer nanofiltration membranes with tailored selectivity[J]. ACS ES&T Engineering, 2021, 1(3):404-414.

[31] MEYER M F, POWERS S M, HAMPTON S E. An evidence synthesis of pharmaceuticals and personal care products (PPCPs) in the environment: imbalances among compounds, sewage treatment techniques, and ecosystem types[J]. Environmental Science & Technology, 2019, 53(22):12961-12973.

[32] KURODA K, MURAKAMI M, OGUMA K, et al. Assessment of groundwater pollution in Tokyo using PPCPs as sewage markers[J]. Environmental Science & Technology, 2012, 46(3):1455-1464.

[33] VAN DEN BRINK P J, TARAZONA J V, SOLOMON K R, et al. The use of terrestrial and aquatic microcosms and mesocosms for the ecological risk assessment of veterinary medicinal products[J]. Environmental Toxicology and Chemistry, 2005, 24(4):820-829.

[34] SCHULZE S, ZAHN D, MONTES R, et al. Occurrence of emerging persistent and mobile organic contaminants in European water samples[J].

Water Research, 2019, 153:80-90.

[35] KIM S, CHU K H, AL-HAMADANI Y A J, et al. Removal of contaminants of emerging concern by membranes in water and wastewater: a review[J]. Chemical Engineering Journal, 2018, 335:896-914.

[36] BENTEL M J, YU Y, XU L, et al. Defluorination of per- and polyfluoroalkyl substances (PFASs) with hydrated electrons: structural dependence and implications to PFAS remediation and management[J]. Environmental Science & Technology, 2019, 53(7):3718-3728.

[37] RAHMAN M F, PELDSZUS S, ANDERSON W B. Behaviour and fate of perfluoroalkyl and polyfluoroalkyl substances (PFASs) in drinking water treatment: a review[J]. Water Research, 2014, 50:318-340.

[38] SHI X, LEONG K Y, NG H Y. Anaerobic treatment of pharmaceutical wastewater: a critical review[J]. Bioresource Technology, 2017, 245:1238-1244.

[39] YU X, SUI Q, LYU S, et al. Municipal solid waste landfills: an underestimated source of pharmaceutical and personal care products in the water environment[J]. Environmental Science & Technology, 2020, 54(16):9757-9768.

[40] GHATTAS A K, FISCHER F, WICK A, et al. Anaerobic biodegradation of (emerging) organic contaminants in the aquatic environment[J]. Water Research, 2017, 116:268-295.

[41] CHEN F, GONG Z, KELLY B C. Bioaccumulation behavior of pharmaceuticals and personal care products in adult zebrafish (danio rerio): influence of physical-chemical properties and biotransformation[J]. Environmental Science & Technology, 2017, 51(19):11085-11095.

[42] SORIANO Á, GORRI D, URTIAGA A. Selection of high flux membrane for the effective removal of short-chain perfluorocarboxylic acids[J]. Industrial & Engineering Chemistry Research, 2019, 58(8):3329-3338.

[43] HUANG B Q, TANG Y J, ZENG Z X, et al. Enhancing nanofiltration performance for antibiotics/NaCl separation via water activation before microwave heating[J]. Journal of Membrane Science, 2021, 629:119285.

[44] WENG X D, JI Y L, MA R, et al. Superhydrophilic and antibacterial zwitterionic polyamide nanofiltration membranes for antibiotics separation[J]. Journal of Membrane Science, 2016, 510:122-130.

[45] GOSS K U. The pK_a values of PFOA and other highly fluorinated carboxylic acids[J]. Environmental Science & Technology, 2008, 42(2):456-458.

[47] RADJENOVIĆ J, PETROVIĆ M, VENTURA F, et al. Rejection of pharmaceuticals in nanofiltration and reverse osmosis membrane drinking water treatment[J]. Water Research, 2008, 42(14):3601-3610.

[48] TANG C Y, FU Q S, CRIDDLE C S, et al. Effect of flux (transmembrane pressure) and membrane properties on fouling and rejection of reverse osmosis and nanofiltration membranes treating perfluorooctane sulfonate containing wastewater[J]. Environmental Science & Technology, 2007, 41(6):2008-2014.

[49] SCHAEP J, VAN DER BRUGGEN B, UYTTERHOEVEN S, et al. Removal of hardness from groundwater by nanofiltration[J]. Desalination, 1998, 119(1):295-301.

[50] VAN DE LISDONK C A C, VAN PAASSEN J A M, SCHIPPERS J C. Monitoring scaling in nanofiltration and reverse osmosis membrane systems[J]. Desalination, 2000, 132(1):101-108.

[51] LEVCHENKO S, FREGER V. Breaking the symmetry: mitigating scaling in tertiary treatment of waste effluents using a positively charged nanofiltration membrane[J]. Environmental Science & Technology Letters, 2016, 3(9):339-343.

[52] XU R, WANG J, CHEN D, et al. Preparation and performance of a charge-mosaic nanofiltration membrane with novel salt concentration sensitivity for the separation of salts and dyes[J]. Journal of Membrane Science, 2020, 595:117472.

第 7 章

膜污染的形成与控制

7.1 膜污染的形成

当前膜技术发展愈加迅速,限制膜技术快速发展的膜污染问题也愈发引起关注。膜污染主要是指在膜过滤过程中,滤液中的微粒、胶体粒子或溶质大分子通过与膜发生物理、化学或机械作用,从而在膜表面或膜孔内吸附、沉积,造成膜孔径变小或堵塞,使膜产生通量与分离特性的不可逆变化。通常情况下,膜污染主要受以下几种因素的影响:

1. 膜孔堵塞

膜污染往往是由多种原因造成的,其中膜孔因分离物质在膜表面或内部吸附、沉积造成的堵塞最为常见。由筛分机理可知,当滤料中的污染物颗粒大于膜孔本身时,将不能够透过膜,此时污染物附着在膜表面形成膜孔堵塞,造成通量降低。有研究表明当膜孔大小与过滤污染物颗粒粒径接近时,更容易发生污染现象。根据污染物颗粒被截留的位置,将由堵塞带来的污染分为表面污染和深层污染。表面污染可由机械截留、吸附截留以及架桥截留等方式引起,对膜孔造成堵塞,但相对而言,由于污染物沉积在膜表面,容易被清洗去除。对于深层截留,当污染物传递到膜内部时被内部较小的膜孔截留或者吸附于膜内,给膜通量带来不可逆的下降。研究表明,污染物如细菌、蛋白质等能够通过变形能力,进入到膜孔内部,不仅造成膜的截留能力下降,而且由此造成的膜污染也将影响膜的正常使用。[1,2]

2. 凝胶层形成

当污染物在膜表面积累时,将会逐渐形成凝胶层,使得水通量严重降低。一般情况下,凝胶层主要由大分子物质被吸附到膜表面而形成,甚至能够覆盖整个膜表面,造成膜通量80%以上的下降。由于蛋白质往往带有电荷,容易因为静电作用而吸附团聚,被膜截留在膜表面形成凝胶层[3],而且在过滤过程中操作压力越大,越容易在膜表面形成凝胶层。

3. 浓差极化现象

在过滤过程中,越靠近膜表面,其污染物浓度越高,形成边界层。一方面,边界层至膜内部的污染物浓度呈梯度分布,使得过滤性能下降。另一方面,由浓差极化造成的通量变化会受到系统操作条件的影响,如提高流速和过滤过程中的搅拌速度,降低滤料中的污染物浓度等可以有效地减少膜浓差极化现象的产生。

4. 膜本身性质

亲疏水性是膜最重要的性质之一。研究发现,亲水性膜往往具有更高的抗污染能力,这是由于亲水性膜能够在膜表面形成一层水分子结构,从而减少或避免污染物直接接触到膜本身,减少对污染物的吸附[4],而疏水性膜往往使滤料中的疏水性物质停留在膜表面,造成膜孔堵塞或者形成凝胶层,从而导致膜污染[5]。滤料中的物质如蛋白质等往往带有电荷,在电荷作用力下,膜本身的荷电性也对膜污染有着极大的影响。[6]膜孔隙率及膜孔的大小在一定程度上影响膜孔的堵塞难易程度,另外膜的粗糙度越大,污染物越容易停留在膜表面,对污染物的吸附能力也将随着粗糙度的增加而增加,而且粗糙度大的膜在形成膜污染时,污染物容易沉积在膜表面缝隙内,从而造成不可逆污染,严重影响膜的使用性能。[7]

因此,如图7.1所示,膜污染机理可以归结为膜孔堵塞[8]、凝胶层形成[9]、泥饼层形成[10]和渗透压作用[11-12]。

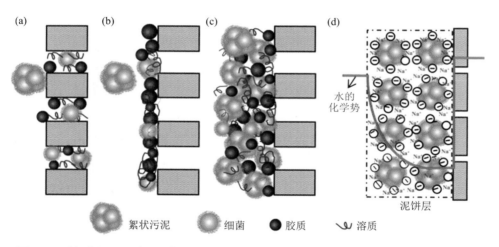

图7.1 膜污染机理示意图:膜孔堵塞(a);凝胶层形成(b);泥饼层形成(c);渗透压作用(d)[13]

按照不同的分类原则,膜污染可以划分为不同的类别。首先,按照清洗方式的不同,可以分为可逆污染和不可逆污染。一般情况下,不可逆污染是指物理清洗、化学清洗均无法去除的膜污染。但也有人将其定义为物理清洗无法去除,但化学清洗可以去除的膜污染。膜污染分为可去除污染、不可去除污染和不可逆污染。如图7.2所示,可去除污染可以用物理清洗(如曝气、搅拌等)轻易去除,主要指很松散地黏附于膜表面的泥饼层;不可去除污染用物理清洗的方法无法去除,但可以用化学清洗的方法去除,这类污染物主要指堵塞膜孔或强力黏附于膜表面的污染物;不可逆污染指的是物理和化学清洗均无法去除的膜污染。一一般来讲,在膜过滤过程中,泥饼层过滤阻力占整个过膜压力的主要部分。[14]

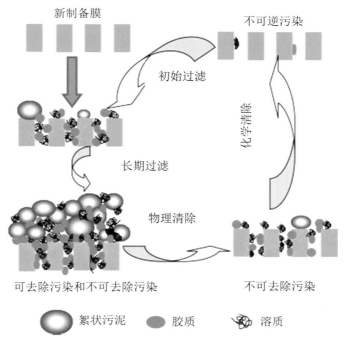

图 7.2　可去除污染、不可去除污染、不可逆污染示意图[15]

根据污染物的成分不同,膜污染又可划分为生物污染、有机污染和无机污染。对膜污染组分的充分了解,也有助于寻找有效的方法来控制膜污染。[15]生物污染是指膜表面细菌细胞或污泥絮体的沉积、生长和代谢,其在膜过滤过程中的作用也引起了很大的关注。[16-17]在 MF 和 UF 废水处理过程中,生物污染是最主要的问题。这是因为绝大多数膜污染物(如微生物絮体)的尺寸都比膜孔径大,所以生物污染从单个细胞或细胞团簇在膜表面的沉积就开始了,然后逐渐形成一个生物污染层。

在常见的膜生物反应器中,有机污染是指微生物代谢产生的生物聚合物(如多糖、蛋白等)在膜表面的沉积。由于尺寸相对较小,这些生物聚合物在过滤过程中很容易在膜表面沉积,同时其受到相对于胶体或污泥絮体较小的作用力,又很难从膜上脱附下来。大量的研究表明,在膜污染过程中,SMP(Soluble Microbial Products)和 EPS(Extracellular Polymeric Substances)起到至关重要的作用[13,18]。无机污染主要是一些无机盐在膜表面的沉淀造成的,相对于生物污染和有机物污染,其在 MBR 膜污染过程中占的比重相对较小。[15]

在 MBR 反应器内影响膜污染的因素可以归结为四类:膜材料、污泥特性、水力学特征和操作条件。[19-20]这些影响因素间的相互作用也使得膜污染的问题复杂化。如图 7.3 所示，对于一个给定的 MBR，膜污染行为取决于活性污泥特征和反应器的水动力学特征。但同时，操作条件（如 SRT，HRT，F/M 等）和废水特性又影响污泥特性，进而间接对膜污染产生影响。[15]

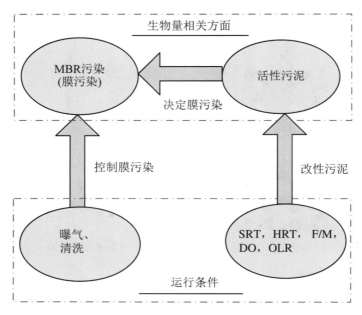

图 7.3　膜污染影响因素和控制措施示意图[15]

7.2 膜污染的分类

膜污染主要指在过滤过程中，原水中大量存在的无机物、有机物以及微生物与超滤膜接触时，因机械作用被截留在膜孔的外部，形成浑浊物从而将膜堵塞，导致水难以通过膜；或是因物理化学作用，使过多的污染物沉淀和堆积在膜孔的内部，致使膜孔变小或堵塞，导致水流通过膜孔时受到严重阻碍，增加运行成本及系统维护费用。引起膜污染的物质按性质可分为无机污染物、有机污染物和生物污染物。

7.2.1

无机污染

无机污染主要由水体中的无机颗粒(如黏土矿物、金属氧化物等水中常见颗粒物)引起[21],主要有两种污染方式:① 大颗粒在膜表面不断累积,小颗粒堵塞膜孔;② 大量的无机颗粒沉淀在膜表面形成滤饼层导致膜阻力增加。研究表明,单独的无机颗粒不会产生严重的膜污染,其对膜通量的影响很小甚至可以忽略,颗粒的大小及浓度对膜污染几乎都没有影响,但颗粒物对膜的污染可能受水体环境及其他条件影响,如二氧化硅胶体受水体的酸碱性及离子强度影响,当在原水中加入酸时,二氧化硅胶体污染加重,酸性越强,二氧化硅的污染越严重。无机颗粒污染属于可逆污染,反冲洗后易去除。来自非生物过程的胶体物质如淤泥和黏土等无机物,也会造成无机污染,它们引起的水通量衰减往往源于滤饼层污染,以相互脱水聚合或依靠膜表面电荷与胶体电荷的吸附,在膜表面絮凝沉积,沉积后的胶体呈棉絮状,然后板结,牢牢地附在膜表面,一般不会热力学不可逆地吸附在膜表面[22];积聚在膜表面的这些类型的胶体很容易被水力清洗(如反冲洗和空气擦洗)所去除。同时,在以压力为驱动的膜分离系统中,由于膜的截留作用,在膜表面会发生体系中组分的浓缩,导致浓差极化现象的产生。对于可溶性的组分来说,当离子的含量累积超过其溶解度后就会在膜表面和孔内形成沉淀或结垢。无机类污染物最主要的是钙离子、钡离子等的硫酸盐和碳酸盐所形成的水垢层,其中以 $CaCO_3$ 和 $CaSO_4$ 最为常见。在大多数情况下,无机与有机污染物之间还存在着相互促进的作用,加剧膜的污染。尽管在许多膜工艺过程中,如海水淡化和水软化过程,存在无机胶体结垢,但缓解策略通常侧重于给水的预处理或优化运行条件。[23]

7.2.2

有机污染

由于污染物的类别不同,膜污染的性质也不尽相同,其中有机污染在膜污染中占有很大比重。[21]有机污染是溶解的组分和胶体(如腐殖酸和黄腐酸、亲水性和疏水性蛋白质)通过吸附作用附着在膜上的污染类型,这些组分通常来自微生物分泌的胞外聚合物和溶解性产物,以及废水中的有机物。膜处理过程中进水的有机物种类庞杂繁多,大体上可以分为两大类:一类为天然有机物(Natural Organic Matter,NOM),是具有广泛分子量和官能团的多相混合物,包括各种类型的不可生物降解有机物,其粒径分布从纳米到微米;另一类为出水有机物(Effluent Organicmatter,EfOM),是指经二级生物处理后的出水中含有的有机物。根据进水水源不同,具体有机污染物的种类也不同,其中腐殖酸大分子可形成滤饼层致使膜通量降低,严重影响膜处理效果,此外,其为维持微生物种群的生长提供了营养源,加剧了膜的生物污染。而多糖、蛋白质等通过形成泥饼层或凝胶层造成膜污染,导致纯水通量的下降[22]。

7.2.3

生物污染

生物污染是指微生物、藻类和细菌在膜表面繁殖,堵塞膜通道,导致水通量减少、工作压力和压差升高的一种污染现象。[24]膜的生物污染分为两个阶段:黏附和生长。进水中黏附力强的微生物将首先附着在膜表面,形成膜生物污染的基础,膜的表面易吸附腐殖质、聚糖脂和微生物进行新陈代谢活动的产物等大分子物质,为微生物提供了生存条件,然后黏附细胞在进水营养物质的供养下生长繁殖,由大量的、不同种类的微生物及其代谢产物在膜表面形成生物膜。膜表面由生物污染形成的滤饼层是可压缩的,具有较低的孔隙率,严重影响膜的渗透性。膜表面的生物膜还可以直接通过酶作用或间接通过还原电势作用降解膜聚合物,缩短膜的寿命,破坏膜结构的完整性,甚至会造成重大系统故障。[25]有机与无机的溶解性物质以及颗粒物,可以通过有效的预处理被去除,但可繁殖的微生物颗粒经预处理后即使剩余0.01%仍能利用水中可生物降解的物质进行自身繁殖,这也是生物污泥在任何系统中都会造成污染的主要原因之一。藻类、细菌和有机物都可能处于胶体尺寸,这些胶体物质都有可能吸附在膜表面引起污染。胶体物质有不同的起源,它们产生的膜污染亦有很大差别。微生物新陈代谢产生的胶体物质往往永久性吸附在膜表面从而引起不可逆的吸附性污染。源于微生物过程的胶体污染被归类为微生物污染。[26]

根据其典型的污染行为,有机和生物污染可分为三类:非迁移性污染、可扩散性污染(如黏附、扩散和聚结)和增殖性污染。非迁移性污染物包括有机胶体、NOM 和生物大分子,其沉积在膜表面并形成相当稳定的滤饼层;可扩散性污染物包括各种油类在内的易分散污垢,不仅会附着,还会扩散,聚结并在膜表面形成连续层;增殖性污染也称生物污染,通常包含多种与生物有关的基序,如细菌细胞、细胞外聚合物(EPS)和细胞碎片。在结垢过程中,增殖结垢的总量以及复杂性可能会增加,防污膜的开发主要集中在减少有机污染和生物污染的结垢上。

7.3 膜污染的控制措施

前期关于膜污染的研究主要还是考虑 EPS,SMP 和水动力学特征,通过调整操作条件和进水情况亦可改变活性污泥特征,进而控制膜污染。近几年也出现了借助化学、电化学或者微生物的方法或手段来原位控制膜污染的研究。基于此,膜污染控制策略可以归纳为以下几个方面:水力学控制、化学控制和生物控制。水力学控制主要是通过调整 HRT、曝气方式、反冲洗和次临界/低通量操作等方式来影响污泥的黏度、可渗透性、EPS 浓度和泥饼层的形成,进而控制膜污染。[27-32]化学控制措施主要分为两种,一种是通过外加活性炭颗粒/粉末(GAC/PAC)[33-34]、填料[35-36]、絮凝剂[37-38]、吸附剂[39]等来改变活性污泥性质,从而控制膜污染;另一种是以原位在线的方式,通过超声[40]、臭氧[41-42]等化学或电迁移[43-45]、电絮凝[46-48]等电化学的方法来原位抑制或调控膜污染。生物控制主要是通过添加具有杀菌效果的药物或诱导产生与阻断细胞团聚、成膜有关的信号分子的物质从而控制膜污染的形成。[49-52]

7.3.1 电化学原位去除膜污染

近年来膜分离技术发展迅速,然而长期运行时存在的膜污染现象仍然是个非常棘手的问题。在运行过程中,一些溶解性有机物和悬浮固体会慢慢沉积在膜表面或者膜孔内,导致有效膜孔径的减小甚至完全堵塞,进而使膜性能变差,因此膜污染控制的关键就是抑制膜表面污染物的沉积或将其及时去除。在抑制膜污染沉积方面,目前大多数研究都集中在通过改进膜材料来减少污染物在膜表面的黏附。[53]最近一些研究表明,电化学技术可能会提供另一种减少膜表面污染物沉积的方法。[45,48,54]例如,通过在膜表面施加间歇电场,可以抑制MBR中的膜污染,其膜污染抑制机理主要归结于施加的外电场对带负电污泥絮体的静电排斥力,减少其在膜表面的沉积。[45]然而,此方法需要施加外电场,不仅增加了能量消耗,同时也使系统变得更加复杂。此外,利用在电场辅助下铁电极的电絮凝作用,来改善过滤污泥的物理、化学或生物特性,进而减轻膜污染的方法亦有报道。[48,54]然而,这种方法中存在铁的大量消耗,从而导致运行费用的增加;另外,铁的氢氧化物沉淀会对污泥特征产生影响,如影响微生物群落和其新陈代谢活性,需要做进一步的研究。[55]

在污染物去除方面,利用一些强氧化性物质,如次氯酸钠和过氧化氢(H_2O_2),可以直接去除膜表面的污染物。[56]但是这些强氧化性物质的大量投加不仅增加了运行费用,而且有可能对膜造成损伤。[57]此外,次氯酸钠等化学物质亦可能带来一些环境和生态问题。[56]从工程应用的角度讲,原位控制膜污染是个很好的选择。目前,电化学原位去除膜污染在无机膜和有机膜中都有所应用,运用较多的是电化学膜生物反应器(EMBR)。最近研究发现,H_2O_2可以通过BES原位产生,这为膜污染的原位抑制提供新的选择。一种电化学膜强化的膜生物反应器(EMBR)的研发为膜污染原位抑制和清除提供了新的思路。前面的研究大多在膜生物反应器(MBR)中加入了电化学单元(阳极和阴极),而一些研究使用导电膜作为电极或将电极放置在膜组件中。目前的研究主要集中在阴极膜的制备上,这种类型的结构确保了微生物不断地被电斥力推离膜组件。此外,由于持续曝气,H_2O_2可以从阴极区产生。H_2O_2可以作为弱氧化剂降解生物污染物(如SMP和EPS)或使细菌失活,从而减少生物污染。[58]在使用导电膜的情况下,通常采用不锈钢网等导电材料作为支撑层和各种涂层(如PVDF、吡咯改性聚酯过滤器和负载多壁碳纳米管(MCNTs)的非织造布)。[59-62]这种膜的电导率越高,产生的电排斥力越高,因此其污染缓解效率越高。[63]Liu等人将铜线置于平板膜组件内作为阴极,并使用不锈钢网作为阳极。[64]Zhang等将Ti和Fe阴极置于淹没式EMBR膜组件中。这两项研究都证明了有效污垢的减少。[65]Akamatsu等人利用碳布作为阳极制作了膜组件,施加连续或间歇电场,并报道了连续或间歇直流输入的膜通量回收。[66]最近,Yin等人研发了一种导电铜纳米线复合膜,并将其安装在MBR中。[67]在25天的运行期间,观察到膜污染得到了延缓。污垢的减少是由于带电粒子被驱离膜表面。静电斥力可以有效地防止污染物在膜表面的沉积。此外,由于减少了负电荷粒子和膜之间的静电斥力,电场阻止了致密滤饼层的形成。研究人员还声称,膜表面形成的 H_2O_2 也可能在降低污染方面发挥作用。

除了阴极膜的发展,一些研究人员尝试开发阳极复合膜以直接生成 ROS 膜表面。哈沙克等人在应用电场过滤模型处理生物污染物(如酵母)的过程中,将多壁碳纳米管(MWCNT)涂覆在 PVDF 的表面作为阳极,发现阳极膜产生了 Cl_2 和 $Cl·$,氧化了附着在膜上的污垢。[68] 杨等人制造并应用 CNT/PVDF 膜作为 EMBR 中的阳极,由于电化学氧化导致膜表面或膜孔内部的污垢显著降解,从而减轻了膜污染。后来在处理水产养殖海水时,通过配备阳极膜(碳纤维布涂层 PVDF/PVP 复合膜)的 EMBR 中的电氧化实现了原位膜污染控制。[69] 在运行期间(约 22 天),膜污染减少了 70%。电场在 MBR 中的整合可能会干扰微生物活动,因此细菌活力和污染物去除是 EMBR 设计中的关键方面。

本小节以该 EMBR 为例,介绍了目前电化学原位去除膜污染的研究进展。该系统中不锈钢粗网过滤膜既充当 EMBR 的阴极,又作为过滤材料,而利用生物阳极产生的电能可以原位抑制不锈钢粗网过滤膜的膜污染。这种独到的设计具有双重优势:① 阴极附近产生的电场可以减少污泥在其表面的沉积;② H_2O_2 可以持续生成,并原位清除膜表面的污染物。

7.3.1.1　EMBR 的产电性能

EMBR 阳极室和阴极室的水力停留时间分别为 0.16 h 和 3.4 h。经阳极室内微生物处理后的出水连续进入阴极室内,然后通过不锈钢丝网阴极过滤,最终排出。阴极室底部设置微孔曝气管,给阴极室曝气,维持一定的溶解氧(Dissolved Oxygen,DO)浓度。系统可以通过在外电路中连接一个电阻实现从废水中回收电能。EMBR 系统的产电回收受外接电阻的影响。

如图 7.4 所示,在 1000 Ω 外电阻下,平均输出电压达到 $(0.52±0.17)$ V,10 Ω 外电阻时则为 $(0.04±0.01)$ V。当电阻从 1000 Ω 降到 10 Ω 时,相应的电流密度从 $(2.48±0.81)$ A·m^{-3} 增加到 $(18.49±4.44)$ A·m^{-3}。同时,阳极室的库仑效率也从 0.9% 增加到 4.5%。这些结果表明,较低的外电阻有利于产电细菌把电子转移至电极,因此增加了电流输出。然而,功率密度却是另外一种趋势。如表 7.1 所示,当外电阻从 1000 Ω 降至 10 Ω 时,功率密度从 1.43 W·m^{-3} 降至 0.76 W·m^{-3}。

表 7.1 不同实验阶段的运行条件和系统性能表现

实验阶段	运行时间 (d)	开/闭路	外部电阻 (Ω)	输出/施加电压 (V)	电流密度 ($A \cdot m^{-3}$)	功率密度 ($W \cdot m^{-3}$)	库仑效率 (%)	最大功率密度 ($W \cdot m^{-3}$)	COD 去除率 (%)	NH_4^+-N 去除率 (%)	膜污染速率
1	1~8	开	/	/	/	/	/	/	89.9±3.0	95.0±1.1	0.24
2	9~20	闭	1000	0.52±0.17	2.48±0.81	1.43±0.69	0.9	4.34	95.4±1.1	96.9±0.6	0.16
3	21~43	闭	10	0.04±0.01	18.49±4.44	0.76±0.41	4.5	1.21	94.6±3.3	96.6±2.3	0.09
4	44~48	开	/	/	/	/	/	/	93.8±0.8	98.0±3.7	0.22
5	49~61	闭	/	/	/	/	/	/	92.9±1.3	96.6±3.6	0.08

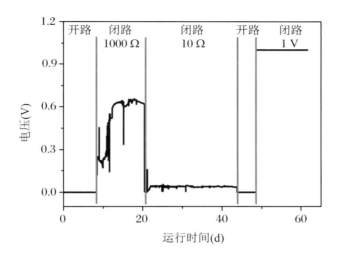

图 7.4　不同运行条件下 EMBR 外电阻两端电压的变化

通过设计不同的阶段,运行阶段 1(1—8 天)和运行阶段 4(44—48 天):电路没有接通(对照阶段,用于模拟传统的 MBR);运行阶段 2—3(模拟 EMBR 系统)从第 9 天持续到第 43 天,电路连接 1000 Ω 或 10 Ω 外电阻;5 阶段从第 49 天持续到第 61 天,外加 1 V 电压,可以在运行阶段 2 和运行阶段 3 结束时所做的极化曲线和功率密度曲线上看到在较高的外电阻下获得更大的功率输出的现象(图 7.5)。当外电阻从 1000 Ω 降至 10 Ω 时,功率密度从 4.34 W·m^{-3} 降到 1.21 W·m^{-3}。这归因于在较大的外电阻条件下更利于产电菌在阳极的增殖,从而增加其功率输出。

7.3.1.2　EMBR 系统中的膜污染特征

EMBR 运行过程中,在连续流操作模式下,膜污染情况可以通过钢丝网的跨膜压差(TMP)来表示。当 TMP 达到 1 kPa,取出钢丝网,用自来水冲洗,以去除泥饼层、恢复膜通量。膜污染主要是由于污泥饼在膜表面的沉积导致的。因此,随着时间增加,泥饼层逐渐形成,TMP 也相应地增加;增加到一定程度后,需要对膜组件进行离线物理清洗以去掉泥饼层,这时 TMP 会立即下降(图 7.6)。虽然在不同的运行阶段得到了相似的 TMP 变化,但由于运行条件的不同,各个阶段稳定的运行时间显著不同。在这里,我们用单位时间内膜污染/清洗次数来定义膜污染频率(f, d-1),f 值随运行条件的不同而改变,也大致反映了污染趋势。另外,闭路条件下得到的平均输出电压为 0.522 V。这些结果表明电路在闭合状态下,生物阳极产生的电能有利于减轻膜污染。通过对比运行阶段 2,3

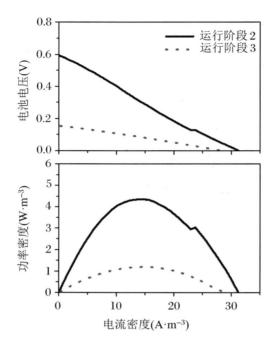

图7.5 不同外电阻下 EMBR 的极化曲线和功率密度曲线

和5的膜污染性能表现,可以发现外电阻两端电压和 f 值存在着一些关联,这也进一步表明 EMBR 中粗网膜材料上所形成的电流或电势(系统产生或外加)对于减轻膜污染具有积极的意义。类似地,在外加电压下获得了较小的 f 值,这也表明可以通过原位利用阳极微生物产生的电能来减少膜污染。

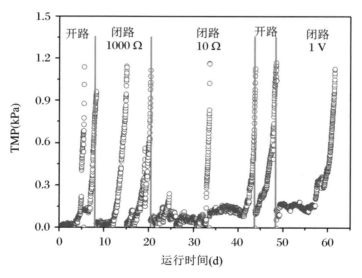

图7.6 不同运行条件下 EMBR 系统 TMP 的变化

通过外加电压来减少膜表面泥饼层的形成,可以用 CLSM 获得证实。图 7.7 分别是运行阶段 4 和 5 运行结束后,EMBR 阴极膜表面形成生物膜的三维 CLSM 图。在外加电压条件下形成的生物膜要明显比开路条件下的生物膜更薄更疏松。另外,图 7.7(a)表明细菌(红色)和一些 β-聚多糖(蓝色)、蛋白质(绿色)组成的 EPS 大量存在于生物膜中。EPS 可以很容易地黏附到膜表面上,进而导致长期运行时泥饼层的沉积和不可逆转膜污染的发生。相比之下,外加电压条件下(图 7.7(b))生物膜中的细菌和 EPS 较少,这也充分证明使用外加电压可以减轻膜污染。

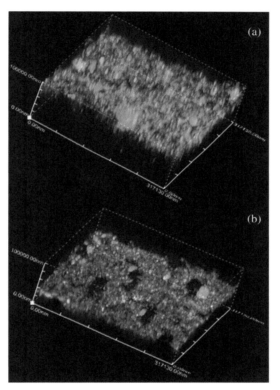

图 7.7　不同运行阶段钢丝网表面生物膜的 CLSM 三维重构图片:运行阶段 4(a),运行阶段 5(b);所用染料为 Syto 63(微生物细胞,红色)、FITC(蛋白质,绿色)和 Calcofluor white (β-聚多糖,蓝色)

7.3.1.3　EMBR 中营养物质的去除

与传统的 MBR 使用真空泵抽滤出水的系统不同,EMBR 靠重力自流出水。运行过程中,反应器中的污泥被阴极不锈钢丝网截留并形成泥饼层,保证了出水中较低的 MLSS。正常运行情况下，EMBR 系统出水浊度维持在 2 NTU 以下（图 7.8）。在初次使用钢丝网以及反冲洗后，出水浊度有所升高，这主要是由于缺少了污泥饼层对污泥絮体的有效拦截。[70]

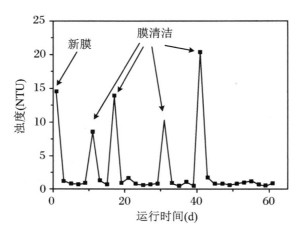

图 7.8　长期运行过程中 EMBR 出水浊度的变化

EMBR 系统中 COD 和 NH_4^+-N 的去除效果如图 7.9 所示。在两个多月的运行过程中，出水中的 COD 平均出水浓度和系统对 COD 的去除率分别为 $(20.0±9.2)$ mg·L^{-1} 和 93.7%，NH_4^+-N 对应值分别为 $(1.0±0.7)$ mg·L^{-1} 和 96.5%。此粗网过滤 EMBR 系统对营养物质的去除性能可以比得上传统微滤膜和超滤膜 MBR 系统。[71-73] 由于阳极室的水力停留时间较短，只有 $(9.8±7.6)$% 的 COD 在阳极室去除。实验过程中，阳极室和阴极室的水力停留时间分别为 0.16 h 和 3.4 h。而乙酸氧化释放的电子中只有部分（0.9%～4.5%）转移电极，大部分 COD 和 NH_4^+-N 是在阴极室被去除的。前述结果也表明通过优化此 EMBR 构型和运行条件，反应器的性能仍然有很大的提升空间。

7.3.1.4　EMBR 原位膜污染抑制机理

抗污染 EMBR 系统中通过施加电场，可以显著地减轻膜污染，而这个电场可以是外加的，也可以是系统本身产生的。如图 7.10 所示，有两种可能的机理来解释该系统膜污染减轻的现象。首先，由于 EMBR 中生物阳极和阴极的电势不同，在电路闭合或外加电压的条件下，阳极和阴极之间就形成电场。这可能增强了带负电的污泥絮体与不锈钢丝网阴极间的静电排斥力，因此抑制了污泥沉积，进而减轻了膜污染。在通过施加间歇电场来抑制膜污染的研究中也得到了相似的结论。[45]

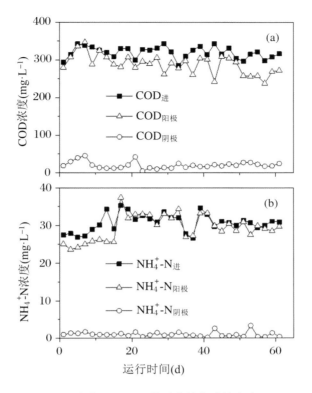

图 7.9 长期 EMBR 系统对营养物质的去除：COD(a) 和 NH_4^+-N(b)

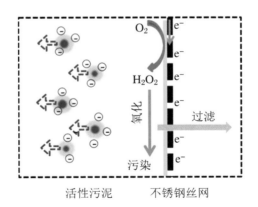

图 7.10 原位利用 EMBR 系统产电抑制膜污染机理解析

此外，一些具有自清洁功能的膜反应器，由于在阴极生成活性氧，如超氧自由基、羟基自由基以及 H_2O_2，从而可以原位去除膜表面的污染物。此前有报道，在 BES 阴极可以通过氧气还原产生 H_2O_2[74-76]，并可以进一步用来原位降解污染物。[75,77-78] 在本章中，不同条件下 EMBR 阴极表面生成 H_2O_2 的情况如

图 7.11 所示,在闭路条件下(运行阶段 2~3)检测到少量的 H_2O_2。另外,通过运行阶段 2,3 和 5 的性能比较可以看出,虽然运行阶段 5 加了更高的外电压,但生物阳极产电更有利于 H_2O_2 的生成。

运行阶段 2,3 和 5 获得较低的 f 值,而其对应生成的 H_2O_2 浓度也更高,因此,在阴极表面生成 H_2O_2 同样是 EMBR 中膜污染减轻的一个重要原因。该实验检测到的 H_2O_2 浓度较低,可能是由于产生的 H_2O_2 具有很高的活性,导致产生后就被消耗掉了。另外,未经任何处理的不锈钢丝网阴极的使用也限制了 H_2O_2 产生。近期,一些研究报道指出,特定电催化活性的催化剂可以用来选择性地催化还原氧气生成 H_2O_2。[79-80] 因此,也可以针对不锈钢丝网阴极开发合适的催化剂以提高阴极 H_2O_2 的产率。

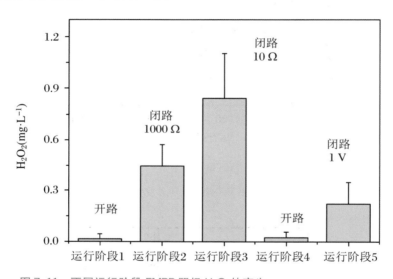

图 7.11 不同运行阶段 EMBR 阴极 H_2O_2 的产生

将电场应用于 MBR 可以有效抑制结垢,其还有着诸多应用方式。如图 7.12 所示,电化学应用在 MBR 中的作用包括电凝、电泳、电渗和电化学群体淬灭(Quorum Quenching,QQ),它们可以降解高污染电位物质,控制污泥的流动性并控制污垢在膜表面的沉积。[81-82] 电凝聚可以通过牺牲阳极(通常是铁或铝)产生的凝聚剂有效去除废水中的高污染潜在化合物,如生物聚合物。施加的电压可以使带负电的活性污泥和 EPS 从膜上漂移或从膜表面脱离并通过电泳向带正电的电极移动。[83] 电化学 QQ 是指电场促进信号分子降解,形成活性氧(ROS)或活性氯物质的机制,因此,由于反应器中微生物群感效应(Quorum Sensing,QS)的干扰阻抗,导致膜表面生物膜生长受到抑制。此外,预计混合液的特性(如沉降性、絮体大小、表面电荷甚至细菌活性)可能会被电场改变,从而影响 MBR 的污染程度。[84-87]

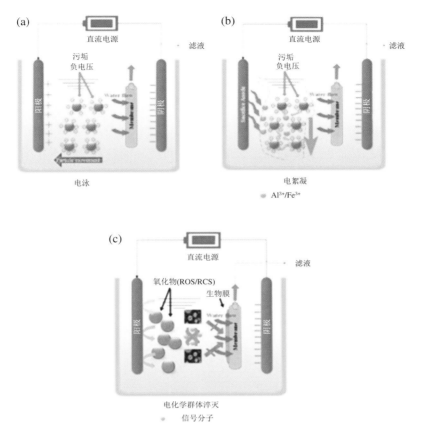

图 7.12 通过混合电化学策略减轻结垢的主要机制：电泳(a)；电絮凝(b)；电化学 QQ(c)[81]

7.3.2

纳米材料修饰策略

在过去的几十年中，对纳米级材料的结构、合成和性能的研究以很快的速度增长，从吸附到水处理中的分离过程，它们都具有广泛的应用。吸附、电化学、膜过滤和离子交换方法等广泛的技术被有效地用于水处理，纳米颗粒也可应用于这些领域中。蛋白质、腐殖酸、油类等多种有毒污染物对水体的污染及纯净水的短缺已成为全球面临的最严重的环境问题。最近，掺入纳米材料的聚合物膜已有效地用于水处理技术中以解决这些环境问题。除了亲水性聚合物，一些纳米材料还被赋予膜表面抗污染性。特别是无机纳米颗粒，如金属、金属氧化物、沸石和碳基纳米材料（CBN，如碳纳米管（CNT）和氧化石墨烯（GO）），由于其在改善膜表面抗污染性能方面的优异功能而引起了相当多的关注。图7.13和图7.14描述了纳米复合膜在抗生物污垢性能方面相比于原始聚合物膜的主要优点。一方面，这些纳米材料中的大多数本质上是亲水的，这可以增加膜表面氢键位点的数量，从而允许形成高度取向且动力学缓慢的紧密结合的水分子界面层。另一方面，纳米材料可以进一步用官能团（如羧基、羟基、季胺或胺官能团）进行表面定制，从而赋予膜表面增强的亲水性和优异的抗污性。本小节总结了纳米材料在膜技术研究新兴领域的应用和进展，特别强调纳米材料的防污和抗菌活性。

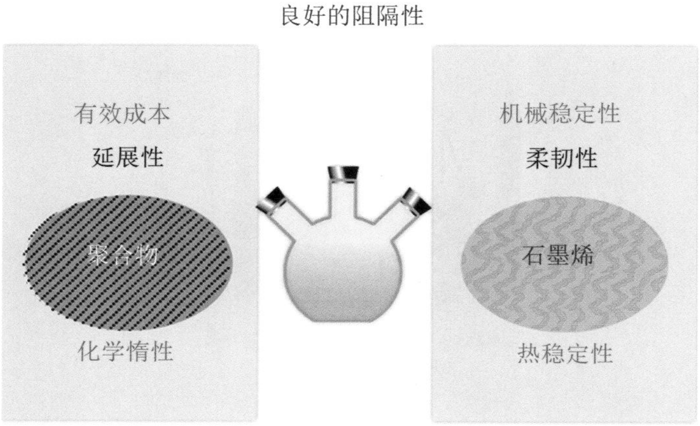

图7.13 聚合物纳米复合膜的显著特性[88]

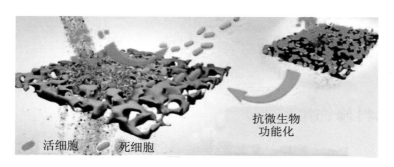

图7.14 纳米复合膜抗微生物特性的示意图[89]

银（Ag）是一种众所周知的基于浸出的杀菌生物剂，杀菌机理如图7.15所示，已广泛用于膜应用中[90]。近来，越来越多的研究关注于采用绿色的化学法在膜表面修饰功能性纳米材料。多巴胺作为一种环境友好型还原剂，能够在膜表面聚合形成含有丰富官能团的聚多巴胺层[91]。Zhongyun Liu等[92]利用聚多巴胺在正渗透膜表面原位形成Ag纳米颗粒，证实其具有长效的杀菌性能。而且,在膜运行周期结束后,将膜浸入硝酸银溶液中膜表面的 Ag 纳米颗粒能够有效再生,这对于膜的长期稳定运行有着极其重要的意义。Yang 等人也发现,PDA 能够在反渗透膜表面原位生成 Ag 纳米颗粒,对于大肠杆菌及枯草芽孢杆菌都有很好的抗菌性能。[93]然而,Ag 纳米颗粒的杀菌能力主要通过释放 Ag^+,破坏细胞膜结构从而使细菌灭活。对于污染情况较为严重、含细菌较多的水体,膜一旦污染,仅依赖 Ag^+ 的杀菌能力将不足以彻底去除膜表面的污染。

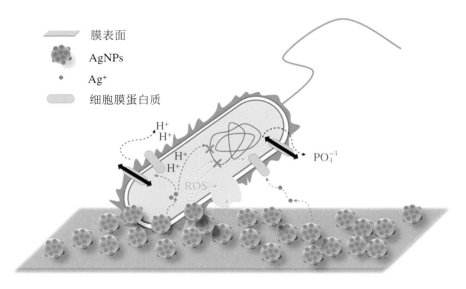

图 7.15　纳米颗粒（NPs）对细菌的毒性机制[94]

TiO_2 是一种光催化剂和自清洁纳米材料,其在水净化中的作用已得到广泛研究。当用紫外-A 光(波长<385 nm)照射时,TiO_2 中的电子对可以与 O_2 反应生成超氧自由基（·O_2^-）,而空穴可以在水存在的条件下生成羟基自由基（·OH）或水合金属氧化物上的氢氧根离子。[95]这些 ROS 是有机污染物分解和细菌灭活的主要参与者[96],其导致脂质的快速过氧化,特别是细胞膜中的不饱和磷酸盐脂质。TiO_2 颗粒的掺入增加了膜的亲水性并有助于减轻污垢附着。[97-99]在已报道的无机光催化材料中,ZnO 具有更高的光催化效率,并且比 TiO_2 具有更好的生物相容性。ZnO 在水性介质中可以高度吸收产生紫外线的衍生物,如过氧化氢（H_2O_2）和超氧离子（O_2^-）,它们与 TiO_2 一样负责脂质过氧化和细胞杀灭。[100]MgO 和 CaO 像 ZnO 一样负责产生 O_2^- 离子,增加这些纳米颗粒的表面积会增加超氧离子的产生,从而导致细菌细胞壁的快速破坏。[101-102]

一些研究表明,TiO_2 修饰不仅能够提高膜的通量性能,同时也能够提升膜的抗菌能力。Xu 等人通过制备 GO/TiO_2-PVDF 膜,证实修饰后的膜通量及通量恢复率具有较大的提高,同时修饰后的膜也具有一定的抗菌能力。[103]本小节将以一个典型的 Ag 纳米粒子改性膜研究为例进行详细讨论。

通过对 PES 微滤膜进行 Ag 纳米颗粒与 TiO_2 的双重修饰实现过滤过程的抗污染能力与膜污染后的自清洁能力有效结合,构建具有双重作用的抗污染膜。通过一系列材料化学表征验证功能材料的修饰;进一步通过各种性能测定实验验证膜性能变化,考察其是否具有抗污染能力及光能自清洁能力。采用 0.22 μm 的聚醚砜(Polyethersulfon,PES)微滤膜为基底,对其进行一系列表面修饰。

7.3.2.1 纳米材料修饰膜的形貌特征

扫描电子显微镜(Scanning Electron Microscopy,SEM)是材料学表征的重要手段,它可以观察样品的细微表面,得到表面形貌结构等信息。如图 7.16 所示,通过对比修饰前后膜的 SEM 结果,可以清楚地发现 AgNPs 及 TiO_2 两者都成功地修饰在膜表面。有文献表明,在 2 mg·mL^{-1} 的多巴胺溶液(溶于 10 mmol·L^{-1},pH 为 8.5 的 Tris-HCl 缓冲溶液)中,PDA 修饰层的厚度将随时间的增加而逐渐趋向于极限值。[104] 在实验条件下,PDA 修饰时间为 6 h 时,得到的 PDA 层厚度相对膜孔本身而言较小,因此相比于原始微滤 PES 底膜,PDA 修饰后其膜孔大小及形态未发生明显变化。通过图 7.16(c)可以发现,直径为 70—80 nm 的 AgNPs 均匀分布在膜表面,PDA 基团所具有的邻苯二醌基团能够还原 Ag^+ 形成 AgNPs。[105] 在 TiO_2 分散液中浸泡处理,TiO_2 成功修饰在膜表面(图 7.16(d))。SEM 结果证明,通过研究中采用的 PDA 中间层法,AgNPs 及 TiO_2 两者能够共同修饰于 PES 微滤膜表面(图 7.16(e))。AgNPs 能够通过释放 Ag^+ 破坏细胞膜,TiO_2 则可以通过光催化作用降解膜表面的污染。

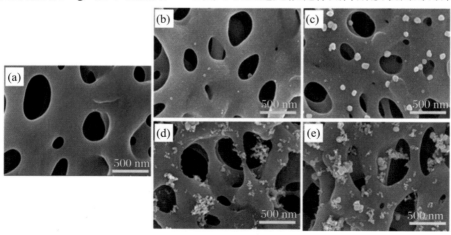

图 7.16　PES 膜(a);PDA/PES 膜(b);Ag-PDA/PES 膜(c);TiO_2-PDA/PES 膜(d);Ag-TiO_2-PDA/PES 膜(e)

如表 7.2 所示,在对 PES 微滤膜进行不同的纳米材料修饰后,膜表面有了相对应的元素分布。由于底膜 PES 含有大量的 C、O、S 元素,对比之下,修饰后的 Ag 与 Ti 元素分布相对较少。两者共修饰 Ag 与 Ti 元素含量相较于单独的纳米材料修饰,其元素比例含量均有一定程度的下降,由此可推测,原位生成 Ag 纳米颗粒与 TiO_2 接枝位点可能有一定程度的竞争,从而导致其总体含量在共修饰时有一定程度的下降。

表 7.2 修饰前后膜表面元素含量分析

膜	含量(%)				
	C	O	S	Ti	Ag
原始膜	66.19	19.54	14.27		
PDA	65.83	20.1	14.7		
Ag-PDA	65.63	18.92	14.58		0.87
TiO_2-PDA	64.76	20.46	13.85	0.93	
Ag-TiO_2-PDA	64.55	19.66	14.44	0.63	0.73

热重分析(Thermogravimetric Analysis,TGA)是在程序式温度控制下,通过测定物质量与温度的关系,得到样品本身的热稳定性变化情况和一定程度上反应膜材料的热稳定性以及修饰情况。如图 7.17 所示,在 380~550 ℃ 范围,PVDF 膜片的质量有明显丢失,证明修饰前后 PES 膜在此温度区间膜自身状态发生改变。随着膜材料逐步分解,当温度达到 550~620 ℃ 范围时,膜片质量逐渐下降至稳定。

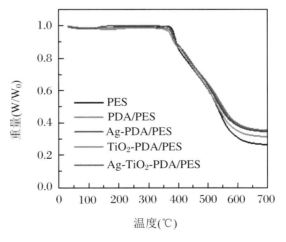

图 7.17 修饰前后膜热重分析图

相对于原始的 PES 微滤膜,修饰后的膜残余质量比例都相对较高。由于

PDA 中 C 元素的比例含量要远大于 PES,修饰后的 PDA/PES 膜最终质量比例略高于原始 PES 膜。而在 Ag 与 TiO₂ 修饰后,其剩余的质量比例皆高于 PES 及 PDA/PES 膜,这是由于 Ag 及 TiO₂ 纳米颗粒的修饰带来的不可挥发组分比重增多。但不同的纳米材料修饰,如 Ag-PDA/PES 膜、TiO₂-PDA/PES 膜、Ag-TiO₂-PDA/PES 膜在最终残余的质量比上近乎一致,说明通过热重法衡量膜修饰过程中的质量变化,以区分不同纳米材料的修饰的方法具有一定的局限性。

7.3.2.2 纳米材料修饰膜的性能测定

膜亲水性与其水接触角紧密相关,且膜亲水性越强,潜在的抗污染能力也相对较高。经测定发现,纳米材料修饰后的膜亲水性都显著提高。如图 7.18 所示,在 PDA 修饰后,由于 PDA 层携带大量亲水官能团,PDA/PES 膜的亲水性显著增强。单独 Ag 纳米颗粒原位生成后,膜水接触角在 PDA 修饰后的基础上又有了明显的减小。二氧化钛本身为亲水性材料,修饰后其自身所耦合的外界亲水性官能团同样可以给 PES 膜带来亲水性的增强。尽管由单独的 Ag 或 TiO₂ 修饰所引起的膜接触角近似,但在两者共同修饰后膜亲水性进一步增强,一定程度上能够增强膜的抗污染性能。

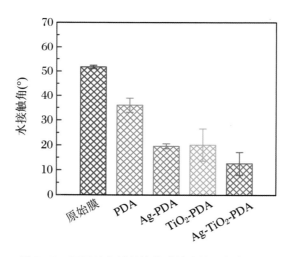

图 7.18 不同纳米材料修饰膜的水接触角变化

微生物在自然界中广泛存在,由于其具有生物活性及自我复制的特性,能够在物体表面黏附聚集。细菌在膜表面黏附将严重影响膜的正常性能,增加跨膜压差并致使膜通量降低。目前,针对膜后期清洗的研究表明,使用化学药品清洗容易对膜表面造成侵蚀,使膜的使用寿命降低。如图 7.19 所示,Ag 与 TiO₂ 的修饰对细菌的黏附性并无较大影响,说明 Ag 及 TiO₂ 修饰对于微滤 PES 膜影响不大。因此后期过滤过程中通量变化及自清洁性能变化可排除因膜细菌黏附性变化带来的影响。

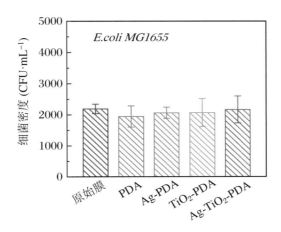

图 7.19　不同修饰膜细菌的黏附性

修饰后膜的抑菌性主要是由 Ag 纳米颗粒的产生，Ag 及 TiO_2 共修饰具有更高的抑菌性能(图 7.20)。有研究表明，PDA 层能够起到还原剂作用，使 Ag^+ 释放过程减慢，并使 Ag 纳米颗粒具有再生能力，而 TiO_2 可以在一定程度上与 Ag 纳米颗粒形成竞争机制，减弱了 PDA 还原性能，由此造成 Ag^+ 释放速度的加快从而带来抑菌性能的提高。理论上，0.22 μm 的膜孔可截留绝大部分细菌，然而在实际运用中，由于细菌形态大小不一，部分细菌仍可通过膜孔。在此过程中，会有细菌深入到膜孔内部，造成膜的深层堵塞。普通的膜清洗过程无法有效去除该部分不可逆污染。Ag 纳米材料修饰能够破坏嵌入到膜孔内部的细菌，缓解膜污染过程。

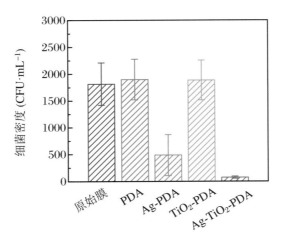

图 7.20　修饰不同纳米材料膜的抑菌性能变化

采用 Dead-end 膜过滤装置测定膜纯水通量及通量恢复性能。测定前膜片在 0.1 MPa 下运行 30 min 压实，使系统稳定。之后，调节跨膜压差为 0.05 MPa，测定其纯水通量（J）。使用稀释至 10^5 的细菌作为模拟进水污染物，测定膜污染过程中修饰前后的膜抗污染情况，通量计算公式如下：

$$J = \frac{Q}{A \times T}$$

式中，Q 为滤料体积（L）；A 为膜有效面积（m^2）；T 为过滤时间间隔（h）。

周期性过滤实验膜通量变化情况如图 7.21 所示。AgNPs 或 TiO_2 的单独修饰膜都具有较高的初始水通量，但在经过周期性实验之后却并不能表现出足够的通量恢复性能。由此可见，Ag 或 TiO_2 单体系纳米材料修饰在细菌浓度较高的环境下，并不足以克服带来的膜污染。

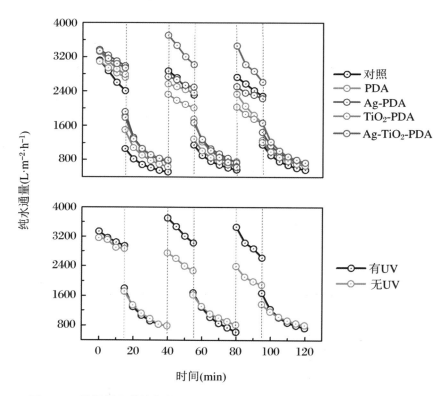

图 7.21 膜通量及其恢复性能

单纯 TiO_2 修饰其通量恢复情况甚至要小于单独 Ag 纳米颗粒修饰，证明在 Ag 或 TiO_2 修饰 PES 微滤膜中 AgNPs 起着更为重要的作用。为了进一步证实 UV 光催化过程效果，对于有无 UV 清洗条件下的探究过程，Ag 与 TiO_2 共修饰膜在经过光能清洁过程后，通量恢复性能明显，证实了光能自清洁膜系统能够有效地抑制膜污染。

除常用的 Ag 与 TiO_2 纳米材料外，各类金属及无机纳米材料都具有良好的杀菌性能，因此可以与膜分离工艺有机地结合起来，实现抗菌膜的制备。其他典型的金属纳米材料，如在生物体中必需的微量元素之一——铜，其化合物 $CuSO_4$ 和 $Cu(OH)_2$ 因其快速作用而成为传统的抗菌化合物。铜阳离子已经显示广谱的抗菌活性，如金黄色葡萄球菌、链球菌、大肠杆菌和李斯特菌。[106] 这种金属的杀菌性能相对优于 Ag，与 Ag 纳米颗粒相比，Cu 纳米颗粒对大肠杆菌和枯草芽孢杆菌表现出更好的杀菌效果[107]，铜离子的杀菌作用机制可以通过多种方式发生。这可能是由于铜离子与细菌外细胞壁之间的静电相互作用、细胞内蛋白质的变性以及与含磷和硫的化合物（如 DNA）的相互作用引起的细胞内泄漏。此外，这些纳米颗粒的存在也会引发细胞内活性氧（ROS）的过度产生。这些物质的较高浓度会导致脂质过氧化、蛋白质氧化、DNA 降解，并最终导致不可逆的细胞损伤。另外，CuO 纳米粒子已显示出主要通过 ROS 介导的途径表现出杀菌反应，其中附着在细菌细胞上的纳米粒子引起细胞内氧化应激的增强，这反过来导致更高的 ROS，并造成脂质过氧化和不可逆细胞损伤。[108]

金属-有机骨架（MOFs）是一种混杂的多孔有机无机固体，由金属离子/团簇和有机连接剂组成，具有无限均匀的晶体配位网络。[109-110] MOFs 中的结构构件是通过配位键连接的。材料被称为 MOFs 的三个先决条件是坚固性、连接单元和良好的几何形状（高阶结晶度）。一些 MOFs 被发现具有杀菌作用，由于其良好的吸附能力和抗菌性能，可以作为水净化中碳基预处理的优秀替代品。可能的机制归因于这些框架活性氧的产生，由于带电金属离子可接近细菌细胞。[111-112] 一些报道加入了杀菌 Ag 或含 Ag 配合物[113-115]，由于 Ag 离子浸出显示出良好的抗菌效果。

单壁纳米管（SWNT）和多壁碳纳米管（MWNT）是碳以 sp^2 杂化形式存在的一维纳米粒子（1D）。这两种碳纳米材料都在水修复中寻求应用，但从杀菌效果来看，单壁碳纳米管优于多壁碳纳米管。[116] 据报道，与较长的管相比，较短的管长度可以提高杀菌性能，是由于管的长度较短，纳米管开口端与微生物相互作用的机会增加，导致细菌细胞膜被刺破和不可逆的细胞损伤。文献中报道了这些纳米管在阻碍生物膜生长方面也很有效。在一份报道中，对含有单壁碳纳米管的涂层进行显微镜检查后，大肠杆菌和枯草芽孢杆菌的生物膜表面底部显示 80%—90% 的细胞溶解。然而，这是有条件的，且仅在生物膜形成的早期阶段影响更为显著。

二维材料中，氧化石墨烯（GO）在水修复中得到了广泛的应用。氧化石墨烯本质上是抗菌的，如图 7.22 所示，它的剪切效应导致微生物细胞的外膜损伤[117-118]，细胞膜的局部扰动导致细菌膜电位降低，并造成电解质泄漏[119]。同时 GO 凭借其超薄的二维结构和多功能表面化学特性，在分离领域具有潜在的应用前景，Zhang 等人报道了 GO 与一维氧化碳纳米管（GO-OMWCNTs）混合对 PVDF 纳米复合膜的渗透和防污性能的研究。[120] 由于高亲水性在膜上形成了水合层，掺入 GO-OMW-CNTs 制备的纳米复合膜显示出优异的渗透和防污性能。为了更好地理解，图 7.23 呈现了这种现象的图形表示。

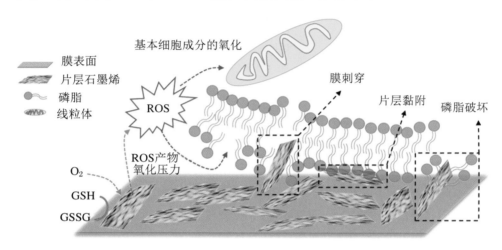

图 7.22　GO 结合膜表面对细菌细胞的活性防污机制[117]

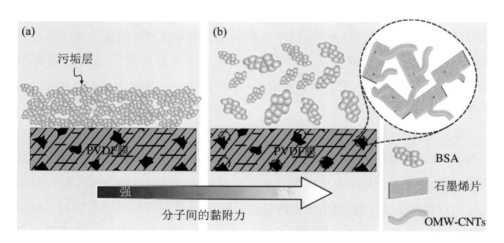

图 7.23　原始膜(a)和改性膜的防污机理示意图(b)[120]

如前所述，不同的纳米材料可以潜在地抑制细菌生长，并有助于更好地释放污垢和防污。有两种截然不同的方法将这些材料加入膜中：① 共混改性，即在制膜前将这些纳米材料直接添加到聚合物基体中；② 表面改性，即在制膜后将这些材料适当地固定在膜表面上，或将这些材料直接涂覆在膜上。然而，涂层表面改性的最大缺点是涂层随着膜的使用而迅速损耗，随着时间的推移，其抗污性和耐菌性会大大降低,从而破坏了改性本身的目的。因此在这里,我们只讨论共混改性和表面改性的功能改性。

与无机纳米颗粒相关的混合改性制得的膜被称为混合基质膜(MMM),将PVDF这样的疏水聚合物与这些纳米材料混合,可以降低改性膜的表面自由能,从而使其更具亲水性和抗污性。Zimmerman 等人在20世纪90年代首次证明将无机纳米颗粒掺入聚合物基体中,可以提高聚合物的机械强度和功能性。从那时起,不同的纳米材料被混合到现有的聚合物中,以获得定制的 MMMs,寻求其在水修复策略中的潜在应用。[121] 虽然混合改性有显著的优点,如它可以阻碍细菌生长和减轻污染,但其杀菌能力并不稳定。残留的细菌可以再次定殖,形成成熟的生物膜,其抗污失败的主要原因是杀菌剂的非特异性定位。由于改性剂或杀菌剂和污垢释放剂随机存在于膜体中而不仅仅是膜表面,抗菌性能的表现需要较长的培养时间,而杀菌剂在表面的覆盖率较低,导致抵抗生物污垢的失败。针对共混改性的缺点,对膜进行预处理和表面改性,使膜具有更好的性能,当膜与纳米材料相结合时,可有效增强对细菌和污垢的抵抗力,如图7.24所示。Zhao 等人通过化学处理将氧化石墨烯接枝到 PVDF 膜上,能够有效去除溶解性有机物[122];Samantaray 等人将氧化石墨烯和氯化磷与聚琥珀酸丁二烯共己酸酯混合在 PVDF 上的两项研究显示了其强大的杀菌作用和防污性能[118,123];Zhang 等将 Ag 纳米粒子和两性离子甲基丙烯酸磺基甜菜碱(SBMA)通过两步改性途径接枝到 PI 膜表面,观察到其对牛血清蛋白的抗污能力增强[124]。

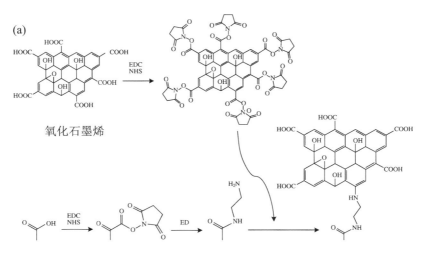

图 7.24 氧化石墨烯与 TFC 聚酰胺膜活性层的共价结合反应方案(a);
GO 功能化的 TFC 膜具有良好的抗菌性能(b)[117]

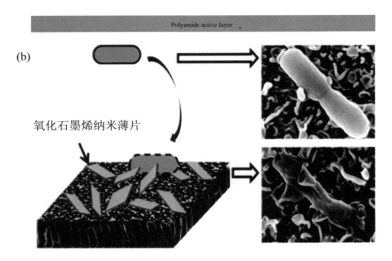

图 7.24　氧化石墨烯与 TFC 聚酰胺膜活性层的共价结合反应方案(a);
GO 功能化的 TFC 膜具有良好的抗菌性能(b)[117](续)

7.3.3
功能强化膜污染抑制

　　现代社会可持续性发展的最大挑战之一是清洁水供应不足。由于其节能和具有成本效益的特性,膜技术已成为水净化处理必不可少的技术,然而由于膜表面和污垢物之间非特异性相互作用而引起的膜污垢严重阻碍了膜技术的有效应用,制备功能强化的防污膜是控制膜污染最基本的策略。膜表面特性对膜污染有很大的影响,因此通过适当调整膜表面固有的物理和化学性质来构造防污膜表面可以解决污染问题。由于不同污染的机理不同,防污膜的制备应基于不同的策略和机理。

　　一般来说,这些策略可以分为被动策略和主动策略。被动防污策略的目的是防止污染物在膜表面的初始吸附而不影响污染物的固有特性,而主动防污策略的目的是通过破坏化学结构和使细胞失活来消除增殖性污染。全面了解不同的防污策略和机理对于合理设计防污膜表面具有重要意义。

　　几乎所有类型的污垢最初都是由污垢吸附引起的。从理论上讲,被动防污策略依靠改变膜表面的物理化学和拓扑结构来减弱污垢与膜表面的相互作用,从而防止污垢吸附或沉降。从非迁移性蛋白质和天然有机物到可扩散的油脂,甚至是增殖细菌,被动防污策略在各种污染物中表现普适性。根据防御机制,被动防污策略如图 7.25 所示,可进一步分为以防止污染物到达膜表面为目的的阻污策略和以驱赶附着的污染物离开膜表面为目的的污染释放策略。

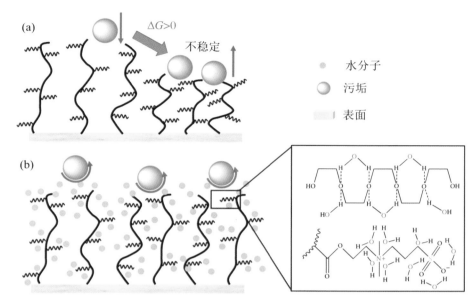

图 7.25　被动抗污染策略的机制[117]

受细胞膜中亲水性防污表面的启发,亲水性表面构建的目的是抑制非特异性相互作用并防止污垢附着在膜表面,这被称为"抗污性"。这些膜表面通常具有以下特征:亲水性、电中性和具有氢键受体。[125-126]迄今为止,抗结垢一直是构造防污表面的最常用策略,并且使用了许多亲水性材料(如聚乙二醇(PEG)基、两性离子、拟糖和拟肽聚合物)制备具有防污性能的表面。[127-128]按照这种策略,已经通过用不同种类的亲水材料改性制备了各种膜。亲水膜表面可以成功地抵抗非迁移性污垢物(如生物大分子和 NOM)引起的污垢,但通常不能充分抵抗由可扩散污垢物,尤其是油类引起的污垢,因此不能仅通过膜亲水化来减轻结垢。此外,尽管亲水膜通常显示出高的渗透水通量回收率,但通量的急剧下降会在过滤过程中发生,因此非常需要制备具有更广泛适用性及超低通量下降的防污膜。最近,已经提出了一种新颖的观点来构造由具有防污特性的亲水性部分和具有防污释放特性的疏水性部分组成的两亲性表面。纳米级的化学异质性不仅结合了两种防污策略,而且在表面和污垢之间产生了热力学上不利的相互作用。[129]Wooley 及其同事率先通过原位制备两亲共聚物涂料支链含氟聚合物(HBFP)和线性 PEG 网络的相分离和交联。[130-131]HBFP 和 PEG 域的精确控制分布产生了表面纳米级异质性,并增强了对蛋白质吸附和海洋生物沉降的抑制作用。取得这一成功之后,已开发出多种包含亲水链段(如 PEG)和非极性、低

表面能链段(如氟代烷基和半氟化侧链及全氟聚醚链段)的两亲共聚物作为两亲防污涂料。[132-134]

尽管被动防污策略已显示出广泛的适用性和普及性,但由于它们不能抑制细菌的定殖,因此在处理增殖性污垢时仍然存在固有局限性。一种有效的替代策略是构建可以积极抑制微生物定殖并防止生物膜形成的抗生物污垢膜表面。积极的策略依赖于抗菌剂的存在,这种抗菌剂可以通过干扰生化途径来杀死细菌。基于抗菌机制,主动防污策略可进一步分为基于可释放的抗菌剂的表面活性防污策略和基于不可释放的抗菌剂的表面活性防污策略。

对于抗菌释放途径,生物杀灭金属基纳米材料(如银基和铜基)通常用作可释放的抗微生物剂,并用于制造抗生物污垢膜。[135-141]在这些杀生物剂中,基于银的纳米材料(如银纳米颗粒(银纳米粒子)[142-145]、稳定的银盐[146,147]、银-聚合物纳米复合材料[148]和载银纳米材料[149-152])使用最广泛的原因是它们具有抗广谱微生物的抗菌特性,从革兰氏阳性菌到革兰氏阴性菌和微藻[153-155]。虽然它们在某些应用中有效,但基于可释放抗菌剂的表面外策略仍然存在一些相关问题。一方面,浸出剂(如AgNPs)可能具有不受控制的释放速率、试剂的最终消耗、对人体细胞的毒性和细菌耐药性的风险。例如,在铜绿假单胞菌中观察到显著的银抗性,过度使用银或其他重金属作为抗菌剂很可能会导致其他微生物对银的抵抗力增加。另一方面,ROS的产生通常需要氧气和可见光或紫外光刺激的共存。然而,大多数商用膜都装在模块中并与空气或光隔离,因此这种策略在实际应用中可能会受到一些限制。

为了规避上面讨论的问题,尤其是表面上的抗菌剂耗尽,使用不可释放的抗菌剂在接触时杀死微生物的表面策略可以作为一种可行的替代方案。这些试剂通过不同的物理或化学机制直接引入膜表面,接触介导的作用模式可以避免随着时间的推移而消耗以及有毒杀生物剂的释放——这是设计用于水处理中的防污膜的关键考虑因素。阳离子抗菌剂以开发自消毒表面而闻名,被用于多种领域,如医疗器械、食品包装材料和日常消费品中。具有阳离子抗菌基团(如季铵(QA)、鏻(QP)和胍基团,如图7.26所示)的阳离子聚合物材料(CPM)被设计并应用于构建具有接触活性抗菌特征的表面。其中,最常用的是基于QA的聚阳离子,如季铵化聚乙烯亚胺(PEI)和壳聚糖、N-烷基化聚(4-乙烯基吡啶)(P4VP)和聚碳酸酯、丙烯酸、纤维素等。通过将基于QA的聚阳离子引入膜表面,已经开发出用于水处理膜的表面防污策略。CPM的抗微生物活性主要与阳离子基团和细菌表面的主要阴离子组分(如脂多糖和革兰氏阴性菌的细胞表面蛋白)之间的静电相互作用有关。然而,抗菌作用模式是一个复杂的事件驱动机制,其事件序列同时并依次发生如下步骤：① 通过与细胞壁聚合物结合或替换多价阳离子破坏细胞壁完整性；② 通过与带负电荷的磷脂双分子层和膜蛋白的静电相互作用破坏未保护的细胞膜的稳定性，随后的破坏导致细胞内的物质泄漏和细胞死亡。除了基于 CPM 的合成方法外，数百万年来，大自然还开发了策略，以防止细菌在活组织上定殖。受自然防御机制的启发，最近出现了基于植物和基于动物的抗菌材料（如苯酚衍生物和抗菌肽）来构建活性防污表面。根据两种防污策略，膜表面的物理化学和拓扑结构对防污性能有很大影响，制备防污膜的基本方法取决于表面改性剂的合理设计和制造技术的发展。最近，基于典型的表面改性剂（如有机分子和无机纳米材料）开发了两种改性方法来制备具有防污表面的膜：2D 改性，包括表面涂层、表面接枝和表面生物黏附；3D 改性，包括物理共混合表面分离，如下所述。

表面涂层是赋予膜表面防污性能的一种简单方法。表面涂层可分为两种不同的技术：“涂层至”和“涂层自”。对于“涂层至”技术，膜表面用防污聚合物材料（如聚电解质、聚乙烯醇（PVA）基和 PEG 基聚合物）或无机纳米材料（如二氧化硅 NPs 和 GO）通过浸涂或旋涂进行改性。对于“涂层自”技术，防污聚合物或无机涂层在膜表面上原位生成。为了涂覆无机纳米材料，通常对膜表面进行预处理以诱导无机前体的吸附。特殊技术，如溶胶-凝胶、化学还原和生物矿化，被用来促进原位无机纳米材料涂层的产生。

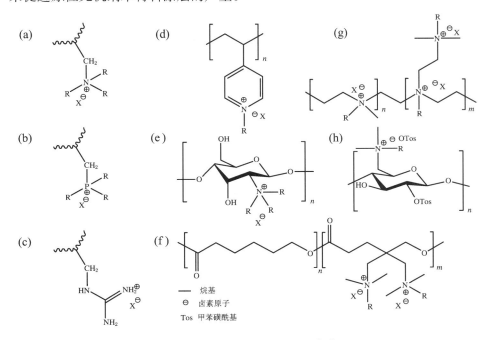

图 7.26　一些具有抗菌活性的典型聚阳离子的分子结构[117]

为了改进表面涂覆方法，已经尝试通过化学手段将防污材料接枝到膜表面上/从膜表面接枝。表面接枝可分为两种不同的技术："Grafting-to"和"Grafting-from"。前一种技术涉及将预先形成的改性剂聚合物接枝到带有引发剂位点的膜上，而后一种技术涉及一种表面引发的聚合过程，其中改性剂聚合物链从膜表面的功能单体中生长出来。对于"Grafting-to"技术，由于反应条件温和，酰胺化反应已广泛应用于介导表面接枝方法。膜表面和防污剂应该预先官能化以引入反应位点（如氨基和羧基）。通过这种方式，各种防污材料，包括有机分子和无机纳米材料，已成功接枝到膜表面。[156] 对于"Grafting-from"技术，使用了一系列技术，包括可逆加成断裂链转移聚合（RAFT）和原子转移自由基聚合（ATRP）。[157-159] 这些技术可以通过改变单体种类和聚合条件来精确定制接枝防污聚合物的组成、密度、长度和结构。

通过前处理手段的应用以及膜的改性，可以在一定程度上减缓膜的生物污染，但是最终还是会在膜表面形成生物膜，并且大多数抗菌剂还会增加细菌耐药性发展的风险。[160] 群感淬灭作为一种抑制微生物群行为的新策略，其与生物膜、TMP 和 EPS 产量之间的关系，为研究利用群感淬灭阻碍生物膜的发展、控制膜生物污染提供了新的思路。群感效应抑制剂具有更高的抗生物污垢效果、低毒性、环境友好、不会刺激细菌耐药性产生等优点[161]，而且与化学或物理方法相比，群感淬灭是一种直接降低生物膜形成速率和程度的生物化学方法，而不是在生物膜已经沉积后去除生物膜[162]。本小节将以一个具体的例子来对群感效应抑制剂在膜表面的修饰进行详细的讨论。

该研究利用聚多巴胺在膜表面负载天然的群感效应抑制剂，构建膜表面生物膜形成调控体系。通过一系列技术手段验证抑制剂是否修饰成功，表征膜的接触角、水通量等性质的变化，评估抑制剂修饰膜的抗生物膜污染能力。

7.3.3.1 膜的制备

首先，将购买的聚醚砜（PES）超滤膜在无水乙醇中浸泡 30 min 以去除表面黏附的杂质，取出后用去离子水清洗并放入 4 ℃冰箱中过夜浸泡。将处理过的 PES 膜固定在自制的有机玻璃框架中（9.5 cm×13.5 cm），倒入 2 g·L^{-1} 的盐酸多巴胺溶液（即盐酸多巴胺溶于 10 mmol·L^{-1}，pH 为 8.5 的 Tris-HCl 缓冲液中），放入恒温振荡器中在 25 ℃、60 r·min^{-1} 下避光震荡 6 h，让多巴胺分子充分与空气接触并氧化，在 PES 膜表面自聚形成聚多巴胺（PDA）层，得到 PES-PDA 膜。将 PES-PDA 膜用去离子水冲洗几遍去除表面多余的溶液，然后将膜浸入不同的抑制剂香草醛(Vanillin,2 g·L^{-1})和呋喃酮(Furanone,2 g·L^{-1})中反应 24 h,得到香草醛和呋喃酮分别修饰的膜 PES-PDA-V 和 PES-PDA-F,用去离子水冲洗表面未反应的溶液,浸泡于去离子水中,4 ℃保存备用。

7.3.3.2　膜表征

多巴胺很容易被碱性溶液中的溶解氧氧化,生成多巴胺醌,然后通过分子内环化反应转化为亮多巴胺色素;进一步氧化为多巴胺色素,进一步的聚合导致 PDA 颗粒的形成和聚集;沉积在膜表面上,形成连续的 PDA 层。[163] 利用 PDA 层具有儿茶酚结构、双键等基团,二次接枝群感效应抑制剂香草醛和呋喃酮,最终得到四种不同的 PES、PES-PDA、PES-PDA-V 以及 PES-PDA-F 膜。通过 SEM 对不同膜表面的形貌进行表征,如图 7.27 所示。从图中可以观察到,修饰前后的四种膜,PES、PES-PDA、PES-PDA-V 以及 PES-PDA-F 的膜孔清晰可见,膜孔径为 20—50 nm。四种膜的表面形貌没有太大差异,说明经过 PDA 以及抑制剂香草醛和呋喃酮的修饰,不会改变膜的结构。为进一步说明抑制剂在膜表面的成功修饰,对四种膜进行了 FTIR 表征,结果如图 7.28(a)所示。PES-PDA,PES-PDA-V 以及 PES-PDA-F 与原始 PES 显示出非常相似的 FTIR 光

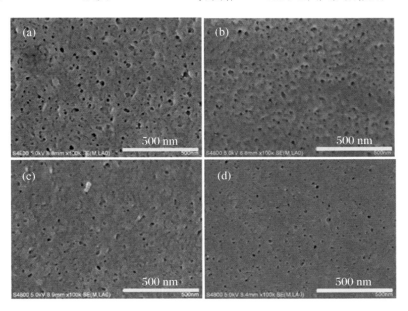

图 7.27　膜修饰前后 SEM 图：PES(a);PES-PDA(b);PES-PDA-V(c); PES-PDA-F(d)

谱。在 1580 cm^{-1},1488 cm^{-1} 和 1244 cm^{-1} 波长处的吸收峰分别代表的是 PES 膜的活性层聚醚砜的苯环、C — C 及芳香醚。如图 7.28(b)所示,在 2850 cm^{-1} 处有一个不同的谱带,对应于聚多巴胺中的亚甲基的振动,表明 PDA 层已成功固定在 PES 膜上。与 PES-PDA 复合膜相比,如图 7.28(c)所示,香草醛修饰的膜(PES-PDA-V)的 FTIR 光谱在 1032 cm^{-1} 处出现一个新的吸收峰,该峰对应于香草醛上的 CH_3 — O 拉伸带,证实香草醛已经负载于在 PES-PDA 膜表面上。如图 7.29(d)所示,呋喃酮修饰的膜(PES-PDA-F)的 FTIR 光谱在 1780 cm^{-1} 处出现一个新的吸收峰,该峰对应于呋喃酮的五元内酯环的拉伸带,证实呋喃酮已经成功负载于 PES-PDA 膜表面上。

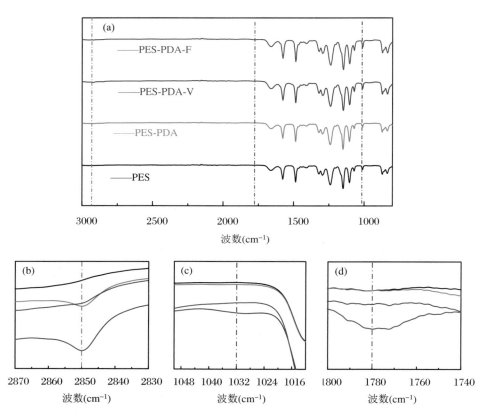

图 7.28　膜修饰前后 PES,PES-PDA,PES-PDA-V 以及 PES-PDA-F 四种膜的 FTIR 图(a);特定波长下放大精细图(b)(c)(d)

7.3.3.3　抑制剂修饰前后膜表面性质的变化

对 PES,PES-PDA,PES-PDA-V 以及 PES-PDA-F 四种膜的水接触角进行测定,如图 7.29 所示。结果显示,PDA 修饰后,膜的接触角变小,说明 PDA 的修饰改善了膜的亲水性。这是由于含有羟基和氨基的 PDA 是一种亲水性材料，PES 膜表面 PDA 的修饰提高了膜的亲水性。[164]两种抑制剂香草醛和呋喃酮在 PDA 层上修饰后，PES-PDA-V，PES-PDA 与 PES-PDA 的接触角相近，说明香草醛和呋喃酮修饰不会对膜的亲疏水性造成影响。

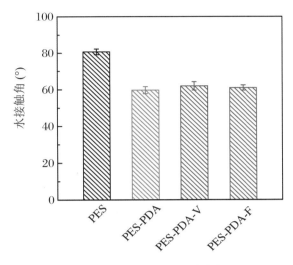

图 7.29　膜修饰前后水接触角的变化

由图 7.30 可以看出，PDA 及抑制剂香草醛和呋喃酮的修饰对膜的孔隙率几乎没有影响，进一步说明实验采用的修饰方法不会改变原始膜的膜孔结构。如图 7.31 所示，PES，PES-PDA，PES-PDA-V 以及 PES-PDA-F 四种膜的纯水通量大小顺序为 PES-PDA＞PES-PDA-V＞PES-PDA-F＞PES。膜的纯水通量

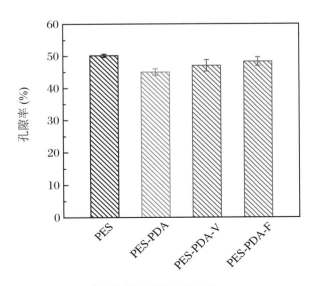

图 7.30　膜修饰前后孔隙率的变化

与膜的亲水性密切相关,修饰聚多巴胺的 PES 膜表面亲水性提高,导致了 PDA 膜的纯水通量较原始 PES 膜高,抑制剂香草醛和呋喃酮的修饰会稍微降低 PDA 修饰膜的通量,但是均高于原始 PES 膜。

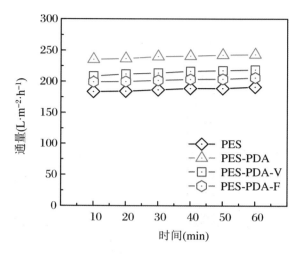

图 7.31　膜修饰前后纯水通量的变化

7.3.3.4　膜的抑菌性能测试

如图 7.32 所示,四种膜 PES,PES-PDA,PES-PDA-V 以及 PES-PDA-F 对于两种不同的模式菌大肠杆菌 $E.\ coli$ MG1655 以及铜绿假单胞菌 $P.\ aeruginosa$ PAO1 的抑菌效果相似。相较于对照组(没有放入膜的菌悬液),加入 PES 膜的菌悬液中菌浓度减小,说明膜对菌悬液中的细菌有一定量的吸附,但是吸附量很少。加入 PES-PDA 膜的菌悬液比加入 PES 膜的菌悬液中的细菌浓度少,这是因为 PDA 有一定的抗黏附效果及抑菌效果。[165] 修饰抑制剂香草醛和呋喃酮的膜,PES-PDA-V 以及 PES-PDA-F 相较于 PES-PDA 膜,菌液中的细菌浓度变化不大,说明香草醛和呋喃酮的存在不会对大肠杆菌 $E.\ coli$ MG1655 以及铜绿假单胞菌 $P.\ aeruginosa$ PAO1 有太大影响,抑菌效果主要来自于膜表面修饰的 PDA。

如图 7.33 所示,相较于原始 PES 膜,PES-PDA,PES-PDA-V 以及 PES-PDA-F 抗生物膜污染的能力均有所提高。PES-PDA 对大肠杆菌 $E.\ coli$ MG1655 以及铜绿假单胞菌 $P.\ aeruginosa$ PAO1 生物膜污染的抑制率分别为 18.2% 和 24.3%,PES-PDA-V 对大肠杆菌 $E.\ coli$ MG1655 以及铜绿假单胞菌 $P.\ aeruginosa$ PAO1 生物膜污染的抑制率分别为 29.8% 和 81.7%,PES-PDA-F 对大肠杆菌 $E.\ coli$ MG1655 以及铜绿假单胞菌 $P.\ aeruginosa$ PAO1 生物膜

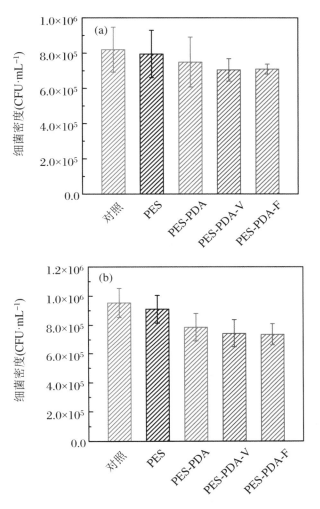

图 7.32 不同膜的抑菌性能：以 *E. coli* MG1655 作为模式
菌(a)；以 *P. aeruginosa* PAO1 作为模式菌(b)

污染的抑制率分别为 42.5% 和 49.6%。可见 PES-PDA-V 对铜绿假单胞菌 *P. aeruginosa* PAO1 的生物膜污染的抑制效果优于对大肠杆菌 *E. coli* MG1655，而 PES-PDA-F 对大肠杆菌 *E. coli* MG1655 的生物膜污染抑制效果较好。这一结果与 96 孔板内通过投加 MIC 浓度的香草醛和呋喃酮对两种菌株的生物膜形成的影响相吻合，导致这一现象的原因可能是铜绿假单胞菌 *P. aeruginosa* PAO1 的群感效应系统普遍存在于革兰氏阴性菌中的 LuxI/R 群感效应系统，该系统的信号分子为 AHLs。有研究表明，香草醛是一种 LuxI/R 群感效应系统的抑制剂，会干扰 AHLs 的结构，阻碍 AHLs 与受体蛋白的结合[166]，抑制细菌之间的群感效应的发生，从而抑制生物膜的形成。呋喃酮对两种信号分子(AHLs 和 AI-2)介导的 QS 系统均有抑制作用，作为一种 AHLs 信号分子类似物,会干扰受体蛋白 LuxR 与 AHLs 的结合[166],还会破坏 AI-2 的合成路径,共价修饰并灭活 LuxS 蛋白[167]。因此,PES-PDA-F 膜对大肠杆菌 E. coli MG1655 以及铜绿假单胞菌 P. aeruginosa PAO1 都有抑制效果。

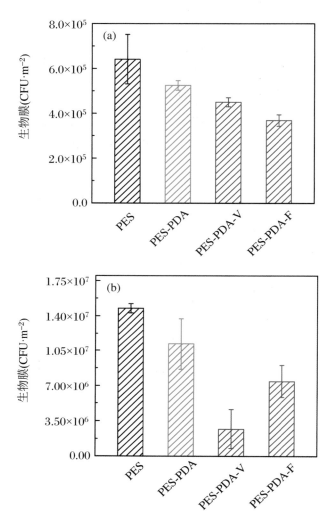

图 7.33 膜表面静态生物膜形成实验: E. coli MG1655(a); P. aeruginosa PAO1(b)

此外,基于多巴胺(PDA)的多功能性,可以在温和条件下通过多巴胺的原位自发氧化自聚合产生,已经证明了一种受贻贝启发的生物黏附策略可用于表面改性。[168]首先,PDA 可以通过多种相互作用(如共价键、配位、氢键和 π-π 堆积)紧密黏附在几乎所有固体表面上。[169]其次,PDA 的残留儿茶酚、醌和胺基团可以与功能分子进一步反应。基于这种生物黏附方法,人们致力于开发防污膜。[170]由于两性离子基团具有亲水性,多巴胺及其衍生物可单独用作膜的防污改性剂。Freeman 及其同事通过 PDA 沉积成功地修饰了多种膜,然后接枝氨基官能化的 PEG,以提高膜的防污性能(图 7.34),并系统地研究了 PDA 沉积条件对膜性能的影响。[171-172] 他们在报告中指出,PDA-g-PEG 修饰的 UF,NF 膜在短期测试中显示出降低模型蛋白质和生物污染物的污染倾向。

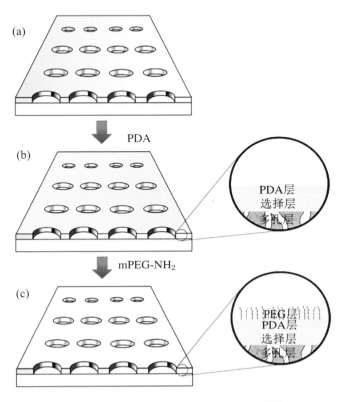

图 7.34 通过 PDA 沉积对微孔膜进行亲水改性[117]

物理混合已被开发为防污膜的 3D 修改方法。各种功能性添加剂,从有机分子到无机纳米材料,在成膜过程中被掺入膜中,赋予膜防污性能。对于多孔非对称膜,防污添加剂通常混合到浇铸溶液中,并在相转化过程中被保留在聚合物基体中。无机纳米材料与有机聚合物的相容性差可能会影响聚合物基体并导致缺陷,这对膜制备提出了重大挑战。此外,大多数抗菌材料被埋在本体聚合物中并保持无用,因为防污功能主要受表面特性控制。

面对简单物理混合方法的局限性,研究人员开发了表面分离方法,作为制造防污表面的更有效选择。为了开发表面分离方法,研究重点是探索两亲共聚物作为添加剂(图 7.35)。到目前为止,大多数努力都集中在设计亲水性链段上,并且一系列具有 PEO[173-175],PVP[176-177],聚丙烯酸(PAA)[178] 和两性离子链段[179-181]等的两亲性共聚物已经被开发出来。

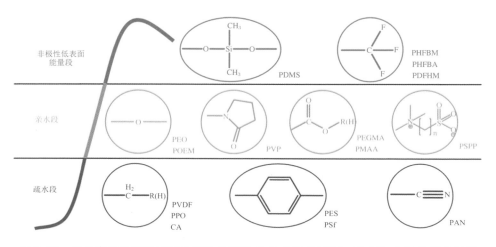

图 7.35 作为表面分离添加剂的两亲共聚物的化学组成（疏水、亲水和非极性低表面能链段）的典型设计[117]

7.3.4 选择性疏松纳滤膜对无机污染的缓解

由于地下水和废水中含有大量的钙和溶解性二氧化硅，典型的 NF 膜对这些结垢离子表现出较高的截留率。在 NF 运行过程中，结垢离子在膜表面积累导致出现浓差极化现象，这会使跨膜压差增加并引起膜水通量的下降、浓差极化加剧，还会使膜表面结垢离子过饱和，进而形成水垢，导致膜通量的进一步下降，这是 NF 在运行过程中需要克服的一个关键阻碍。为了克服商业 NF 膜的这些局限性，提供能选择性分离新污染物，同时允许结垢物质通过的新型 NF 膜至关重要。[5]

在常规的界面聚合纳滤膜制备过程中，通过过程优化，如在界面聚合水相中掺入 BP 和 PIP 单体，获得疏松纳滤膜，相比于对照组的 PIP 膜，往往具有更高的钙离子透过率。使用含 15 mmol·L^{-1} CaCl$_2$，10 mmol·L^{-1} Na$_2$SO$_4$ 和 10 mmol·L^{-1} NaCl 的进料溶液评估运行过程中 PIP + BP，PIP 和 NF270 膜的结垢现象。溶液中的石膏（CaSO$_4$·2H$_2$O）饱和指数（SI）为 0.54。通过调节施加的水压，使用相同的初始水通量（80 L·m^{-2}·h^{-1}）对所有膜进行结垢实验。

如图 7.36 所示，在 20 h 结垢实验结束时，PIP + BP 膜的水通量仅下降了约 18%，而 PIP 和 NF270 膜的水通量下降率则分别约为 35% 和 28%，高于 PIP + BP 膜的水通量下降率。如前所述，与 PIP 和 NF270 膜相比，PIP + BP 膜对钙离子(诱导石膏结垢的主要成分)的截留率要低得多。如此低的离子截留率降低了钙离子在膜附近的积累,从而导致浓度极化程度降低,减少了无机结垢。

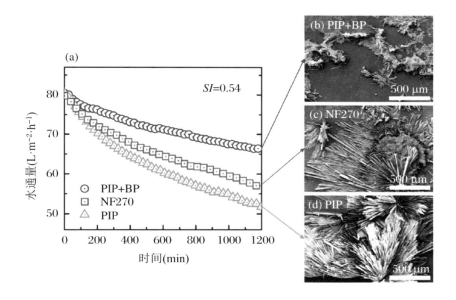

图7.36 使用混合盐溶液进行水垢实验时获得的PIP+BP,PIP和NF270膜的水通量下降曲线(a);PIP+BP(b);NF270(c)和PIP膜在结垢实验结束时的SEM图像(d)

为了进一步解释钙截留对石膏结垢现象的影响,在结垢实验后,将NF膜试样从膜元中取出并进行SEM分析。图7.36(b)~图7.36(d)展示了带有石膏结垢的PIP+BP,NF270和PIP膜的表面。三个膜上形成的所有石膏晶体具有玫瑰花状的形态,表明硫酸钙主要通过不均匀成核形成了表面结晶。从SEM图像中可以明显看出,PIP+BP膜的表面仅散布了一些相对较小的石膏晶。相反,NF270和PIP膜的大部分表面被大片的石膏晶体簇覆盖。检测结垢实验期间的PFOA截留性能,确定PFOA可被PIP+BP膜稳定截留。结果表明,与其他两种致密膜相比,结构更为疏松的PIP+BP膜具有相对较高的PFOA截留率和较低的石膏结垢风险。

参考文献

[1] GAVEAU A, COETSIER C, ROQUES C, et al. Bacteria transfer by deformation through microfiltration membrane[J]. Journal of Membrane Science, 2017, 523:446-455.

[2] ROHANI M M, ZYDNEY A L. Protein transport through zwitterionic ultrafiltration membranes[J]. Journal of Membrane Science, 2012, 397: 1-8.

[3] ROHANI M M, ZYDNEY A L. Effect of surface charge distribution on protein transport through semipermeable ultrafiltration membranes[J]. Journal of Membrane Science, 2009, 337(1/2):324-331.

[4] DU J R, PELDSZUS S, HUCK P M, et al. Modification of membrane surfaces via microswelling for fouling control in drinking water treatment [J]. Journal of Membrane Science, 2015, 475:488-495.

[5] JUNG C W, SON H J, KANG L S. Effects of membrane material and pretreatment coagulation on membrane fouling: fouling mechanism and NOM removal[J]. Desalination, 2006, 197(1):154-164.

[6] SHI H, XUE L, GAO A, et al. Fouling-resistant and adhesion-resistant surface modification of dual layer PVDF hollow fiber membrane by dopamine and quaternary polyethyleneimine[J]. Journal of Membrane Science, 2016, 498:39-47.

[7] WU X, ZHAO B, WANG L, et al. Hydrophobic PVDF/graphene hybrid membrane for CO_2 absorption in membrane contactor[J]. Journal of Membrane Science, 2016, 520:120-129.

[8] MENG F, YANG F. Fouling mechanisms of deflocculated sludge, normal sludge, and bulking sludge in membrane bioreactor[J]. Journal of Membrane Science, 2007, 305(1/2):48-56.

[9] WANG Z, WU Z, YIN X, et al. Membrane fouling in a submerged membrane bioreactor (MBR) under sub-critical flux operation: membrane foulant and gel layer characterization[J]. Journal of Membrane Science, 2008, 325(1):238-244.

[10] LI W W, SHENG G P, WANG Y K, et al. Filtration behaviors and biocake formation mechanism of mesh filters used in membrane bioreactors[J]. Separation and Purification Technology, 2011, 81(3):472-479.

[11] ZHANG M J, PENG W, CHEN J R, et al. A new insight into membrane fouling mechanism in submerged membrane bioreactor: osmotic pressure during cake layer filtration[J]. Water Research, 2013, 47(8):2777-2786.

[12] CHEN J R, ZHANG M J, WANG A J, et al. Osmotic pressure effect on membrane fouling in a submerged anaerobic membrane bioreactor and its experimental verification[J]. Bioresource Technology, 2012, 125:97-101.

[13] LIN H J, ZHANG M J, WANG F Y, et al. A critical review of extracellular polymeric substances (EPSs) in membrane bioreactors: characteristics, roles in membrane fouling and control strategies[J]. Journal of Membrane Science, 2014, 460(0):110-125.

[14] LEE J M, AHN W Y, LEE C H. Comparison of the filtration characteristics between attached and suspended growth microorganisms in submerged membrane bioreactor[J]. Water Research, 2001, 35(10): 2435-2445.

[15] MENG F G, CHAE S R, DREWS A, et al. Recent advances in membrane bioreactors (MBRs): membrane fouling and membrane material[J]. Water Research, 2009, 43(6):1489-1512.

[16] BLANPAIN-AVET P, FAILLE C, DELAPLACE G, et al. Cell adhesion and related fouling mechanism on a tubular ceramic microfiltration membrane using Bacillus cereus spores[J]. Journal of Membrane Science, 2011, 385(1/2):200-216.

[17] WANG S, GUILLEN G, HOEK E M V. Direct observation of microbial adhesion to membranes[J]. Environmental Science & Technology, 2005, 39(17):6461-6469.

[18] RAMESH A, LEE D J, LAI J Y. Membrane biofouling by extracellular polymeric substances or soluble microbial products from membrane bioreactor sludge[J]. Applied Microbiology and Biotechnology, 2007, 74(3):699-707.

[19] LE-CLECH P, CHEN V, FANE T A G. Fouling in membrane bioreactors used in wastewater treatment[J]. Journal of Membrane Science, 2006, 284(1/2):17-53.

[20] Bohm L, Drews A, Prieske H, et al. The importance of fluid dynamics for MBR fouling mitigation[J]. Bioresource Technology, 2012, 122:50-61.

[21] YAMAMURA H, OKIMOTO K, KIMURA K, et al. Hydrophilic fraction of natural organic matter causing irreversible fouling of microfiltration and ultrafiltration membranes[J]. Water Research, 2014, 54:123-136.

[22] MA B, YU W, JEFFERSON W A, et al. Modification of ultrafiltration membrane with nanoscale zerovalent iron layers for humic acid fouling reduction[J]. Water Research, 2015, 71:140-149.

[23] TONG T, WALLACE A F, ZHAO S, et al. Mineral scaling in membrane desalination: mechanisms, mitigation strategies, and feasibility of scaling-

resistant membranes[J]. Journal of Membrane Science, 2019, 579:52-69.

[24] BAEK Y, YU J, KIM S H, et al. Effect of surface properties of reverse osmosis membranes on biofouling occurrence under filtration conditions[J]. Journal of Membrane Science, 2011, 382(1/2):91-99.

[25] SIEBDRATH N, FARHAT N, DING W, et al. Impact of membrane biofouling in the sequential development of performance indicators: feed channel pressure drop, permeability, and salt rejection[J]. Journal of Membrane Science, 2019, 585:199-207.

[26] SUN P F, JANG Y, HAM S Y, et al. Effects of reverse solute diffusion on membrane biofouling in pressure-retarded osmosis processes[J]. Desalination, 2021, 512:115145.

[27] MENG F, SHI B, YANG F, et al. Effect of hydraulic retention time on membrane fouling and biomass characteristics in submerged membrane bioreactors[J]. Bioprocess and Biosystems Engineering, 2007, 30(5):359-367.

[28] PSOCH C, SCHIEWER S. Anti-fouling application of air sparging and backflushing for MBR[J]. Journal of Membrane Science, 2006, 283(1/2):273-280.

[29] GUGLIELMI G, CHIARANI D, JUDD S J, et al. Flux criticality and sustainability in a hollow fibre submerged membrane bioreactor for municipal wastewater treatment[J]. Journal of Membrane Science, 2007, 289(1/2):241-248.

[30] FAN F S, ZHOU H D. Interrelated effects of aeration and mixed liquor fractions on membrane fouling for submerged membrane bioreactor processes in wastewater treatment[J]. Environmental Science & Technology, 2007, 41(7):2523-2528.

[31] BACCHIN P, AIMAR P, FIELD R W. Critical and sustainable fluxes: theory, experiments and applications[J]. Journal of Membrane Science, 2006, 281(1/2):42-69.

[32] CHAE S R, AHN Y T, KANG S T, et al. Mitigated membrane fouling in a vertical submerged membrane bioreactor (VSMBR)[J]. Journal of Membrane Science, 2006, 280(1/2):572-581.

[33] TEYCHENE B, GUIGUI C, CABASSUD C. Engineering of an MBR supernatant fouling layer by fine particles addition: a possible way to control cake compressibility[J]. Water Research, 2011, 45(5):2060-2072.

[34] TAIMUR KHAN M M, TAKIZAWA S, LEWANDOWSKI Z, et al. Combined effects of EPS and HRT enhanced biofouling on a submerged and hybrid PAC-MF membrane bioreactor[J]. Water Research, 2013, 47(2): 747-757.

[35] LIU Y, LIU Z, ZHANG A, et al. The role of EPS concentration on membrane fouling control: comparison analysis of hybrid membrane bioreactor and conventional membrane bioreactor[J]. Desalination, 2012, 305:38-43.

[36] JIN L, ONG S L, NG H Y. Fouling control mechanism by suspended biofilm carriers addition in submerged ceramic membrane bioreactors[J]. Journal of Membrane Science, 2013, 427:250-258.

[37] LEE W N, CHANG I S, HWANG B K, et al. Changes in biofilm architecture with addition of membrane fouling reducer in a membrane bioreactor[J]. Process Biochemistry, 2007, 42(4):655-661.

[38] HWANG B K, LEE W N, PARK P K, et al. Effect of membrane fouling reducer on cake structure and membrane permeability in membrane bioreactor[J]. Journal of Membrane Science, 2007, 288(1/2):149-156.

[39] YANG J X, SPANJERS H, VAN LIER J B. Non-feasibility of magnetic adsorbents for fouling control in anaerobic membrane bioreactors[J]. Desalination, 2012, 292:124-128.

[40] YU Z, WEN X, XU M, et al. Characteristics of extracellular polymeric substances and bacterial communities in an anaerobic membrane bioreactor coupled with online ultrasound equipment[J]. Bioresource Technology, 2012, 117:333-340.

[41] KIM J O, JUNG J T, YEOM I T, et al. Effect of fouling reduction by ozone backwashing in a microfiltration system with advanced new membrane material[J]. Desalination, 2007, 202(1/3):361-368.

[42] VAN GELUWE S, BRAEKEN L, VAN DER BRUGGEN B. Ozone oxidation for the alleviation of membrane fouling by natural organic matter: a review[J]. Water Research, 2011, 45(12):3551-3570.

[43] IBEID S, ELEKTOROWICZ M, OLESZKIEWICZ J A. Modification of activated sludge properties caused by application of continuous and intermittent current[J]. Water Research, 2013, 47(2):903-910.

[44] AKAMATSU K, YOSHIDA Y, SUZAKI T, et al. Development of a membrane-carbon cloth assembly for submerged membrane bioreactors to

apply an intermittent electric field for fouling suppression[J]. Separation and Purification Technology, 2012, 88:202-207.

[45] AKAMATSU K, LU W, SUGAWARA T, et al. Development of a novel fouling suppression system in membrane bioreactors using an intermittent electric field[J]. Water Research, 2010, 44(3):825-830.

[46] HASAN S W, ELEKTOROWICZ M, OLESZKIEWICZ J A. Correlations between trans-membrane pressure (TMP) and sludge properties in submerged membrane electro-bioreactor (SMEBR) and conventional membrane bioreactor (MBR)[J]. Bioresource Technology, 2012, 120:199-205.

[47] BANI-MELHEM K, ELEKTOROWICZ M. Performance of the submerged membrane electro-bioreactor (SMEBR) with iron electrodes for wastewater treatment and fouling reduction[J]. Journal of Membrane Science, 2011, 379(1/2):434-439.

[48] BANI-MELHEM K, ELEKTOROWICZ M. Development of a novel submerged membrane electro-bioreactor (SMEBR): performance for fouling reduction[J]. Environmental Science & Technology, 2010, 44(9):3298-3304.

[49] CHEONG W S, LEE C H, MOON Y H, et al. Isolation and identification of indigenous quorum quenching bacteria, pseudomonas sp 1A1, for biofouling control in MBR[J]. Industrial & Engineering Chemistry Research, 2013, 52(31):10554-10560.

[50] KIM S R, OH H S, JO S J, et al. Biofouling control with bead-entrapped quorum quenching bacteria in membrane bioreactors: physical and biological effects[J]. Environmental Science & Technology, 2013, 47(2):836-842.

[51] LEE W N, YEON K M, CHEONG W S, et al. Quorum sensing: a new biofouling control paradigm in a membrane bioreactor for advanced wastewater treatment[J]. Environmental Science & Technology, 2009, 43(2):380-385.

[52] YEON K M, LEE C H, KIM J. Magnetic enzyme carrier for effective biofouling control in the membrane bioreactor based on enzymatic quorum quenching[J]. Environmental Science & Technology, 2009, 43(19):7403-7409.

[53] WON Y J, LEE J, CHOI D C, et al. Preparation and application of patterned membranes for wastewater treatment[J]. Environmental Science

& Technology, 2012, 46(20):11021-11027.

[54] LIU J, LIU L, GAO B, et al. Integration of bio-electrochemical cell in membrane bioreactor for membrane cathode fouling reduction through electricity generation [J]. Journal of Membrane Science, 2013, 430: 196-202.

[55] IVERSEN V, KOSEOGLU H, YIGIT N O, et al. Impacts of membrane flux enhancers on activated sludge respiration and nutrient removal in MBRs [J]. Water Research, 2009, 43(3):822-830.

[56] GRELOT A, MACHINAL C, DROUET K, et al. In the search of alternative cleaning solutions for MBR plants [J]. Water Science and Technology, 2008, 58(10):2041-2049.

[57] JUDD S. The status of membrane bioreactor technology [J]. Trends in Biotechnology, 2008, 26(2):109-116.

[58] ERGöN-CAN T, KöSE-MUTLU B, KOYUNCU İ, et al. Biofouling control based on bacterial quorum quenching with a new application: rotary microbial carrier frame [J]. Journal of Membrane Science, 2017, 525: 116-124.

[59] DOLINA J, DLASK O, LEDERER T, et al. Mitigation of membrane biofouling through surface modification with different forms of nanosilver [J]. Chemical Engineering Journal, 2015, 275:125-133.

[60] LEE E J, AN A K J, HADI P, et al. Characterizing flat sheet membrane resistance fraction of chemically enhanced backflush [J]. Chemical Engineering Journal, 2016, 284:61-67.

[61] QIN L, ZHANG Y, XU Z, et al. Advanced membrane bioreactors systems: new materials and hybrid process design [J]. Bioresource Technology, 2018, 269:476-488.

[62] ZHU P, LI M. Recent progresses ON AI-2 bacterial quorum sensing inhibitors[J]. Current Medicinal Chemistry, 2012, 19(2):174-186.

[63] ROSENBERGER S, HELMUS F P, KRAUSE S, et al. Principles of an enhanced MBR-process with mechanical cleaning[J]. Water Science and Technology, 2011, 64(10):1951-1958.

[64] AMINI M, ETEMADI H, AKBARZADEH A, et al. Preparation and performance evaluation of high-density polyethylene/silica nanocomposite membranes in membrane bioreactor system[J]. Biochemical Engineering Journal, 2017, 127:196-205.

[65] PRIP BEIER S, JONSSON G. A vibrating membrane bioreactor (VMBR): macromolecular transmission-influence of extracellular polymeric substances [J]. Chemical Engineering Science, 2009, 64(7):1436-1444.

[66] WEI V, OLESZKIEWICZ J A, ELEKTOROWICZ M. Nutrient removal in an electrically enhanced membrane bioreactor [J]. Water Science and Technology, 2009, 3159-3163.

[67] HAM S Y, KIM H S, CHA E, et al. Mitigation of membrane biofouling by a quorum quenching bacterium for membrane bioreactors[J]. Bioresource Technology, 2018, 258:220-226.

[68] KURITA T, KIMURA K, WATANABE Y. Energy saving in the operation of submerged MBRs by the insertion of baffles and the introduction of granular materials[J]. Separation and Purification Technology, 2015, 141:207-213.

[69] KAMPOURIS I D, KARAYANNAKIDIS P D, BANTI D C, et al. Evaluation of a novel quorum quenching strain for MBR biofouling mitigation[J]. Water Research, 2018, 143:56-65.

[70] FAN B, HUANG X. Characteristics of a self-forming dynamic membrane coupled with a bioreactor for municipal wastewater treatment [J]. Environmental Science & Technology, 2002, 36(23):5245-5251.

[71] CHU L, LI S. Filtration capability and operational characteristics of dynamic membrane bioreactor for municipal wastewater treatment [J]. Separation and Purification Technology, 2006, 51(2):173-179.

[72] ZHANG H M, WANG X L, XIAO J N, et al. Enhanced biological nutrient removal using MUCT-MBR system[J]. Bioresource Technology, 2009, 100(3):1048-1054.

[73] ERSU C B, ONG S K, ARSLANKAYA E, et al. Impact of solids residence time on biological nutrient removal performance of membrane bioreactor [J]. Water Research, 2010, 44(10):3192-3202.

[74] ROZENDAL R A, LEONE E, KELLER J, et al. Efficient hydrogen peroxide generation from organic matter in a bioelectrochemical system[J]. Electrochemistry Communications, 2009, 11(9):1752-1755.

[75] FU L, YOU S J, YANG F L, et al. Synthesis of hydrogen peroxide in microbial fuel cell[J]. Journal of Chemical Technology and Biotechnology, 2010, 85(5):715-719.

[76] MODIN O, FUKUSHI K. Development and testing of bioelectrochemical

reactors converting wastewater organics into hydrogen peroxide[J]. Water Science and Technology, 2012, 66(4):831-836.

[77] YANG F L, FU L, YOU S J, et al. Degradation of azo dyes using in-situ Fenton reaction incorporated into H_2O_2-producing microbial fuel cell[J]. Chemical Engineering Journal, 2010, 160(1):164-169.

[78] Zhou S G, Zhuang L, Yuan Y, et al. A novel bioelectro-Fenton system for coupling anodic COD removal with cathodic dye degradation[J]. Chemical Engineering Journal, 2010, 163(1/2):160-163.

[79] FELLINGER T P, HASCHE F, STRASSER P, et al. Mesoporous nitrogen-doped carbon for the electrocatalytic synthesis of hydrogen peroxide[J]. Journal of the American Chemical Society, 2012, 134(9):4072-4075.

[80] LEE Y H, LI F, CHANG K H, et al. Novel synthesis of N-doped porous carbons from collagen for electrocatalytic production of H_2O_2[J]. Applied Catalysis B: Environmental, 2012, 126:208-214.

[81] LIU Q, REN J, LU Y, et al. A review of the current in-situ fouling control strategies in MBR: biological versus physicochemical[J]. Journal of Industrial and Engineering Chemistry, 2021, 98:42-59.

[82] XIAO X, ZHU W W, LIU Q Y, et al. Impairment of biofilm formation by TiO_2 photocatalysis through quorum quenching[J]. Environmental Science and Technology, 2016, 50(21):11895-11902.

[83] POURBOZORG M, LI T, LAW A W K. Effect of turbulence on fouling control of submerged hollow fibre membrane filtration[J]. Water Research, 2016, 99:101-111.

[84] IQBAL T, LEE K, LEE C H, et al. Effective quorum quenching bacteria dose for anti-fouling strategy in membrane bioreactors utilizing fixed-sheet media[J]. Journal of Membrane Science, 2018, 562:18-25.

[85] JIANG T, ZHANG H, GAO D, et al. Fouling characteristics of a novel rotating tubular membrane bioreactor[J]. Chemical Engineering and Processing: Process Intensification, 2012, 62:39-46.

[86] KURITA T, KIMURA K, WATANABE Y. The influence of granular materials on the operation and membrane fouling characteristics of submerged MBRs[J]. Journal of Membrane Science, 2014, 469:292-299.

[87] YANG Y, QIAO S, JIN R, et al. A novel aerobic electrochemical membrane bioreactor with CNTs hollow fiber membrane by electrochemical oxidation to improve water quality and mitigate membrane fouling[J].

Water Research, 2019, 151:54-63.

[88] MICULESCU M, THAKUR V K, MICULESCU F, et al. Graphene-based polymer nanocomposite membranes: a review[J]. Polymers for Advanced Technologies, 2016, 27(7):844-859.

[89] ZHU J, HOU J, ZHANG Y, et al. Polymeric antimicrobial membranes enabled by nanomaterials for water treatment[J]. Journal of Membrane Science, 2018, 550:173-197.

[90] GU J, SU Y, LIU P, et al. An environmentally benign antimicrobial coating based on a protein supramolecular assembly[J]. ACS Applied Materials: Interfaces, 2017, 9(1):198-210.

[91] LIU Y L, AI K L, LU L H. Polydopamine and its derivative materials: synthesis and promising applications in energy, environmental, and biomedical fields[J]. Chemical Reviews, 2014, 114(9):5057-5115.

[92] LIU Z Y, HU Y. Sustainable antibiofouling properties of thin film composite forward osmosis membrane with rechargeable silver nanoparticles loading[J]. ACS Applied Materials & Interfaces, 2016, 8(33):21666-21673.

[93] YANG Z, WU Y, WANG J, et al. In situ reduction of silver by polydopamine: a novel antimicrobial modification of a thin-film composite polyamide membrane[J]. Environmental Science & Technology, 2016, 50(17):9543-9550.

[94] SRI ABIRAMI SARASWATHI M S, NAGENDRAN A, RANA D. Tailored polymer nanocomposite membranes based on carbon, metal oxide and silicon nanomaterials: a review[J]. Journal of Materials Chemistry A, 2019, 7(15):8723-8745.

[95] PASQUIER N, KEUL H, HEINE E, et al. From multifunctionalized poly(ethylene imine)s toward antimicrobial coatings[J]. Biomacromolecules, 2007, 8(9):2874-2882.

[96] QUIRóS J, BOLTES K, AGUADO S, et al. Antimicrobial metal-organic frameworks incorporated into electrospun fibers[J]. Chemical Engineering Journal, 2015, 262(1):189-197.

[97] BAEK Y, KIM C, SEO D K, et al. High performance and antifouling vertically aligned carbon nanotube membrane for water purification[J]. Journal of Membrane Science, 2014, 460:171-177.

[98] JORDAN R. Surface-initiated polymerization Ⅱ[J]. Adv. Polym. Sci., 2006.

[99] WEN Q, DI J, ZHAO Y, et al. Flexible inorganic nanofibrous membranes with hierarchical porosity for efficient water purification[J]. Chemical Science, 2013, 4(12):4378-4382.

[100] ZHAO Y, TANG K, LIU H, et al. An anion exchange membrane modified by alternate electro-deposition layers with enhanced monovalent selectivity[J]. Journal of Membrane Science, 2016, 520:262-271.

[101] AHMED F, SANTOS C M, VERGARA R A M V, et al. Antimicrobial applications of electroactive PVK-SWNT nanocomposites [J]. Environmental Science and Technology, 2012, 46(3):1804-1810.

[102] KOUSHKBAGHI S, ZAKIALAMDARI A, PISHNAMAZI M, et al. Aminated-Fe_3O_4 nanoparticles filled chitosan/PVA/PES dual layers nanofibrous membrane for the removal of Cr(Ⅵ) and Pb(Ⅱ) ions from aqueous solutions in adsorption and membrane processes[J]. Chemical Engineering Journal, 2018, 337:169-182.

[103] XU Z W, WU T F, SHI J, et al. Photocatalytic antifouling PVDF ultrafiltration membranes based on synergy of graphene oxide and TiO_2 for water treatment[J]. Journal of Membrane Science, 2016, 520:281-293.

[104] KASEMSET S, WANG L, HE Z, et al. Influence of polydopamine deposition conditions on hydraulic permeability, sieving coefficients, pore size and pore size distribution for a polysulfone ultrafiltration membrane [J]. Journal of Membrane Science, 2017, 522:100-115.

[105] LI X, SOTTO A, LI J, et al. Progress and perspectives for synthesis of sustainable antifouling composite membranes containing in situ generated nanoparticles[J]. Journal of Membrane Science, 2017, 524:502-528.

[106] SAEKI D, NAGAO S, SAWADA I, et al. Development of antibacterial polyamide reverse osmosis membrane modified with a covalently immobilized enzyme [J]. Journal of Membrane Science, 2013, 428: 403-409.

[107] LIU F, QIN B, HE L, et al. Novel starch/chitosan blending membrane: antibacterial, permeable and mechanical properties [J]. Carbohydrate Polymers, 2009, 78(1):146-150.

[108] MURAL P K S, BANERJEE A, RANA M S, et al. Polyolefin based antibacterial membranes derived from PE/PEO blends compatibilized with amine terminated graphene oxide and maleated PE[J]. Journal of Materials Chemistry A, 2014, 2(41):17635-17648.

[109] KUMAR S, AHLAWAT W, BHANJANA G, et al. Nanotechnology-based water treatment strategies [J]. Journal of Nanoscience and Nanotechnology, 2014, 14(2):1838-1858.

[110] WEI Y, ZHU Y, JIANG Y. Photocatalytic self-cleaning carbon nitride nanotube intercalated reduced graphene oxide membranes for enhanced water purification[J]. Chemical Engineering Journal, 2019, 356:915-925.

[111] BRADY-ESTéVEZ A S, SCHNOOR M H, KANG S, et al. SWNT-MWNT hybrid filter attains high viral removal and bacterial inactivation [J]. Langmuir, 2010, 26(24):19153-19158.

[112] MARUF S H, WANG L, GREENBERG A R, et al. Use of nanoimprinted surface patterns to mitigate colloidal deposition on ultrafiltration membranes[J]. Journal of Membrane Science, 2013, 428:598-607.

[113] DILAMIAN M, MONTAZER M, MASOUMI J. Antimicrobial electrospun membranes of chitosan/poly(ethylene oxide) incorporating poly (hexamethylene biguanide) hydrochloride[J]. Carbohydrate Polymers, 2013, 94(1):364-371.

[114] KADHOM M, DENG B. Metal-organic frameworks (MOFs) in water filtration membranes for desalination and other applications[J]. Applied Materials Today, 2018, 11:219-230.

[115] WANG W, ZHU L, SHAN B, et al. Preparation and characterization of SLS-CNT/PES ultrafiltration membrane with antifouling and antibacterial properties[J]. Journal of Membrane Science, 2018, 548:459-469.

[116] DESMOND P, Best J P, Morgenroth E, et al. Linking composition of extracellular polymeric substances (EPS) to the physical structure and hydraulic resistance of membrane biofilms[J]. Water Research, 2018, 132:211-221.

[117] ZHANG R, LIU Y, HE M, et al. Antifouling membranes for sustainable water purification: strategies and mechanisms [J]. Chemical Society Reviews, 2016, 45(21):5888-5924.

[118] YIN W, YU J, LV F, et al. Functionalized nano-MoS_2 with peroxidase catalytic and near-infrared photothermal activities for safe and synergetic wound antibacterial applications [J]. ACS Nano, 2016, 10(12): 11000-11011.

[119] YU H, QIU X, NUNES S P, et al. Self-assembled isoporous block copolymer membranes with tuned pore sizes[J]. Angewandte Chemie-

[120] ZHANG J, XU Z, SHAN M, et al. Synergetic effects of oxidized carbon nanotubes and graphene oxide on fouling control and anti-fouling mechanism of polyvinylidene fluoride ultrafiltration membranes[J]. Journal of Membrane Science, 2013, 448:81-92.

[121] HUISMAN I H, PRáDANOS P, CALVO J I, et al. Electroviscous effects, streaming potential, and zeta potential in polycarbonate track-etched membranes[J]. Journal of Membrane Science, 2000, 178(1/2):79-92.

[122] LI K, ZHANG Y, XU L, et al. Optimizing stretching conditions in fabrication of PTFE hollow fiber membrane for performance improvement in membrane distillation[J]. Journal of Membrane Science, 2018, 550:126-135.

[123] LU X, YE J, ZHANG D, et al. Silver carboxylate metal-organic frameworks with highly antibacterial activity and biocompatibility[J]. Journal of Inorganic Biochemistry, 2014, 138:114-121.

[124] REMANAN S, SHARMA M, BOSE S, et al. Recent advances in preparation of porous polymeric membranes by unique techniques and mitigation of fouling through surface modification[J]. Chemistry Select, 2018, 3(2):609-633.

[125] CALLOW J A, CALLOW M E. Trends in the development of environmentally friendly fouling-resistant marine coatings[J]. Nature Communications, 2011, 2(1):244.

[126] SUSANTO H, ULBRICHT M. Characteristics, performance and stability of polyethersulfone ultrafiltration membranes prepared by phase separation method using different macromolecular additives[J]. Journal of Membrane Science, 2009, 327(1/2):125-135.

[127] MATIN A, KHAN Z, ZAIDI S M J, et al. Biofouling in reverse osmosis membranes for seawater desalination: phenomena and prevention[J]. Desalination, 2011, 281(1):1-16.

[128] MENDIS E, RAJAPAKSE N, BYUN H G, et al. Investigation of jumbo squid (dosidicus gigas) skin gelatin peptides for their in vitro antioxidant effects[J]. Life Sciences, 2005, 77(17):2166-2178.

[129] VATANPOUR V, MADAENI S S, RAJABI L, et al. Boehmite nanoparticles as a new nanofiller for preparation of antifouling mixed matrix membranes[J]. Journal of Membrane Science, 2012, 401/402:

132-143.

[130] JIANG J, ZHU L, ZHU L, et al. Antifouling and antimicrobial polymer membranes based on bioinspired polydopamine and strong hydrogen-bonded poly(n-vinyl pyrrolidone)[J]. ACS Applied Materials and Interfaces, 2013, 5(24):12895-12904.

[131] OCSOY I, PARET M L, OCSOY M A, et al. Nanotechnology in plant disease management: DNA-directed silver nanoparticles on graphene oxide as an antibacterial against *Xanthomonas* perforans[J]. ACS Nano, 2013, 7(10):8972-8980.

[132] LEWIS K, KLIBANOV A M. Surpassing nature: rational design of sterile-surface materials[J]. Trends in Biotechnology, 2005, 23(7):343-348.

[133] MEJÍAS CARPIO I E, SANTOS C M, WEI X, et al. Toxicity of a polymer-graphene oxide composite against bacterial planktonic cells, biofilms, and mammalian cells[J]. Nanoscale, 2012, 4(15):4746-4756.

[134] TIRAFERRI A, VECITIS C D, ELIMELECH M. Covalent binding of single-walled carbon nanotubes to polyamide membranes for antimicrobial surface properties[J]. ACS Applied Materials and Interfaces, 2011, 3(8):2869-2877.

[135] ASATEKIN A, MENNITI A, KANG S, et al. Antifouling nanofiltration membranes for membrane bioreactors from self-assembling graft copolymers[J]. Journal of Membrane Science, 2006, 285(1/2):81-89.

[136] BASRI H, ISMAIL A F, AZIZ M. Polyethersulfone (PES)-silver composite UF membrane: effect of silver loading and PVP molecular weight on membrane morphology and antibacterial activity[J]. Desalination, 2011, 273(1):72-80.

[137] BELFORT G, DAVIS R H, ZYDNEY A L. The behavior of suspensions and macromolecular solutions in crossflow microfiltration[J]. Journal of Membrane Science, 1994, 96(1/2):1-58.

[138] BEN-SASSON M, ZODROW K R, GENGGENG Q, et al. Surface functionalization of thin-film composite membranes with copper nanoparticles for antimicrobial surface properties[J]. Environmental Science & Technology, 2014, 48(1):384-393.

[139] CHIANG Y C, CHANG Y, HIGUCHI A, et al. Sulfobetaine-grafted poly(vinylidene fluoride) ultrafiltration membranes exhibit excellent antifouling property[J]. Journal of Membrane Science, 2009, 339(1/2):151-159.

[140] LEE H, RHO J, MESSERSMITH P B. Facile conjugation of biomolecu les onto surfaces via mussel adhesive protein inspired coatings[J]. Advanced Materials, 2009, 21(4):431-434.

[141] VAN OSS C J, GOOD R J, CHAUDHURY M K. Additive and nonadditive surface tension components and the interpretation of contact angles[J]. Langmuir, 1988, 4(4):884-891.

[142] GUDE V G. Desalination and sustainability-An appraisal and current perspective[J]. Water Research, 2016, 89:87-106.

[143] KRISHNAN S, WANG N, OBER C K, et al. Comparison of the fouling release properties of hydrophobic fluorinated and hydrophilic PEGylated block copolymer surfaces: attachment strength of the diatom navicula and the green alga ulva[J]. Biomacromolecules, 2006, 7(5):1449-1462.

[144] SHEN J N, RUAN H M, WU L G, et al. Preparation and characterization of PES-SiO$_2$ organic-inorganic composite ultrafiltration membrane for raw water pretreatment[J]. Chemical Engineering Journal, 2011, 168(3): 1272-1278.

[145] TIRAFERRI A, KANG Y, GIANNELIS E P, et al. Superhydrophilic thin-film composite forward osmosis membranes for organic fouling control: fouling behavior and antifouling mechanisms[J]. Environmental Science & Technology, 2012, 46(20):11135-11144.

[146] YANG C, MAMOUNI J, TANG Y, et al. Antimicrobial activity of single-walled carbon nanotubes: length effect[J]. Langmuir, 2010, 26(20): 16013-16019.

[147] YANG W, SHEN C, JI Q, et al. Food storage material silver nanoparticles interfere with DNA replication fidelity and bind with DNA [J]. Nanotechnology, 2009, 20(8):085102.

[148] FANE A G, FELL C J D, SUKI A. The effect of ph and ionic environment on the ultrafiltration of protein solutions with retentive membranes[J]. Journal of Membrane Science, 1983, 16:195-210.

[149] KASEMSET S, LEE A, MILLER D J, et al. Effect of polydopamine deposition conditions on fouling resistance, physical properties, and permeation properties of reverse osmosis membranes in oil/water separation[J]. Journal of Membrane Science, 2013, 425/426:208-216.

[150] MIURA Y, WATANABE Y, OKABE S. Membrane biofouling in pilot-scale membrane bioreactors (MBRs) treating municipal wastewater: impact

of biofilm formation[J]. Environmental Science and Technology, 2007, 41(2): 632-638.

[151] XUE Z, LIU M, JIANG L. Recent developments in polymeric superoleophobic surfaces[J]. Journal of Polymer Science, Part B: Polymer Physics, 2012, 50(17): 1209-1224.

[152] YANG R, XU J, OZAYDIN-INCE G, et al. Surface-tethered zwitterionic ultrathin antifouling coatings on reverse osmosis membranes by initiated chemical vapor deposition[J]. Chemistry of Materials, 2011, 23(5): 1263-1272.

[153] BARRETT D G, SILEIKA T S, MESSERSMITH P B. Molecular diversity in phenolic and polyphenolic precursors of tannin-inspired nanocoatings[J]. Chemical Communications, 2014, 50(55): 7265-7268.

[154] BEN-SASSON M, LU X, BAR-ZEEV E, et al. In situ formation of silver nanoparticles on thin-film composite reverse osmosis membranes for biofouling mitigation[J]. Water Research, 2014, 62: 260-270.

[155] GUDIPATI C S, CREENLIEF C M, JOHNSON J A, et al. Hyperbranched fluoropolymer and linear poly(ethylene glycol) based amphiphilic crosslinked networks as efficient antifouling coatings: an insight into the surface compositions, topographies, and morphologies[J]. Journal of Polymer Science, Part A: Polymer Chemistry, 2004, 42(24): 6193-6208.

[156] BAXAMUSA S H, IM S G, GLEASON K K. Initiated and oxidative chemical vapor deposition: a scalable method for conformal and functional polymer films on real substrates[J]. Physical Chemistry Chemical Physics, 2009, 11(26): 5227-5240.

[157] JI Y L, AN Q F, ZHAO Q, et al. Novel composite nanofiltration membranes containing zwitterions with high permeate flux and improved anti-fouling performance[J]. Journal of Membrane Science, 2012, 390-391: 243-253.

[158] HOEK E M V, GHOSH A K, HUANG X, et al. Physical-chemical properties, separation performance, and fouling resistance of mixed-matrix ultrafiltration membranes[J]. Desalination, 2011, 283: 89-99.

[159] PERREAULT F, TOUSLEY M E, ELIMELECH M. Thin-film composite polyamide membranes functionalized with biocidal graphene oxide nanosheets[J]. Environmental Science and Technology Letters, 2013,

1(1):71-76.

[160] KALIA V C. Quorum sensing vs quorum quenching: a battle with no end in sight[M]. Berlin:Springer, 2015.

[161] YEON K M, CHEONG W S, OH H S, et al. Quorum sensing: a new biofouling control paradigm in a membrane bioreactor for advanced wastewater treatment[J]. Environmental Science & Technology, 2009, 43(2):380-385.

[162] KIM S, LEE S, HONG S, et al. Biofouling of reverse osmosis membranes: microbial quorum sensing and fouling propensity[J]. Desalination, 2009, 247(1/3):303-315.

[163] FANG X, LI J, LI X, et al. Internal pore decoration with polydopamine nanoparticle on polymeric ultrafiltration membrane for enhanced heavy metal removal[J]. Chemical Engineering Journal, 2017, 314:38-49.

[164] HUANG L, ZHAO S, WANG Z, et al. In situ immobilization of silver nanoparticles for improving permeability, antifouling and anti-bacterial properties of ultrafiltration membrane[J]. Journal of Membrane Science, 2016, 499:269-281.

[165] KARKHANECHI H, TAKAGI R, MATSUYAMA H. Biofouling resistance of reverse osmosis membrane modified with polydopamine[J]. Desalination, 2014, 336:87-96.

[166] KATEBIAN L, GOMEZ E, SKILLMAN L, et al. Inhibiting quorum sensing pathways to mitigate seawater desalination RO membrane biofouling[J]. Desalination, 2016, 393:135-143.

[167] ZANG T, LEE B W K, CANNON L M, et al. A naturally occurring brominated furanone covalently modifies and inactivates LuxS[J]. Bioorganic & Medicinal Chemistry Letters, 2009, 19(21):6200-6204.

[168] SHI Q, SU Y, CHEN W, et al. Grafting short-chain amino acids onto membrane surfaces to resist protein fouling[J]. Journal of Membrane Science, 2011, 366(1/2):398-404.

[169] SAGLE A C, JU H, FREEMAN B D, et al. PEG-based hydrogel membrane coatings[J]. Polymer, 2009, 50(3):756-766.

[170] KOTA A K, KWON G, CHOI W, et al. Hygro-responsive membranes for effective oilg-water separation[J]. Nature Communications, 2012(1):1025.

[171] BIESER A M, TILLER J C. Mechanistic considerations on contact-active antimicrobial surfaces with controlled functional group densities[J].

Macromolecular Bioscience, 2011, 11(4):526-534.

[172] ZHAO X, CHEN W, SU Y, et al. Hierarchically engineered membrane surfaces with superior antifouling and self-cleaning properties[J]. Journal of Membrane Science, 2013, 441:93-101.

[173] FAN X, SU Y, ZHAO X, et al. Manipulating the segregation behavior of polyethylene glycol by hydrogen bonding interaction to endow ultrafiltration membranes with enhanced antifouling performance[J]. Journal of Membrane Science, 2016, 499:56-64.

[174] GAO J, SUN S P, ZHU W P, et al. Green modification of outer selective P84 nanofiltration (NF) hollow fiber membranes for cadmium removal[J]. Journal of Membrane Science, 2016, 499:361-369.

[175] KRIVOROT M, KUSHMARO A, OREN Y, et al. Factors affecting biofilm formation and biofouling in membrane distillation of seawater[J]. Journal of Membrane Science, 2011, 376(1-2):15-24.

[176] MA L, ZHU Z, SU M, et al. Preparation of graphene oxide-silver nanoparticle nanohybrids with highly antibacterial capability[J]. Talanta, 2013(117):449-455.

[177] NGUYEN A, ZOU L, PRIEST C. Evaluating the antifouling effects of silver nanoparticles regenerated by TiO_2 on forward osmosis membrane[J]. Journal of Membrane Science, 2014, 454:264-271.

[178] SILE-YUKSEL M, TAS B, KOSEOGLU-IMER D Y, et al. Effect of silver nanoparticle (AgNP) location in nanocomposite membrane matrix fabricated with different polymer type on antibacterial mechanism[J]. Desalination, 2014, 347:120-130.

[179] HAN Y, LUO Z, YUWEN L, et al. Synthesis of silver nanoparticles on reduced graphene oxide under microwave irradiation with starch as an ideal reductant and stabilizer[J]. Applied Surface Science, 2013, 266:188-193.

[180] PARK S Y, CHUNG J W, CHAE Y K, et al. Amphiphilic thiol functional linker mediated sustainable anti-biofouling ultrafiltration nanocomposite comprising a silver nanoparticles and poly(vinylidene fluoride) membrane [J]. ACS Applied Materials and Interfaces, 2013, 5(21):10705-10714.

[181] PEREIRA V R, ISLOOR A M, BHAT U K, et al. Preparation and antifouling properties of PVDF ultrafiltration membranes with polyaniline (PANI) nanofibers and hydrolysed PSMA (H-PSMA) as additives[J]. Desalination, 2014, 351:220-227.